우리나라 식품산업정책과 클러스터

김성민 저

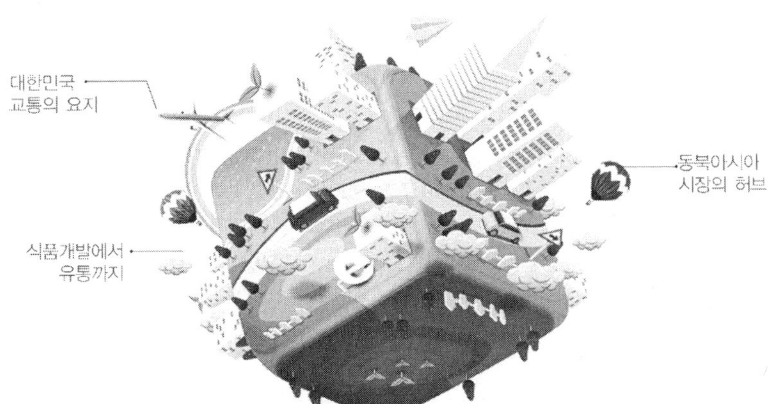

백산출판사

머리말

5천 년 우리 민족을 지켜온 우리의 생명산업 농업이 21세기를 넘어 이제 새로운 미래 성장동력인 농식품산업으로 발전하기 위한 역동적인 변화를 시도하고 있다.

우루과이라운드 이후 갑자기 들이닥친 90년대 초 농산물 수입개방에 당황하여 가족농의 중요성을 외치며 두려워하던 일도 까마득한 옛일처럼 느껴지고, 우리 식탁은 수입농산물로 가득하고 농촌은 황폐해질 거라며 거리로 나왔던 우리 농민들의 한 맺힌 아우성 소리도 감감하다.

10여 년 동안 국내 1차 농산물시장은 정체되고, 농민들의 소득은 도시 근로자에 비하여 그 격차가 더욱 벌어지고 있다. 이제야 평균 60세가 넘는 고령자들이 정부와 하늘만 의지하면서 짓는 농업으로는 문제를 해결할 수 없다는 것을 모두가 인정하는 듯하다. 필자가 1997년 농림부에서 21세기를 대비한 농정기획 업무를 담당할 때 '쌀 관세화'는 금기시된 단어였고, '농기업'은커녕 '농산업'이란 표현도 할 수 없는 현실 무감각을 안타까워했던 기억이 새롭다. 국제가격에 비하여 4배 정도 비싼 쌀의 관세화 유예조건으로 당시 의무도입량 1~2% 이외에는 국내자급을 위해, 농업예산의 80% 정도를 쌀 농업 관련 사업에 투입하는 상황을 보면서, 필자가 쌀 10% 자급을 위한 예산과 노력으로 우리 농업의 미래를 위한 다른 농산업에 투자해야 한다고 주장했던 것이 불과 10여 년 전의 일이다. 이제야 진정 우리 농촌을 지켜온 농민들과 우리 농촌을 지켜줄 미래 농업을 위한 구상들이 펼쳐져야 할 때이다.

최근 정부는 농정방향을 혁신하고 있다. 과거에 비해 두 가지 변화는 명백하다.

첫째, '농업도 경영이다'라는 구호성 슬로건을 정책과 사업으로 구체화하고 있다는 점이다. 오래된 주장이 현실로 실천되는 것이다. 농업교육사업의 내용이나 대규모농업회사, 시군유통회사, 품목별 대표조직의 추진, 농협개혁의 방향 등에서 그렇다. 둘째, 1차산업인 농업을 2, 3차 산업으로 융복합하면서 연계 발전을 도모한다는 점이다. 농업에 수산업을 통합하고, 식품을 더한 농림수산식품부의 발족은 우리 농수산업의 발전을 위한 역사적인 결단이었다. 산지-소비지 상생협력사업, 한식 세계화, 국가식품 클러스터사업의 구체화 등은 10년 전에 시작했어야 할 일이었다.

모든 정책은 시기가 중요하다. 20년 전에 했던 소 귀표사업의 경우 시기가 너무 빨랐었고 최근 직접지불사업 중에도 너무 빠른 것이 있다. 농산물 표시제도나 국가 간척지 활용사업은 너무 늦었다. 식품안전문제는 미국산 쇠고기 수입재개 파동을 계기로 급진전하고 있다. 이제 우리 농어업과 식품산업의 나아갈 방향을 국민의 입장에서 세계의 시장상황을 고려하면서 한번 살펴볼 필요가 있다. 필자는 우리 농업정책이 현실과도 괴리되고 미래에 대비하지도 못한 측면을 정치적 압력이나 우리 농민들의 숨 가쁜 주장 탓으로 돌릴 수는 없다고 본다. 지금이 기회다. 농식품산업정책을 확실하게 전환하여 농식품업 경영자들에게 기회를 주어야 한다.

식품산업은 우리 국민에게 안전하고 품질 좋은 먹을거리를 안정적으로 공급하는 국가의 기본산업(基本産業)이자 글로벌 시장에서 경쟁우위를 확보하여 국가 경제에 기여할 수 있는 미래의 전략산업(戰略産業)이다. 우리나라는 2000년대 말부터 식품산업의 중요성을 인식하고 식품산업 발전을 위한 정책을 본격적으로 추진하고 있다. 특히, 우리나라를 동북아(東北亞) 식품산업의 허브로 발전시킨다는 목표 아래 국가식품 클러스터 정책을 중요한 국가 정책과제로 추진하고 있다.

본서는 필자의 경제학 박사학위논문(2009, 단국대학교)인 "우리나라 식품클러스터 정책과 발전방안에 관한 연구(A Study on the Policy for Agro-Food Cluster in Korea and the Developing Alternatives)"를 중심으로 일부 재편집한 내용이다. 24년간 농식품정책을 담당하면서 얻은 경험(특히, 농림수산식품부의 첫 식품산업정책 단장으로 근무)과 브리티시컬럼비아대학교의 석사과정, 고려대학교 및 단국대학교의 박사과정에서 공부한 지식을 바탕으로 실용적인 정책연구서를 지향하였다.

우리나라 식품산업과 식품클러스터 정책을 재검토하여 정책여건에 적합하고 실천 가능성이 높은 정책방향과 구체적인 개선방안을 서술하는 데 목적을 두었으며 한국형 국가식품 클러스터 정책의 모델 정립과 이의 육성방안을 제시하는 데 중점을 두었다.

식품(食品)정책은 '사람이 직접 먹거나 마실 수 있는 농산물 또는 농산물을 원료로 하는 모든 음식물의 가공, 제조, 보관, 운송 및 소비단계에서 이루어지는 제반 경제활동에 관하여 바람직한 상태를 이룩하려는 정부의 모든 결정과 행위들'이라고 정의할 수 있다.

식품정책은 성격, 목적, 수단 등 정책 과정상의 특성에 따라 ① 식품안전대책, ② 식품산업 진흥정책, ③ 농업과의 연계정책 등 세 가지 주요 정책으로 유형화할 수 있다. 이 유형에 따라 제도와 예산사업을 분류해 추진하면 하위정책들의 내용과 성격을 분명하게 인식할 수 있고 효과적인 정책집행에 기여할 수 있다.

식품산업 육성을 위해서는 법제 개정 등을 통한 식품산업의 규제를 과감하게 완화하여야 하며 식품산업의 공공재적 인프라 구축에 주력해야 한다. 외식산업은 식문화(食文化)산업으로 육성시켜야 하며 이를 위해서 우리 식품산업의 원천이자 밑거름인 한식, 한과, 떡, 전통주 등 전통음식에 대한 발굴과 보존이 필요하다. 한식 세계화(韓食世界化)는 독립적인 민간 전문기관이 주도해야 한다. 초기에는 한식 세계화재단을 정부 출연금으로 설립한 후 세계 주요 도시에 시범 한식당을 정부가 인증하고 한시적으로 지원하는 방식도 검토할 만하다. 식품산업의 생산요소, 수요시장, 연관 및 지원산업 등을 함께 고려하는 종합적인 클러스터 정책의 확대 · 추진이 필요하다.

식품산업은 농산물의 수요기반이며 농산물의 부가가치를 높이고 농업인의 소득증가에 기여할 수 있다. 그런 점에서 국내 농업과의 연계정책이 적극적으로 추진되어야 한다. 농업정책과는 정책대상이나 목적이 다르므로 시장성을 저해하지 않도록 신중하게 접근해야 한다.

국가는 산업클러스터 정책을 통하여 해당 산업과 지역의 생산성을 효과적으로 향상시킬 수 있으며, 해당산업의 혁신과 경쟁력을 향상시켜 자국 산업의 경쟁우위를 확보할 수 있다. 특히, 식품산업은 원료구성물이 다양하고 신선제품이 많기 때문에 공급체인이 매우 긴밀하게 유지되어야 한다. 그런 만큼 직간접적으로 관련이 있는 연관산업을 범위로 통합적인 시각에서 접근해야 효과적인 정책수단이 될 수 있다.

식품클러스터는 지역적 입지, 구성주체, 네트워킹, 혁신 등의 핵심적 개념들을 포함하며 '상호 인지할 수 있는 일정한 지역에서 식품산업을 중심으로 한 기업과 연관기업, 연구기관, 공공기관들이 네트워크 형성과 혁신활동을 통하여 상호 협력하고 경쟁하여 새로운 가치를 창출하고 혁신을 이루어 나가는 결집체(結集體)'라고 정의할 수 있다.

식품제조업은 산업 간의 연계 정도가 높고 클러스터 형성이 용이한 산업으로 밝혀졌다. 따라서 식품산업클러스터 정책을 통해 전후방 산업, 수평적 산업 간에 발전적인 영향을 미치게 될 것이다. 또 생산성이나 기술수준이 낮은 농수산물을 주원료로 하기 때문에 식품산업의 성장과 발전은 농업의 성장과 혁신에 긍정적 효과를 가져올 수 있다.

우리나라 식품클러스터 정책의 성공적인 추진을 위해서는 정책과정의 특성, 식품산업의 구조와 국내 농업을 보호해야 한다. 또한 정치·경제적인 상황 등을 고려하고 클러스터 이론과 사례 분석에서 얻은 교훈을 바탕으로 우리나라 실정에 맞는 한국형 클러스터 정책 모델을 정립하여 추진하는 것이 바람직하다.

한국형 국가식품 클러스터 육성을 위한 정책 모델의 정립 방안으로는 첫째, 정부가 형성단계에서 혁신단계까지 산업집적·네트워크 형성 및 활성화 등에서 직접적·적극적인 역할을 수행하는 정부 선도형 산·학·관 협력 정책이 되어야 한다. 둘째, 참여주체 간의 네트워크 목적과 성격에 따라 통합(統合), 동종(同種), 이종(異種) 네트워크 등 일곱 가지의 대표적 유형을 개발하고 육성하는 '1-3-3 네트워크'를 주축으로 하는 정책이 요청된다. 셋째, 식품산업단지 조성부터 시작해야 하는 우리나라의 특수성을 감안하여 클러스터의 발전단계를 형성·성숙·혁신 등으로 나누어 접근하되, 발전단계에 따라 필요한 정책들을 동시에 추진하여 단기간에 클러스터를 발전시킬 수 있는 단계 통합적인 압축성장형 정책을 추진하는 전략이 필요하다. 넷째, 식품산업정책과 농업정책을 클러스터 정책의 틀 내에서 조화롭게 통합하여 국내 농업과의 동반성장을 도모하는 농업 연계형 클러스터 정책을 추구해야 한다.

특히, 전국적인 농식품업의 네트워크를 구축하고 있는 농협이 클러스터에 적극 참여하여 역할을 할 수 있도록 하는 것이 중요하다고 본다.

이러한 한국형 국가식품 클러스터 정책 모델은 이해당사자들과의 원활한 소통을 통한 국민적 합의 도출과 농업 · 농촌정책, 지역개발정책, 타 식품정책 등과의 통합적인 시각에서 조화롭게 추진하는 것을 기본 방향으로 하여야 한다. 또한 사이버(cyber, 假想) 클러스터 등 개방형 클러스터를 통해 지리적 클러스터의 단점을 보완해야 한다. 소비자와 고객 중심의 클러스터를 지향하는 것도 중요하다고 할 수 있다.

한국형 정책모델에 적합한 핵심적인 과제와 전략으로 클러스터 정책 및 추진체계의 확립, 식품산업의 집적 및 지원, 네트워크 구축 및 지원 등 3가지를 들 수 있다. 특히, 식품 공급망(food chain)의 분석과 클러스터 매핑(mapping)은 정책 추진의 선결조건이며 다양한 네트워크를 개발하여 형성 및 활성화를 주도할 식품 네트워커(Food Networker)의 개념을 새로이 도입하여 사업화하는 것이 바람직하다.

우리 농식품 산업은 실패할 수 없다. 농업 · 농촌 · 식품을 지켜온 우리 농식품 산업 경영자들이 뛰고 있다. 우리 땅에서 나온 먹을거리를 좋아하는 국민들과 한식에 입맛 다실 세계인이 있다. 이제 미래를 여는 농식품 산업으로 도약할 것이다.

본서와 연구를 완성하기까지 모든 것을 철저하고 엄격하게 지도해 주신 단국대학교 장원석 교수님과 김호 · 김태연 교수님 등 클러스터연구를 해오신 선배 학자들에게 경의를 표한다. 현장에서 국가경제에 기여하고 있는 모든 농식품 산업 경영자들과 익산클러스터의 성공적 추진에 혼신의 힘을 쏟고 있는 이한수 익산시장과 관계공무원들에게 감사를 드린다. 우리나라 농림수산식품의 발전을 위하여 늦도록 과천과 전국 청사의 불을 밝히고 있는 농식품 관련 공직자들에게 감사를 표한다.

또한 외식 및 식품산업에 대한 많은 지식을 주시고 물심양면으로 지원해 주신 제너시스 비비큐 그룹 회장이신 윤홍근 박사님께도 깊은 감사를 드린다.

항상 곁에서 변함없는 사랑으로 나를 지켜주고 나의 길을 응원해 주는 어머님, 아내와 동한, 민하에게 나의 사랑과 고마움을 보낸다.

이 책은 절반의 완성이라 본다. 우리 농식품 산업 발전에 조금이나마 기여하기를 기대하지만, 인생의 절반 50에 들어서는 나 자신에게도 새로운 희망과 용기가 되어주기를 바라는 마음이다.

첨언 : 사실 이 책을 쓰고 난 후 2년이 흘렀다. 관련 정책이 구체화되고 일부 변경도 되었지만 일부러 업데이트하지 않았다. 첫째 이유는 식품정책이 초기단계에 있던 이 책자의 내용과 현 정책의 추진과정을 비교하면 더 많은 시사점을 줄 수 있을 것으로 보기 때문이다. 둘째 이유는 필자는 현재 대학교에서 식품과 외식산업에 대한 연구를 하고 있으며 그 후엔 산업계 현장에서 직접 뛰어볼 계획이다. 산학관의 네트워크를 산업발전의 핵심동력으로 보고 있는 필자의 생각과 논문내용에 걸맞게 공직, 대학교, 산업계의 경험을 바탕으로 10년 후 이 책자의 개정판을 낼 계획이기 때문이다.

김성민

차 례

07

01

식품정책의 **개념과 법제**

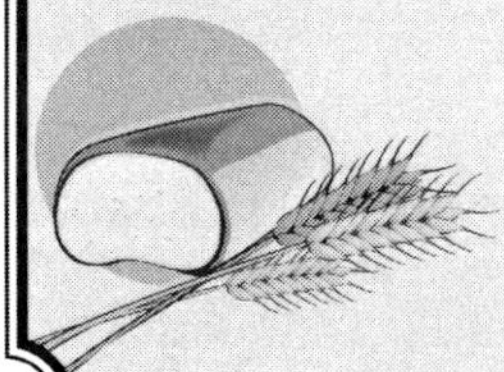

01 식품정책의 개념과 법제

1. 식품정책의 개념

1) 식품의 개념

식품은 일반적으로 의약품을 제외한 사람의 먹을거리를 의미한다. 식품은 광의(廣義)의 개념으로 '사람이 일상 섭취하는 음식물의 총칭'이라 정의되고 있으며 협의(俠義)의 개념으로는 '어느 정도의 가공 공정을 거쳐 직접 먹을 수 있는 상태가 된 것을 식품이라 하고, 이에 비하여 직접 섭취할 수 없는 상태의 것을 식품재료 또는 식료품'이라 하고 있다.[1]

관련 법령에서 규정한 식품의 정의를 살펴보면 「농업 · 농촌 및 식품산업 기본법」에서는 '사람이 직접 먹거나 마실 수 있는 농산물 또는 농산물을 원료로 하는 모든 음식물'이라 정의하고 있으며 「식품위생법」에서는 '의약품을 제외한 모든 음식물'이라고 정의한다. 농산물은 신선상태나 단순 가공상태로서 식품에 포함되는 개념이나 농산물을 별도로 강조하여 농산물과 식품을 총칭하는 의미로 사용하고 있으므로 식품과 혼용하여 사용하는 경향이 있다.

본서에서도 사람이 직접 신선상태 또는 단순 가공하여 섭취하는 식품으로서의 농산물과 식품을 통합하여 '식품(食品, agro-food)'으로 정의하고자 한다.

2) 식품산업의 개념

식품산업은 식품을 생산하거나 수입하여 최종 소비자에게 전달되기까지, 즉 식품원료의 생산, 수집, 가공, 저장, 포장, 판매라는 여러 유통단계에서 행해지는 경제활동을 총칭하는 개념이지만 사용하는 목적이나 주체에 따라 다양하게 사용되고 있다.

일반적으로는 식품산업을 '식품제조 · 가공업, 식품유통업 및 외식업'이라 하고 있으며[2] 보다 구체적인 업종을 포함하여 '식품가공업은 물론 원료 농산물의 수집 · 중개업, 운수 · 보관업, 식품제조기계 또는 용기 · 포장제조업, 외식산업 및 식품 · 도소매업'으로 정의하기도 한다.[3]

식품산업은 식품의 각 유통단계에서 행하여지는 제반 경제행위를 수행하는 업체를 총칭한다. 식품 및 식품첨가물 제조업은 물론 식품운반업, 식품소분 · 판매업, 식품 저장업, 식품제조 기계 또는 용기 · 포장제조업, 식품접객업 등을 포괄한다.

식품산업의 구조

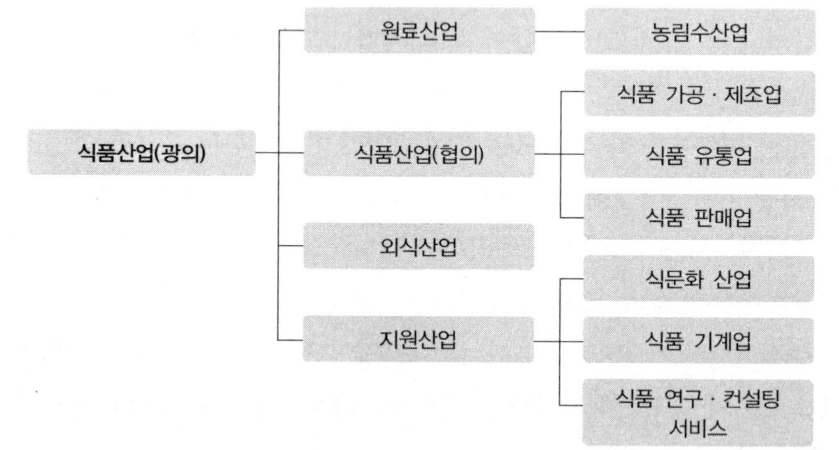

「농업 · 농촌 및 식품산업 기본법 제3조」에서는 '식품을 생산 · 가공 · 제조 · 조리 · 포장 · 수송 또는 판매하는 산업'이라 정의하고 있다. 또한 식품산업은 한국표준산업분류의 업종분류에 따라 식품 및 식품첨가물 제조업, 식품가공업, 냉동보관업 등 음 · 식료제조업을 의미하는 것으로 볼 수 있다. 일반적으로 식품산업의 부가가치, 매출액, 고용 등과 같은 통계자료들은 이와 같은 한국표준산업분류상의 기준으로 작성되고 있다. 이상의 논의를 바탕으로 식품산업을 '먹을거리의 가공, 제조, 보관, 운송 및 소비단계에서 이루어지는 제반 경제활동'이라 정의하고자 한다.

3) 식품정책의 개념

정책(政策)이란 일반적으로 국민의 생활에 영향을 미치는 정부의 모든 활동을 말한다. 또는 정책이란 바람직한 사회 상태를 이룩하려는 정책목표와 이를 달성하기 위해 필요한 정책수단에 대해 권위 있는 정부가 공식적으로 결정한 기본전략이라고 정의할 수 있다.[4]

그러므로 식품정책은 사람이 직접 먹거나 마실 수 있는 농산물 또는 농산물을 원료로 하는 모든 음식물의 가공, 제조, 보관, 운송 및 소비단계에서 이루어지는 제반 경제활동에 관하여 바람직한 상태를 이룩하려는 정부의 모든 결정과 행위들이라고 정의할 수 있다.

먹을거리와 관련된 정책은 소비자를 대상으로 하는 정책도 있으나 주원료가 되는 농산물의 생산자를 대상으로 하는 농업정책도 함께 고려되는 것이 중요하다. 식품산업의 변화에 따라 농업이 크게 영향을 받을 수밖에 없는 푸드시스템의 구조를 갖고 있음에도 불구하고 식품산업을 별개의 독립된 산업으로 인식하여 왔다.

그러나 2008년 농림부가 농림수산식품부로 재편되면서 식품정책의 대상 및 범위, 주요 이슈가 농업을 포함하는 식품으로 확대되었다. 즉, 식품산업은 '농장(農場)에서 식탁(食卓)까지(Farm to Table)', '국경(國境)에서 가정(家庭)까지(Border to Home)'의 전 과정에 걸쳐 농수산물의 생산, 식품제조, 가공, 유통 및 외식을 포함하게 되었다. 뿐만 아니라 식품산업의 정책대상을 농업인 및 생산자단체뿐만 아니라 식품·외식관련 기업으로 확대하였다.

식품정책범위도 1차 산업인 농업과 2·3차 산업인 식품제조업, 외식업 및 식자재산업까지 포괄하고 있다.

그러므로 농업정책과 식품정책은 푸드시스템의 특성과 상호 연관성을 고려하여 통합적인 식품정책으로 다루어져야 한다.

2. 식품정책의 동향

농업을 포함하는 식품정책은 공공정책으로서 정책 연구와 식품산업을 대상으로 하는 산업정책 연구, 그리고 농업·농촌을 대상으로 하는 농업정책 연구로 나눌 수 있다.

식품산업 연구는 주로 자연과학분야에서 식품의 성능 규명, 가공, 저장 등의 연구가 축적되어 있으나 식품산업 경제, 식품기업 경영, 식품정책분야의 연구는 매우 미미한 실정이다.

최근 정부가 농림수산식품부로 정부조직을 개편하는 등 식품산업정책을 강화함에 따라 농촌경제연구원에서는 식품산업경제 전담부서를 두고 연구를 수행하고 있다. 또한 정부의 식품관련 연구·개발 예산이 대폭 증액되고 있기 때문에 학계와 연구기관의 연구도 활성화될 것으로 보인다.

식품정책 연구

정부의 식품산업정책은 그동안 규제위주로 시행되고 산업진흥을 위한 정책은 미흡했기 때문에 식품산업정책에 대한 일반적 연구는 매우 미흡하다. 식품산업에 대한 전반적인 정책이 보건복지부 소관으로 되어 있던 2008년 이전에는 정책입안을 위하여 한국보건산업연구원 등에서 식품산업에 대한 연구가 몇 차례 진행되었다.

최근 푸드시스템(Food System)에 대한 연구가 점차 늘어나고 있다. 이정희[5]는 "한국 푸드시스템의 현황과 발전과제"라는 연구를 통하여 우리나라 식품산업을 푸드시스템 측면에서 깊이 있게 연구하였다. 푸드시스템은 농수산물 생산에서부터 가공 · 유통 · 소비까지를 포함하며 농업과 식품산업을 합하는 개념으로 보고, 농업정책이 효과를 얻기 위해서는 식품산업정책과의 조화로운 추진이 필요하다고 주장하였다. 푸드시스템 발전을 위한 과제로서 농업과 식품산업의 연계(連繫) 강화, 외식산업(外食産業) 활성화에 대응한 국내 농산물의 수요 연계, 전통식품의 활성화, 연구 및 통계 강화 등을 제안하고 있다.

식품산업을 푸드시스템 측면에서 보면 농업과 식품산업의 관계는 원료공급과 수요관계로 밀접한 연관성을 갖게 되며, 산업 전체의 구조와 특성을 이해하기 쉬워진다. 식품분야와 농업을 같은 정부 부처에서 관장하는 유럽 등 선진국에서는 공공연구기관에서 푸드시스템 현황을 분석 · 연구하는 경우가 많다.

미국 농무부 경제연구소(USDA-ERS)의 연구[6]에 따르면 미국의 푸드시스템은 크게 25,000개 식음료 업체가 210만 농가로부터 원료를 구매한다. 10%의 신선농산물을 제외한 90%를 가공하고 있으며 가공식품은 32,559개의 도매상, 112,662개의 소매업체와 377,717개의 식품 서비스 업체를 통하여 1억 1천만 가구에 공급되고 있다. 영국 환경식품농업부(DEFRA)[7]에서도 실증자료의 분석을 통하여 영국 푸드체인상의 가치사슬을 정책추진 자료로 활용하고 있다. 1,560억 파운드에 이르는 식품소비를 생산에서 가공 · 판매까지 자세하게 분석하고 있다. 우리나라의 경우 농림수산식품부 출범 이전에는 농업인의 판로확대 및 부가가치 제고 측면에서 산지 가공에 관심을 가졌었고, 최근에는 식품산업에 대한 푸드시스템 측면에서 활발해지고 있다.

식품산업과 농업의 연계방안을 실증 연구한 결과 농업생산 부문은 안전한 원료의 안정적 공급의 역할을 하고 식품산업부문은 고정적 판로 보장 및 소득 증대 등에 기여한다고 보았다. 국내농업과의 연계성 제고를 위한 방안으로 계약거래와 계열화 정착, 산지와 업체의 네트워크 구축, 연계 정보체계 구축과 교육지원, 광역식품 클러스터와 연계한 기술개발 지원 등을 제시하였다.[8]

식품산업부문의 구조변화가 농업부문에 미치는 효과와 양자 간의 관계에 나타나는 변화의 관점에서 농업과 식품산업과의 연계방안을 연구하였다. 국내 식품업체의 실제 원료 구매 현황과 일본 사례를 분석하였으며, 산지 가공업 활성화를 중요한 정책과제로 제시[9]하고 있다.

제반연구를 종합하면 정부의 식품산업정책 추진은 농업의 동반성장을 제고하는 방향으로 추진되어야 한다는 것을 알 수 있다.

식품산업과 타 부문 간의 상호 연관관계

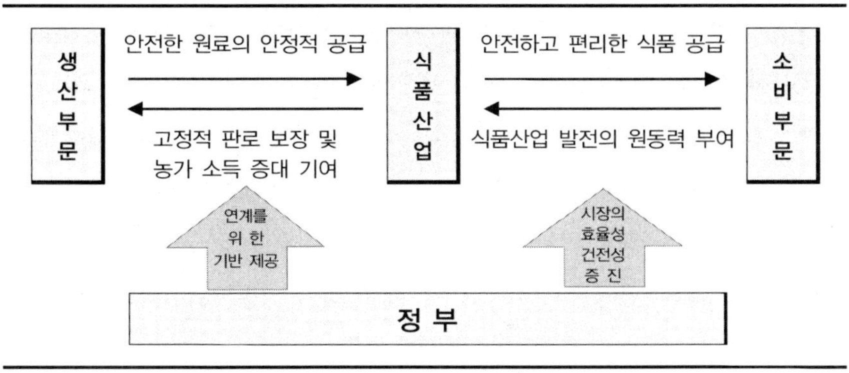

자료 : 황수철, 농업과 식품산업의 연계강화를 위한 세부프로그램 비교연구 및 개발, 2005.

식품안전(食品安全) 정책은 식품위생 측면에서 안전관리의 강화 방안[10]이 요구되며 식품안전 행정이 부서별로 분산 추진되고 있어 식품안전을 위협하고 국민의 불안을 심화시키고 있으므로 식품안전에 대한 국민의 인식과 식품안전을 위한 식품안전관리체계의 일원화 방안으로 '동식물 위생검역청', '식품안전위원회'와 '농림수산식품부 식품청'의 설립을 단계적으로 추진하여 식품안전 업무를 체계화[11]하여야 한다.

클러스터 정책

20세기 후반 세계화의 진전에 따라 국가 간 산업경쟁이 치열해지고 산업입지(産業立地)와 산업발전에 대한 관심이 높아지게 되었다.

Porter는 지식기반사회(知識基盤社會)에서 국가의 산업경쟁력이 어떻게 형성되고 우위를 유지하는가라는 관점에서 클러스터의 기본개념을 정립[12]하였으며 1999년 이후 OECD에서는 "Competitive Regional Clusters : National Policy Approaches(2007)" 등 세 차례의 보고서[13]를 통해 심도 있는 연구결과를 도출하고 있다.

우리나라의 산업클러스터에 관한 연구는 2000년대 이후 시작되어 국가균형발전위원회를 중심으로 활성화되었다. 일반 산업분야의 산업단지 혁신 및 혁신클러스터에 대한 이론과 사례연구는 많이 이루어졌으나, 농업과 식품분야의 클러스터 연구는 아직 초기단계라고 할 수 있다. 2005년 지역농업 클러스터 사업의 도입을 위한 농림부 정책담당자들의 조사와 연구를 시작으로 몇 차례 정부 용역에 의한 연구가 있었을 뿐이다.

국가균형발전위원회는 미국의 실리콘밸리 등에 대한 사례분석을 주요 내용으로 '세계의 지역혁신체계(地域革新體系)[14]'를 발표한 것을 비롯해 '선진국의 혁신클러스터' 등 수많은 연구와 세미나, 발표회 등을 통하여 국가균형발전과 지역혁신체계(RIS)라는 관점에서 클러스터의 국내외 사례조사와 국내적용방안 등에 대한 연구를 축적하였다. 이러한 연구결과는 산업자원부, 문화관광부, 과학기술부, 농림부 등 각 소관부처의 지역, 연구 · 개발 및 산업정책에 반영되었다.

산업클러스터 이론의 개념과 유형을 비교 분석하고 클러스터 이론의 발전과정을 산업입지론, 신산업공간론, 클러스터론, 혁신환경론, 지역혁신체계론 등으로 분류하고 각 이론의 특성을 공간집적, 산업전문화, 산업유형, 생산연계 등을 기준으로 하였다. 클러스터에 관한 용어가 명확하게 사용되지 못하고 있음을 지적하면서 학자나 관점에 따라 매우 다양하게 사용되고 있는 용어와 개념을 다음과 같이 매우 명확하게 정리하였다.[15]

산업집적(産業集積) 관련 이론들의 특성 비교

초점 \ 이론	신산업 공간론	산업 지구론	클러 스터론	혁신 환경론	지역혁신 체제론	학습 지역론
공간 집적	○	○	○	×	×	×
산업 전문화	○	○	○	×	×	×
산업 유형	○	○	○	×	×	×
생산 연계	○	○	○	×	×	×
상부구조	×	○	○	○	○	○
하부구조	×	×	○	○	○	○

자료 : 이종호·이철우, 집적과 클러스터 : 개념과 유형 그리고 관련이론에 대한 비판적 검토, 한국경제지리학회지 제3호, 2008, pp. 302-318.

삼성경제연구소는 산업클러스터 이론이 산업발전과 지역혁신을 위하여 중요하다는 점을 인식하고 복득규[16], 고유상[17] 등을 중심으로 외국의 사례와 성공요인, 핵심요소 들을 연구하였다. 클러스터 정책의 핵심요소로 혁신활동과 민간 참여기업의 역할을 강조하고 있으며, 정부 주도의 정책추진을 경계하고 있다. 과학기술정책, 지역정책, 산업정책으로서의 클러스터 연구는 주로 대덕연구단지, 구미, 창원 등 기술, 산업단지의 혁신방안으로 많은 학자와 연구기관에서 활발하게 수행되었다. 그러나 식품산업을 대상으로 한 연구는 찾아보기가 어렵다.

한국의 산업연관표(産業聯關表)를 분석하여 국내산업 중에서 식품제조업이 자동차나 IT산업보다 클러스터로서의 잠재적 형성가능성이 높다는 의미 있는 연구를 하였으며 또한 식품산업과 직간접적으로 연계될 수 있는 34개 업종의 연관성을 도출하여 국가식품 클러스터의 참여업종이나 네트워크를 구상할 수 있는 실질적인 자료를 제공[18]하였다.

농축산물 등 신선제품이 타 제품과 비교하여 보관과 운송 등 물류측면에서 특성이 있음에 주목하여 신선물류 클러스터의 구축방안을 제시하였다. 인천 송도 경제자유구역을 입지 · 운송 · 보관 · 수출입 과정에 연관된 공공기관, 기업, 연구소를 비전 제시자, 시스템 통합자, 전문공급자 등을 주요 구성요소로 인식하고 네트워킹 방안을 제시하였다.[19]

농림부가 실시하고 있던 지역농업 클러스터 정책을 중심으로 산업 클러스터 이론을 농림업분야에 적용하여 지역농업 클러스터 정책에 대한 이론적 근거를 제공하였다. 특히 클러스터를 지역농업의 역량이라는 관점에서 접근하여 지역혁신체계로의 연계를 시도하였으며 클러스터의 발전전략을 3단계로 나누어 제안하였다.[20]

지역농업 클러스터 정책의 단계별 추진전략

구분	추진목표	주요내용
1단계	주체 간 상호 연관관계 강화	• 사업단의 구성 및 기능강화 • 사업성과 및 지식의 공유 및 확산체계 구축
2단계	부가가치 제고	• 지역조건을 고려한 2~3차 산업 발굴 및 유치 • 지역 고유브랜드 개발(연합브랜드) • 상품화 기술개발 및 마케팅능력 제고
3단계	지속적 경쟁우위 확보	• 학습프로그램을 통한 주체의 혁신역량 제고 • 네트워크 구축으로 혁신시너지 제고 • 고부가가치 생명산업과 연계(벤처창업)

자료 : 김정호 외, 지역농업 클러스터 발전방안, 한국농촌경제연구원, 2005.

국내에서 처음으로 지역농업 클러스터에서 나아가 식품산업클러스터의 관점에서 국내 식품클러스터 발전방안을 연구하였다. 국내외 식품클러스터 사례에 대한 심도 있는 조사와 분석을 통해 클러스터 정책을 형성준비단계, 기반조성단계, 발생단계, 성장단계 등의 네 가지 단계로 구분하고 각 단계별 특성에 따른 전략과 핵심과제[21]를 이끌어내었다.

전라북도의 의뢰를 받은 산업연구원은 한국농촌경제연구원, 한국식품연구원, 전북발전연구원과 함께 국가식품 클러스터 조성 기본계획 수립에 대한 연구를 수행하였다.[22] 국내 식품산업의 실태와 식품 연구 · 개발 현황 등의 분석을 바탕으로 국가식품 클러스터의 핵심요소, 발전단계별 로드맵과 재정투자 계획까지 광범위한 연구를 수행하였다.

3. 식품 관련 법제(法制)

1) 식품 관련 법령

식품과 직 · 간접적으로 관련된 법령은 농림수산식품부와 보건복지부를 포함한 다수의 소관부처에 분산되어 약 200여 건에 이른다. 농산물, 축산물 · 수산물 및 그 가공식품, 가공식품 및 음식, 물, 소금, 양곡, 건강식품 등 식품 종류별로 다양한 법률이 있다.[23]

식품 관련 법률현황

소관	법률명	소관	법률명
농림수산식품부	농업 · 농촌 및 식품산업 기본법	보건복지부	식품안전기본법
	농산물품질관리법		식품위생법
	양곡관리법		
	친환경농업육성법		건강기능식품에관한법률
	농약관리법		국민건강증진법
	축산물가공처리법		
	소및쇠고기이력추적에관한법률		어린이식생활안전관리 특별법
	낙농진흥법	환경부	먹는물관리법
	사료관리법		

소관	법률명	소관	법률명
농림 수산 식품부	수산물품질관리법	지식 경제부	염관리법
	수산동물질병관리법		
	식품산업진흥법	국토 해양부	해양수산발전기본법

자료 : 이계임 외, 식품관련 법체계 개편을 위한 기초연구, p. 10을 토대로 재구성.

(1) 농림수산식품부 소관법률

농림수산식품부 소관법률은 「농업 · 농촌 및 식품산업기본법」을 기본법으로 하여 식품 종류별로 관련 법률이 있다. 「농업 · 농촌 및 식품산업기본법」은 2007년 12월 「농업 · 농촌기본법」에 식품산업을 포함시켜 농업 · 농촌 · 식품산업의 발전을 위한 기본법으로 만든 것이다. 농림수산식품부 소관 법률 중 대표적인 법률은 다음과 같다.

「농산물품질관리법」

「농산물품질관리법(農産物品質管理法)」은 농산물 품질관리를 통하여 농산물의 상품성을 높이고 공정한 거래를 유도하여 농업인의 소득증대와 소비자 보호를 목적으로 1999년 1월에 제정되었다.

「농산물품질관리법」 역시 수산분야 규정을 통합하고 우수농산물관리제도의 시행에 따른 농산물인증제도의 통 · 폐합과 안전성 관리를 강화하기 위한 검사기관의 지정, 농 · 수산물 안전성 관련 연구 · 개발, 교육, 위험평가 등에 관한 규정을 신설하는 등 농수산물의 효율적인 품질관리를 위해 「농수산물품질관리법」으로의 개정을 추진 중이다.

「축산물가공처리법」

「축산물가공처리법(畜産物加工處理法)」은 1962년에 제정된 법률로 축산물의 위생적 관리, 축산업의 건전한 발전과 공중위생의 향상을 도모해 소비자 보호 및 축산업 관련 산업의 건전한 발전에 기여함을 목적으로 하고 있다. 「소 및 쇠고기 이력추적에 관한 법률」은 소의 출생부터 쇠고기 판매까지의 개체식별 기록 · 관리와 표시사항을 규정하여 소의 소유자 등이 지켜야 할 사항과 위반 시 제재사항을 명시한 법률로 2007년 12월에 제정되었다. 이를 근거로 소의 거래에 따른 이동 경로와 쇠고기에 대한 원산지 등의 정보가 생산자와 소비자에게 제공되고 있다.

「식품산업진흥법」

「식품산업진흥법(食品産業振興法)」은 식품산업의 성장을 배경으로 기존의 「농산물가공산업육성법」을 기본으로 하여 2007년 12월에 제정하고 2008년 6월 18일에 시행되었다.

식품산업과 농업의 연계강화 및 식품산업 경쟁력 제고를 통해 품질 좋은 식품을 안정적으로 공급함을 목적으로 하고 있어 식품산업 육성의 법적인 초석을 마련한 것으로 볼 수 있다. 「식품산업진흥법」은 식품산업의 진흥기반 조성, 식품산업의 진흥, 식품의 품질관리 등의 내용을 담고 있으며 총 6장 38조로 구성되어 있다.

식품산업진흥법 체계

장	조	내용	장	조	내용
1장 총칙	1조	목적	4장 식품의 품질 관리	20조	식품의 산업표준인증
	2조	정의		21조	전통식품의 국제규격화 추진
	3조	국가 및 지방자치단체의 책무		22조	전통식품의 품질인증
	4조	식품산업진흥 기본계획의 수립		23조	유기가공식품의 인증
	5조	식품산업진흥심의회 설치		24조	우수식품인증기관 지원 등
	6조	다른 법률과의 관계		25조	부정행위의 금지 등
2장 식품 산업 진흥 기반의 조성	7조	식품산업 전문인력 양성		26조	우수식품인증의 사후관리
	8조	기술개발의 촉진		27조	수수료 등
	9조	식품산업 통계의 조사		28조	표시변경 등의 명령
	10조	국제교류 및 무역진흥		29조	우수식품인증의 취소
	11조	식품산업사업자단체		30조	승계
	12조	식품산업의 집적 활성화	5장 보칙	31조	조세의 감면
3장 식품 산업의 진흥	13조	계약거래 등 교류협력사업의 증진		32조	인증표시가 된 식품의 우선구매
	14조	식품명인의 지정		33조	우수 식재료 사용 촉진
	15조	식품산업 컨설팅 지원		34조	권한의 위임·위탁
	16조	산지가공산업의 육성		35조	벌칙 적용에서의 공무원 의제
	17조	전통식품과 식생활 문화의 세계화	6장 벌칙	36조	벌칙
	18조	전통 식생활문화의 계승·발전		37조	양벌규정
	19조	식품성분 조사 등		38조	과태료

「식품산업진흥법」의 주요 내용은 첫째, 식품산업과 농업의 연계강화 등을 포함한 식품산업진흥에 관한 기본계획을 수립 · 시행하도록 하고 있다. 이를 심의하기 위하여 농림수산식품부 장관 소속하에 식품산업진흥심의회를 설치토록 함으로써 취약한 식품제조 · 가공, 외식업의 기술개발, 시설개선, 원료의 안정적 공급 등 식품산업을 고부가가치 산업으로 성장시킬 수 있도록 하는 법적 기반이 마련되었다.

둘째, 농업의 성장을 견인하고 고부가가치 산업으로의 발전을 도모하기 위한 인프라 조성의 일환으로 식품산업분야별 전문인력 양성, 산 · 학 · 연 · 관 간의 역할 분담을 통한 기술개발의 촉진, 식품의 원활한 수급과 원료의 안정적 공급 등을 위한 식품통계의 조사, 해외시장 진출확대를 위한 교류협력 및 시장개척 등 식품산업 진흥을 위한 법적 기반을 마련하였다.

셋째, 식품의 산업표준인증을 운영할 수 있도록 하는 한편, 「농산물가공산업육성법」에서 규정하고 있던 전통식품의 품질인증제도를 지속적으로 운영토록 하였다. 또한 유기식품에 대한 인증제도의 도입근거를 마련함으로써, 식품의 품질향상을 통하여 소비자의 권익을 보호하는 한편 국내산 농산물의 소비촉진 확대를 위한 기반을 마련하였다.

「염관리법」

「염관리법(鹽管理法)」은 소금산업의 건전한 육성을 도모하기 위해 지식경제부 소관법령으로 1963년에 제정되었다. 2008년 12월 법이 개정되어 품질검사 및 이와 관련된 기관 지정, 표시 등의 염관리 업무를 지식경제부에서 농림수산식품부로 이관하였다. 천일염을 식품의 대상으로 새로 포함하여 2009년 6월 동법의 시행령과 시행규칙이 제정되어 시행되있다.

(2) 보건복지부 소관 법률

보건복지부 소관 대표 법률은 「식품안전기본법」과 「식품위생법」이라 할 수 있다.

「식품안전기본법」

「식품안전기본법」은 수입식품 및 위해식품 등의 증가로 국민들의 식품안전에 대한 불안감이 커짐에 따라 이에 신속히 대응하여 국민의 안전하고 건강한 식생활 영위에 기여할 목적으로 2008년 6월에 제정되었다. 「식품안전기본법」은 긴급대응체계 마련 및 위해원인(危害原因)의 추적조사, 위해성(危害性) 평가, 식품안전 정보공개, 식품안전관리 문제에 대한 소비자 참여를 강화하는 내용을 담고 있다.

「식품위생법」

「식품위생법」은 식품으로 인하여 생기는 위생상의 위해를 방지하고 식품영양의 질적 향상을 도모하며 식품에 관한 올바른 정보 제공을 목적으로 1962년에 제정되었다. 식품 위생 및 식품 위해 관리 내용을 중심으로 하고 있으나 식품공전 등의 규정에 따라 현재는 식품 위생뿐만 아니라 식품산업에도 큰 영향을 미치는 법률이 되고 있다. 국민보건의 증진에 이바지함을 목적으로 주로 식품에 관한 규제 사항을 담고 있다. 총 13장 102조로 구성되어 있으며, 식품 등의 취급 시 위생적으로 다루어야 하는 원칙을 제시하고 위해식품 · 비위생적인 식품 등에 대한 사용 · 판매 등을 금지하도록 하였다. 판매용인 식품 및 식품첨가물, 기구 · 용기 · 포장 등의 기준을 정하여 식품공전에 수록 · 보급하도록 하고 있다. 이러한 기준 및 규격에 적합하지 않은 것은 제조 · 사용 · 판매 · 수입 등을 금지하도록 하고 있다. 식품위생감시를 위해 식품의약품안전청과 지방자치단체에 식품위생감시원을 두도록 하고 있으며, 영업의 허가 등에 대한 조건을 규정하고 있다. 위생관리상태 등이 우수한 식품업소는 우수 · 모범업소로 지정할 수 있는 위생등급 규정이 마련되어 있다.

식품위생법 체계

장	내용	장	내용
1장 총칙	목적(1조), 정의(2조), 식품 등의 취급(3조)	7장 영업	시설기준(36조), 영업허가 등(37조), 영업허가 등의 제한(38조), 영업 승계(39조), 건강진단(40조), 위생교육(41조), 품질관리 및 보고(42조), 영업제한(43조), 준수사항(44조), 위해식품 등의 회수(45조), 위생등급(47조), 위해요소중점관리(48조), 식품이력추적관리(49조), 위생수준 안전평가(50조)
2장 식품 및 첨가물	위해식품 등의 판매 금지(4조), 식품과 식품첨가물에 관한 기준 및 규격(7조)		
3장 기구와 용기	유독기구 등의 판매 · 사용 금지(8조), 기구 및 용기 · 포장에 관한 기준(9조)		
4장 표시	표시기준(10조), 식품의 영양표시 등(11조), 육류 및 쌀 · 김치류의 원산지 등 표시(12조), 허위표시 등의 금지(13조)	8장 조리사와 영양사	조리사(51조), 영양사(52조), 명칭 사용 금지(55조), 교육(56조)
5장 식품 등의 공전	식품 등의 공전(14조)	9장 식품위생 심의 위원회	식품위생심의위원회의 설치 등(57조), 심의위원회의 조직과 운영(58조)
6장 검사 등	위해평가(15조), 위해식품 등에 대한 긴급대응(17조), 유전자 재조합식품 등의 안전성 평가 등(18조), 수입 식품 등의 신고 등(19조), 식품 등의 재검사(23조), 식품위생검사기관의 지정 등(24,	10장 식품위생 단체 등	동업자조합 설립(59조), 식품공업협회 설립(64조), 식품안전정보센터의 설립(67조), 지도 · 감독 등(70조)

6장 검사 등	25조), 식품위생검사기관의 출입 등(26조), 검사원의 교육(30조), 식품위생감시원(32, 33조)	11장 행정제재	시정명령(71조), 폐기처분 등(72조), 위해식품 등의 공표(73조), 시설 개수 명령 등(74조), 허가취소 등(75조), 영업허가 등의 최소 요청(77조), 과징금 처분(82조), 위반사실 공표(84조)
		12장 보칙	국고 보조(85조), 식품진흥기금(89조), 권한의 위임(91조), 수수료(92조)
		13장 벌칙	벌칙(93~98조)

(3) 식품 관련 법령의 문제점

식품 관련 법령의 가장 큰 문제점은 식품 법령의 체계적인 정비가 이루어지지 않아 종합적이고 효과적인 식품정책의 추진이 어렵다는 것이다. 식품안전 관리에 대해서는 품목별·단계별로 담당 부처 간의 소관업무가 명확하지 못하고, 식품 산업에 대한 규제와 진흥에 대한 규정이 여러 법령에 분산되어 규정되어 있다.

특히, 「식품산업진흥법」과 「식품위생법」 간에는 각 법령의 목적과 규정의 범위와 관련하여 상호 중복 등 체계적이지 못하여 나타나는 문제점이 있다. 예를 들어 「식품산업진흥법」이 진흥정책의 효율적인 운영을 위해 마련된 법률임에도 불구하고 구체적인 진흥수단인 식품공업협회의 설치 및 지원, 식품진흥기금의 운영 등에 관한 규정은 「식품위생법」에 명시되어 있다. 그것은 「식품산업진흥법」이 제정되기 전까지 식품에 대한 포괄적인 법률이 「식품위생법」 외에는 없었기 때문으로 보인다. 그리고 농산물에 대한 검사, 검역, 표시, 인증 등에 대한 기준과 절차가 법령별로 다르게 규정되어 있다. 예를 들면 표시 및 인증

관련 규정은 다음과 같다.

표시 및 인증 관련 법률 표시제도 현황

	식품위생법	식품산업 진흥법	농산물품질 관리법	축산물가공 처리법
표시	• 식품 등의 표시 – 식품 및 식품첨가물 – 기구 및 용기·포장 • 가공식품 GMO 표시 • 식품의 영양표시 • 쌀·김치, 육류 원산지표시 • 허위표시 등의 금지		• 농산물 표준 규격 표시 • 농산물 및 식품의 지리적 표시 • 농산물 및 가공품 원산지 표시 • 농산물 GMO 표시 • 허위표시 등의 금지	• 축산물 및 가공품의 표시 • 허위표시 금지
인증	• 위생등급 • 위해요소중점 관리기준 • 식품이력추적 관리등록	• 산업표준인증 • 전통식품품질 인증 • 유기가공식품 인증	• 농산물의 품질 인증 • 우수농산물 인증 • 농산물이력추적 관리	• 위해요소중점 관리기준

자료 : 이계임 외 7인, 식품관련 법체계 개편을 위한 기초연구, 2008, p. 37.

2) 식품정책 관련 조직

2008년 농림부가 농림수산식품부로 재편되기 전까지 식품과 관련된 정책을 추진하던 주요 부처는 농림부, 보건복지부, 해양수산부, 산업자원부 등이었다. 2008년 정부조직법의 개정을 통하여 보건복지부의 식품안전을 제외한 식품산업 업무, 해양수산부의 수산물과 관련된 업무, 산업자원부의 염산업과 관련된 업무가 이관되면서 농림수산식품부는 농업 및 식품산업정책을 총괄적으로 담당하는 식품정책의 주무부처로 위상을 정립하게 되었다.

정부조직 개편과 함께 식품안전 관리 업무에 대한 소관도 농림수산식품부로 일원화되어야 한다는 주장이 강하게 제기되었으나 결론을 내지 못하고 국무조정실의 식품안전위원회를 통하여 조정하기로 함에 따라 식품정책추진조직이 이원화된 문제가 아직도 해결되지 못하고 있다.

「정부조직법(政府組織法)」에 농림수산식품부 장관은 식품산업진흥 업무를 관장하도록 명시되어 있다. 농림수산식품부와 그 소속기관 직제(職制)에는 식량의 안정적 공급과 농수산물에 대한 소비자 안전, 식품산업진흥 등이 직무로 규정되고 신설된 식품산업정책단의 업무는 다음과 같이 식품산업진흥에 대한 제도와 사업을 관장하고 있다.

식품산업정책단의 소관 업무

- 식품산업의 육성 · 진흥, 식품산업진흥계획의 수립 · 조정
- 외식산업의 육성 · 지원, 식재료 가공산업 육성 및 식재료 유통 개선에 관한 사항
- 외식(한식)의 보급 및 세계화에 관한 사항
- 식품산업 집적 활성화, 식품제조 · 가공산업의 육성 · 지원에 관한 사항
- 식품업체 규모화, 시설 현대화 지원에 관한 사항
- 농업인의 식품가공 활성화, 전통식품산업 육성 및 지원, 식품명인제도에 관한 사항
- 농산물 및 식품의 해외시장 개척 등 수출 촉진에 관한 사항
- 농업생산자와 식품업계 간 교류 협력, 전통 식생활 및 식문화 보급 · 전파에 관한 사항
- 농산물의 표준규격화, 가공식품의 산업표준인증, 유기(유기)가공식품 인증에 관한 사항
- 농산물 및 식품의 지리적 표시, 우수농산물관리 · 원산지표시 · 안전성조사 및 이력추적 등 농산물품질제도의 운영
- 농산물 및 식품 가격안정 대책의 종합 · 조정
- 농산물 및 식품산업 관련 소비자 보호 및 소비자단체의 육성 · 지원

자료 : 농림수산식품부와 그 소속기관 직제 제15조.

식품산업정책단(2009년 식품유통정책관, 2010년 식품유통정책국, 2011년 식품정책국으로 변경)에는 3개의 팀이 있다. 그중 식품산업정책팀은 식품산업 진흥정책을 총괄하며 식품과 관련된 법령 및 제도 운영을 담당하고 있다. 이외에도 식품산업 종합대책에 포함되어 있는 식품산업에 대한 연구·개발(R&D), 외식·식재료 산업 육성, 한식 세계화, 국가식품 클러스터 조성, 식품산업 인력 양성 지원, 전통식생활 및 식문화 보급 등의 업무를 담당하고 있다. 또한 식품산업 진흥팀은 식품의 수출 진흥과 해외시장 개척, 식품제조·가공산업 육성을 주요한 업무로 하고 있으며 식품명인 발굴·육성, 광역식품 클러스터 업무를 담당하고 있다. 마지막으로 소비안전팀은 식품산업발전 종합대책의 3대 전략 과제 중 하나인 안전식품 공급을 담당하고 있다. 농수산식품 안전관리 강화 및 농수산식품 인증표시제 개선, 식품 원산지 단속, 농업과 식품 간의 연계강화 업무를 추진하고 있다.

농림수산식품부의 식품산업 담당조직(2009년 기준)

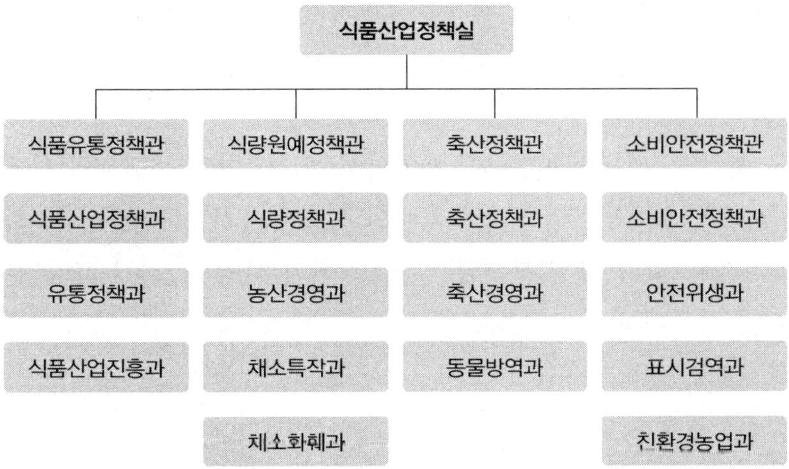

농촌진흥청(農村振興廳)은 농업생산 위주의 연구와 기술지도에 집중하고 있지만, 2008년도 말에 한식 세계화 추진단(韓食世界化推進團)을 별도 조직으로 신설하여 전통식품, 전통주, 식생활연구를 추진하고 있다. 농수산물유통공사도 식품사업처를 신설하여 공기업이 추진하여야 할 식품기업에 대한 금융지원, 컨설팅, 식품홍보 등의 업무를 수행할 수 있는 조직을 갖추었다.

식품산업정책의 추진을 위하여 정부는 행정조직을 개편하거나 신설하였지만 다음과 같은 문제점이 있다.

식품정책 관련조직의 문제점은 첫째, 부서 간에 명확한 기능설정이 되어 있지 못하다. 농림수산식품부와 보건복지부가 식품산업진흥과 위생관리 업무에 대하여 상호 중복적 기능을 수행하고 있다. 또한 농림수산식품부, 농촌진흥청, 농수산물유통공사, 한국식품연구원 간의 기능과 역할이 효율적으로 정립되지 못하여 상충되거나 중복적인 업무추진이 발생될 소지가 크다.

둘째, 식품 전문가의 충원이 이루어지지 못하여 전문적인 조직이 되지 못하고 있다. 과거 농업정책을 추진하던 인력이 식품업무를 담당함으로써 식품산업에 대한 전문적 지식부족과 시장 지향적 정책추진이 어렵다.

셋째, 식품 행정을 현장에서 추진할 수 있는 지방자치단체의 식품관련 조직이 매우 부족하다. 중앙부처의 식품관련 신규사업을 실제 집행할 수 있는 광역 및 시군단위 행정조직이 신설되지 않아 정책추진이 어려운 상황이다.

3) 식품 관련 예산

농림수산식품부는 식품산업 진흥 업무를 새롭게 담당하기 시작한 첫해인 2009년도에 총 8,496억 원을 식품산업정책을 추진하기 위한 사업 예산으로 편성하였다. 정부가 직접 시행하는 연구, 통계 구축, 교육 등을 위한 예산에서부터 민간기업에 대한 시설 및 운영지원 등 보조금 및 융자지원까지 다양한 재정지출로 구성되어 있다.

농림수산식품부 출범 이전에도 정부는 농업정책과 농산물 유통정책의 추진과정에서 농업인의 부가가치 증대를 위하여 산지가공 공장지원 등 식품관련 예산을 편성하고 있었다.

농림수산식품부가 출범한 이후 첫 예산편성이 이루어진 2009년도에는 식품산업 및 식문화 교육, 식품기능성 평가, 천일염산업 육성 등 신규사업으로 11개 사업을 확보함으로써 식품산업 진흥에 대한 의욕적인 정책의지를 보여주고 있다.

특히, 전통 발효식품 육성, 공동 조리시설 지원, 융 · 복합형기업 지원 사업 등은 식품기업에 대한 정부의 직접적 투자 · 융자사업으로는 처음 시행되는 것으로써 의미가 크다고 할 수 있다. 구체적인 사업분야와 예산은 다음과 같다.

식품 관련 예산(2005~2009)

(단위 : 백만 원)

사업명	'07 예산	'08 예산	'09 예산
합 계	742,099	779,585	849,617
식품산업진흥	370,025	375,696	473,890
식품 운영 활성화(수출)	327,000	323,000	343,000
해외시장 개척	15,336	18,646	23,511
광역클러스터 활성화	22,900	23,000	25,700
식품표준화	1,500	1,500	1,224
축산물HACCP 인증	2,045	3,060	3,939
식품안전정보관리	1,244	1,490	1,400
국가식품산업클러스터	–	2,000	2,000
한식 세계화	–	3,000	10,000
식품기능성 평가	–	–	1,000
국가인증식품지원	–	–	2,000
식품산업 및 식문화교육	–	–	4,500
유기가공식품인증	–	–	1,000
천일염산업 육성	–	–	3,316
전통발효식품 육성	–	–	14,600
융복합형 식품제조업 육성	–	–	10,000
공동조리시설 설치	–	–	7,200
식품외식정보 분석	–	–	2,500
향토산업육성(클러스터)	–	–	15,000
전통식품전용공장건립	–	–	2,000
수산식품진흥	181,643	197,621	212,248
우수수산물 지원	136,600	136,600	140,600
가공시설 및 운영지원	30,000	25,686	25,364
수산물가공산업 육성	11,390	26,159	27,896
인천수산물 물류가공센터	1,000	3,000	6,000
종합가공단지 정화시설	300	1,800	300
수산식품거점단지 조성	–	1,522	9,734
수산물해외시장개척 지원	2,353	2,854	2,354
기타	190,431	206,268	163,479

자료 : '07~'09년도 농림수산식품부 예산자료를 토대로 작성.

4) 식품관련 예산 편성의 문제점

의욕적인 정책의지와 신규 사업을 위한 예산 확보에 성급했던 부분이 예산 편성의 몇 가지 문제점으로 나타나고 있다.

식품관련 예산 편성의 문제점은 첫째, 정책분야별 성격에 따른 균형적인 예산 편성이 미흡하다. 정부가 가장 충실하게 수행하여야 하는 식품 안전을 제고하는 사업은 미미하고 기업에 대한 지원 사업이나 민간 시장에 개입하는 사업들이 상대적으로 많다. 이는 식품 사업을 정책 목표에 맞춰 우선순위를 정하여 편성하지 않고 예산확보 차원에서 조급하게 추진한 결과이다.

둘째, 식품산업진흥을 위한 연구, 통계, 표시제도, 인증 등 인프라 구축사업의 예산 편성이 부족하다. 정부가 식품산업의 인프라를 구축하기 위한 다양한 사업을 추진하겠다고 공표하였음에도 불구하고 이를 뒷받침할 투자예산은 충분히 편성하지 못하였다.

셋째, 민간지원사업의 지원기준과 절차가 시장 경쟁원칙을 저해할 수 있다. 정부지원 대상 기업을 선정하는 것은 아무리 공정한 절차를 택한다고 하여도 정부의 실패를 가져올 수 있는 분야이다. 민간기업에 대한 지원은 식품안전을 위한 시설지원, 새로운 제도의 도입 촉진, 국내 농산물 사용촉진 등 목적과 한정된 기간을 설정하여야 한다.

넷째, 농업 · 농촌정책과 연계된 사업 개발을 위한 지원이 소홀히 다루어지고 있다. 농업의 동반성장을 유도할 수 있는 식품산업을 육성하는 것이 중요한 정책과제임에도 불구하고 재정확보에는 반영되지 되지 못한 측면이 있다.

02

식품정책의 **특징**

02 식품정책의 특징

1. 식품 안전정책

국가의 식품정책 중에서 가장 중요한 것은 국민에게 안전한 먹을거리를 공급할 수 있도록 법제를 만들고 시장에서도 식품의 안전성이 가장 기본적인 경쟁요소로 자리 잡게 하는 것이다. 국민들도 식품 소비와 관련한 국가의 첫 번째 역할로서 식품 안전성을 확보하기 위한 검사, 기준 마련, 표시 등을 요청하고 있다. 그럼에도 불구하고 2000년 이후에 식품사고는 거의 매년 발생하고 있으며 그때마다 정부는 발 빠른 대책을 내놓고 있지만 국민의 불안과 정부정책에 대한 불신은 반복되고 있다.

주요 식품 안전 사건 및 사고는 다음과 같다.

주요 식품 안전 사건 · 사고

연도	주요 식품안전 사건 · 사고
2004년 이전	고름우유(1995), 포르말린 통조림(1998)
2004년	불량만두소(2004.6)
2005년	김치기생충알, 말라카이트 그린(장어, 송어 등)
2006년	식품첨가물(과자), 대형 학교급식 식중독 사고
2007년	사카자키균(분유, 이유식), 농약(녹차)
2008년	중국산 이물질 사건, BSE파동, AI, GMO, 멜라민

자료 : 김준 · 배민식, 선진국형 식품안전관리체계 마련방안, 회입법조사처 현안보고서 15호(2008.12.12), 대한민국 국회, 2008, p. 2를 재구성.

정부도 식품안전정책이 식품산업정책의 최우선 정책이며 정부의 기본적인 역할이라는 점을 인식하고 있다. 2008년 새로운 정부 출범 전후 농림수산식품부에서 식품산업진흥 업무와 함께 식품안전 업무까지 관장하기 위하여 많은 노력을 경주하였으며, 식품산업발전 종합대책에서도 식품안전대책을 제일 먼저 다루고 있다.[24]

농림수산식품부 장관의 취임사에 언급하였듯이 '농장에서 식탁까지', '국경에서 가정까지'의 식품안전이 정부가 해야 할 중요한 역할로 명시되고 있다.[25]

2008년 미국산 쇠고기 수입재개 과정에서 제기된 소 해면상 뇌증(소海綿狀腦症, BSE) 파동과 중국산 식품의 멜라민 검출로 제기된 식품안전 문제는 한 단계 높은 수준의 식품안전과 식품안전 행정의 중요성을 확인시켜 주었다. 국회와 정부는 식품안전관리 체계의 일원화(一元化) 문제를 포함한 전반적인 식품안전정책의 재검토와 개선의 시급성을 인식하였다.

2008년 7월 11일 국무총리실 주관으로 정책 개선을 추진하여 농림수산식품부, 보건복지부 등 관계부처합동으로 선진국 수준의 식품안전 달성을 위한 식품안전종합대책을 발표하였다.[26] 이 대책은 식품 이물 혼입사고, 조류 인플루엔자(AI) 발생, 미국산 쇠고기 수입 등과 관련하여 증가된 식품안전에 대한 국민들의 불안을 해소하고, 나아가 '선진국 수준의 식품안전 달성'을 목표로 하고 있다. 식품안전 감시에 국민의 직접 참여와 안전 관련 정보제공을 확대하는 한편, 고의 · 상습적 위해사범에 대한 처벌을 강화하는 것을 주된 내용으로 하고 있다.

우리나라 식품안전정책의 문제점은 다음과 같다.

첫째, 식품안전정책의 기능과 소관이 분산되어 있으며 체계적인 조정시스템이 미흡하다. 우리나라의 식품산업에 대한 총괄적인 업무가 농림수산식품부로 이관되는 부처 개편이 이루어졌음에도 불구하고 안전관리는 아직까지도 보건복지부(식품의약품안전청), 교육과학기술부, 환경부, 국세청, 지식경제부 등의 부처에서 품목별 · 단계별로 나누어 관리하고 있다. 이렇게 다원적 분산관리 체계로 운영되고 있으면서도 효율적인 조정시스템을 구축하지 못하고 있다.

주요 식품에 대한 안전관리 업무는 농림수산식품부와 식품의약품안전청으로 나누어 운영되고 있다. 이는 같은 품목일지라도 유통과정에 따라 담당 부처가 다르며, 품목별 및 생산 · 가공 · 유통 등 단계별로 단속 · 지도 업무가 분산 · 관리되고 있다는 것을 알 수 있다. 특히 농 · 수산물의 경우에는 유통 전 · 후, 국내산과 수입산에 따라 관리 부처가 나누어져 있다.

이러한 품목별 · 관리단계별 다원적 분산관리 체계는 전문성은 있을 수 있지만, 전반적인 식품안전 관리 역량이 약해질 수 있다는 우려를 나을 수 있다. 또한 중복 관리 및 사각지대가 발생해 식품안전사고가 발생했을 때 원인규명 및 대응에 있어 부처 간 책임이 불명확하고 신

속한 대응을 어렵게 할 수 있다.[27]

식품안전정책은 산업에 대한 영향, 위험평가 등 과학기술의 문제, 소비자 요구 수준의 문제 등 매우 다양한 영역에 걸쳐서 정책이 수립·집행되어야 하는 사안이다.

푸드시스템이 발전하면서 안전관리 관련부문이 증가하고 상품별로 전문화되면서 장거리 운송이 이루어지기 때문에 식품에 대한 위해요소가 혼입될 가능성이 더 높아지게 된다.[28] 이런 이유에서 정부의 한 부서가 모든 업무를 수행하는 것은 불가능하다고 볼 수 있다.

식품안전 담당부처

<table>
<tr><th colspan="2" rowspan="2">구분</th><th colspan="4">식품안전관리</th><th rowspan="2">위험평가</th></tr>
<tr><th>생산단계</th><th>가공단계</th><th>유통단계</th><th>수입단계</th></tr>
<tr><td rowspan="2">농산물</td><td>농산물</td><td>농림수산
식품부</td><td>–</td><td colspan="2">보건복지가족부</td><td rowspan="6">농림수산
식품부,
식품의약품
안전청</td></tr>
<tr><td>농산물
가공품</td><td>–</td><td colspan="3">보건복지가족부</td></tr>
<tr><td rowspan="2">축산물</td><td>축산물</td><td>농림수산
식품부</td><td>–</td><td colspan="2">농림수산식품부</td></tr>
<tr><td>축산물
가공품</td><td>–</td><td colspan="3">농림수산식품부</td></tr>
<tr><td rowspan="2">수산물</td><td>수산물</td><td>농림수산
식품부</td><td>–</td><td>보건복지
가족부</td><td>농림수산
식품부</td></tr>
<tr><td>수산물
가공품</td><td>–</td><td colspan="3">보건복지가족부</td></tr>
</table>

자료 : 농림수산식품부, 식품안전행정 체계화 및 효율화 방안, 2008, p. 5.

둘째, 중장기적이고 종합적인 대책이 없다는 점이다. 정부의 식품안전 종합대책은 식품위해의 사전예방, 수입식품 관리강화, 식품안전체계의 강화 등 광범위한 정책분야를 다루고 있다.

그리고 중장기적 관점에서 식품안전관리 체계를 어떤 방향으로 어떻게 발전시켜 나갈지에 대한 정책 비전이나 목표가 제시되어 있지 못하다.[29]

농림수산식품부가 2008년에 발표한 식품산업발전 종합대책에 포함된 식품안전정책은 내용이 편협하고 구체적이지 못하다. 이는 보건복지가족부 등 관계부처와의 소관문제가 해결되지 못한 상태에서 부처간 협의가 충분하게 이루어지지 않았기 때문이다.

식품산업발전 종합대책의 식품안전대책

2008년 계획	1년 계획	10년 기간계획
• 음식점 원산지표시 도입 • 식품안전 종합계획 수립 • GMO 표시제 홍보	• 안전성 관리제도 강화 • 표시 · 인증제도 개선 • 전통 식생활 문화교육 · 홍보 강화	• 선진국 수준의 식품안전 관리

자료 : 농림수산식품부, 식품산업 발전 종합대책, 2008. 11, p. 44에서 일부 발췌하여 재작성.

셋째, 식품안전정책을 식품산업정책과 연계하지 않고 있다. 식품안전은 정부 규제를 중심으로 하는 정책이 대부분이다. 식품의 생산, 유통, 판매 등 푸드시스템상의 경제주체들이 이러한 규제에 따라 적절하게 식품산업 활동을 수행해야 효과를 거둘 수 있다.

그러나 식품안전정책은 국민 식생활의 최소한의 안전기준을 설정하고, 경제주체들에게 이행을 강요하고, 위반을 단속하는 강제적인 행정에 치우치고 있다. 식품안전 수준을 제고하기 위해서는 식품산업에 관계되는 모든 경제주체들이 식품안전을 식품품질의 기본적인 요소로 인식하고 시장에서 가격으로 보상받을 수 있도록 하는 것이 효과적인 정책수단이 될 수 있다. 농림수산식품부에서 시행하고 있는 우수농산물 인증제도, 위해요소중점관리제도(HACCP), 친환경농산물인증제도 등은 식품안전정책의 범주에서 중요한 조성적인 정책으로 다루어져야 함에도 불구하고 이에 대한 정부의 인식이 낮아 정책효과가 반감되고 있다고 할 수 있다.

넷째, 식품안심대책(食品安心對策)에 대한 정책 담당자들의 인식이 낮고 구체적인 제도나 사업이 미흡하다. 식품안전 종합대책에서 국민과의 소통에 대한 대책을 다루고 있지만 식품안심대책 수준까지는 고려하지 않고 있다. 식품안전 문제는 인체에 대한 절대적 · 과학적인 위해수준을 정하고 지켜나가는 것과 함께 소비자가 이러한 기준과 조치들을 이해하고 받아들일 수 있도록 하는 상대적 · 심리적인 안심대책이 더욱 중요해지고 있다.

농림수산식품부가 이러한 인식을 하고 있다는 점[30]에서 긍정적으로 평가할 만하지만 식품안전정보에 대한 소비자의 접근성 확대, 국민에 대한 식품안전교육 등이 구체화되지 못하고 있다. 특히, 미국산 쇠고기 수입 재개과정이나 조류인플루엔자(AI) 발생 시 과학적 근거보다 잘못된 상식에 근거하여 소비자의 불안이 증폭되는 경우가 많은 것은 정부의 식품안전이나 식생활교육의 부족에서 비롯된다고 볼 수 있다.

2. 식품산업 진흥정책

세계 식품시장의 규모는 약 7조 4,000억 달러로 반도체와 가전, IT 서비스를 모두 합한 1조 1,710억 달러의 6배에 달한다.[31]

우리나라 식품시장의 규모도 2000년 약 72조 원에서 2006년 약 100조 원으로 6년 동안 28조 원이라는 매우 빠른 속도로 성장하고 있다.

식품산업의 매출액 및 고용규모

(단위 : 10억 원, 천 명)

	2000	2002	2004	2006
식품산업 매출액	72,672	83,140	96,136	99,838
- 음식료품제조업	37,200	42,649	47,767	48,946
- 외식업	35,472	40,491	48,370	50,892
식품산업 종사자	1,608	1,769	1,742	1,636
- 음식료품제조업	178	183	186	185
- 외식업	1,430	1,586	1,556	1,450

자료 : 농림수산식품부, 식품산업 발전 종합대책, 2008. 11, p. 3.

이러한 외형적인 성장에도 불구하고 식품산업의 구조는 규모 면에서는 영세성을 벗어나지 못하고 있다. 질적인 면에서도 기술과 경영수준이 낮아 국제적인 경쟁력이 낮고 발전이 미흡한 형편이다. 식품산업에 대한 저조한 투자나 경영혁신 노력 부족 등과 함께 정부정책이 규제위주로 이루어져 산업진흥정책이 소홀했기 때문이다.

그리고 농업과 식품산업을 푸드시스템의 통합적 시각에서 보지 못하고 별개의 정책으로 인식하여 농업을 기본으로 하는 식품산업 발전도 성과를 내지 못하였다. 즉 농업생산 위주로 소농중심의 평균적인 농업정책을 수행함에 따라 농산물의 가공, 판매 등 농업경영체(農業經營體)들의 식품산업분야에 대한 지원이 미미하였다.

2008년 농림수산식품부의 출범, 식품산업진흥법의 제정, 식품산업 발전 종합대책의 수립 등은 정부가 식품산업의 중요성을 인식하고 식품산업 진흥을 위한 정책을 본격적으로 추진했다고 볼 수 있는 바람직한 조치들이다.

농림수산식품부가 식품산업정책을 총괄토록 소관을 명확하게 하고 식품산업본부와 식품산업정책단을 신설함으로써 기존의 식품 품질·안전성 관리업무 외에 식품산업 진흥 및 육성, 수출 활성화 등 확대된 업무를 전담할 조직을 확대·편성하였다.

2008년 6월에는 「식품산업진흥법」이 시행되어 식품산업진흥정책을 위한 법적 기반을 마련하였다. 식품산업에 대한 규제보다는 전문인력 양성, 기술개발, 무역진흥, 전통식품과 식생활문화의 세계화, 식품의 품질관리 등 식품산업 진흥을 위한 기반 조성 및 식품업 육성에 관한 전반적인 제도와 시책들을 규정하고 있다.

이러한 법적 근거를 바탕으로 농림수산식품부 출범 이후 처음으로 국고기준 8,496억 원을 2009년도 식품분야 예산으로 편성하였다. 식품제조기업의 연구 개발 지원, 한식 세계화 지원, 국내산 식재료 사용 촉진을 위한 식재료 가공처리 및 공동조리시설비 지원, 한국산 천일염의 명품화를 위한 시설 지원 등 다양하고 새로운 예산사업이 포함되어 향후 식품산업 발전을 위한 중요한 재정투자가 될 것으로 본다.

2008년 11월 23일 농림수산식품부는 식품안전을 포함한 식품산업의 발전에 대한 비전과 정책목표, 주요 정책과제 및 추진일정을 총망라한 정부차원의 식품산업발전 종합대책(食品産業發展綜合對策)을 수립 발표하였다. 학계, 산업계와의 의견수렴과 논의를 거쳤고 보건복지부, 지식경제부 등 관계부처 협의와 경제정책조정회의(經濟政策調整會議)를 통하여 확정된 내용이므로 정부 역사상 최초의 종합적인 식품산업정책이라는 의의가 있다.

식품산업발전 종합대책은 녹색성장을 견인하는 세계 일류 식품산업을 비전으로 하고 있으며 '농업과 식품산업의 연계·발전을 통해 미래 성장동력을 창출'한다는 목표를 설정하고 있다. 이에 따른 연차별 주요 사업은 다음과 같다.

식품산업발전 종합대책의 식품산업진흥대책

2008년 계획	1년 계획	10년 기간계획
• 국가식품 클러스터 입지 선정 · 조성방안 마련 • 한식 세계화 계획 수립 • 100억 불 수출계획 마련 • 음식업 진작 대책 수립	• 식품클러스터 조성 추진 • 한식 세계화 추진 • 식품산업 인프라 구축 – 통계 보완, 인력육성 등 • 전통식품산업화	• 식품클러스터 운영 활성화 • 식문화 마케팅 확산 • 식품산업 연관산업 육성 추진 – 식품기계, 식문화산업 등

자료 : 농림수산식품부, 식품산업 발전 종합대책, 2008. 11, p. 44에서 일부 발췌하여 재작성.

식품산업진흥대책의 비전과 목표 달성을 위한 3대 전략과제로 안전한 농수산식품 공급, 식품시장 글로벌화에 대응할 수 있도록 수출산업으로 육성, 농업 발전을 견인할 수 있도록 푸드시스템 경쟁력 제고 등을 제시하고 있다. 주요 정책 사업으로 식품 연구 · 개발(R&D) 확대 등 인프라에 대한 투자 활성화, 식품클러스터 조성, 전통식품 산업화, 한식 세계화, 식품 수출확대 등 전략분야 투자 지원 강화와 식품산업 인프라 강화 등을 계획하고 있다.

식품산업발전 종합대책을 바탕으로 정부의 식품산업 진흥정책의 문제점을 살펴보면 다음과 같다.

첫째, 식품산업정책에 대한 비전과 목적을 달성할 수 있는 정책수단들이 정책 특성에 맞게 구체화되지 못하고 있다.

정부의 식품산업발전 종합대책은 농림수산식품부가 처음 발족하여 단기간에 수립한 정책이라는 점을 감안하면 비전과 정책체계가 균형적으로 잘 수립되었다고 볼 수 있다. 그러나 하위 세부정책이나 사업은 정책 목적이나 성격에 맞게 체계화되지 못해 하위정책이나 사업이 가져야 할 특성이 불명확하게 된다. 예를 들어, 종합대책에 식품제조업의 발전대책은 없고 식재료 산업의 육성이 포함되어 있다. 이는 정책이나 정책수단을 성격 · 대상 · 효과 등에 따라 유형화하지 않고 추진했기 때문이다.

둘째, 국가 차원의 식품분야 중장기 기술개발 종합계획이 미흡하고 투자액이 국가 전체 연구 · 개발(R&D) 투자액의 1%에 그칠 정도로 미약하다는 것이다. 이로 인해 식품제조업체의 연구 · 개발비 대부분을 기업의 자체부담으로 충당하고 있다. 정부의 저조한 연구 · 개발비 지원으로 국내 식품제조업의 기술 수준은 최고 제품에 대한 기술보유국 대비 61.7%에 불과한 것으로 나타났다. 국제 경쟁사회에서 우리나라 식품제조업이 내세울 수 있는 경쟁력은 가격이나 규모가 아닌 고부가 가치라는 점을 생각해 볼 때 이는 심각한 문제이다. 일본이나 EU 등 선진국은 식품연구 기능을 총괄하는 기구를 설립하여 국가차원의 연구 개발을 종합관리하고 있는 반면, 우리나라는 농림수산식품부 · 교육과학기술부 · 보건복지부 · 지식경제부 등 여러 부처에서 산발적으로 관리하고 있다. 따라서 국가식품 연구개발 투자계획을 종합적으로 총괄 · 조정하는 기능이 미흡하다.

셋째, 식품제조업 경쟁력 향상을 위한 구체적 산업정책이 미흡하다. 푸드시스템상에서 식품제조업은 규모가 가장 큰 핵심적인 산업 부문이다. 우리나라 식품제조업은 2006년도 기준으로 8,495개 업체가 18만 명을 고용하여 48조 원의 매출을 올리고 있다.

식품제조업 현황

(단위 : 개, 천 명, 10억 원, 백만 원/개소, 백만 원/명)

	2000	2001	2002	2003	2004	2005	2006
사업체 수(A)	6,421	6,985	7,550	7,940	8,051	8,389	8,495
종사자 수(B)	178	181	183	188	186	186	185
출하액(C)	37,199.8	39,699.4	42,648.5	43,641.7	47,766.6	48,264.3	48,946.1
업체당 출하액	5,793.5	5,683.5	5,648.8	5,496.4	5,933.0	5,753.3	5,761.8
1인당 부가가치	88.6	86.0	91.6	89.2	103.5	102.6	102.6

자료 : 농림수산식품부 식품산업정책단, 업무편람, 2008, p. 13.

국내식품제조업의 경쟁력 강화를 위해서는 기본적으로 시장원리에 의한 경쟁과 혁신을 유도하여야 한다. 정부 정책은 기본적인 산업 인프라를 구축하고 규제를 완화하는 것이 핵심적인 정책수단이 되어야 한다. 식품제조업에 대한 규제위주로 이루어진 그동안의 정책은 표준화 미흡, 식품 표시제도의 난립, 식품위생법에 의한 비현실적이고 과도한 식품기준과 규격 등의 문제를 유발하고 있다. 식품제조업에 대한 시설이나 경영자금 지원 등의 사업도 목적이나 사업지원의 기준이 불분명하고 업체 선정의 기준 등이 명확하지 못하다.

넷째, 산업적 측면에서 식품의 표준 및 규격화가 미흡하다는 점이다. 「식품위생법」 체계하의 식품공전에 의한 식품기준과 규격은 산업적인 측면과는 목적과 내용이 다른데도 불구하고 그대로 적용되고 있다. 식품에 대한 표시도 다양한 법률을 근거로 수많은 표시사항이 의무화되어 있어 소비자를 혼란스럽게 하고 있으며 식품제조업체의 원가상승요인으로 작용할 가능성이 크다.

다섯째, 외식산업(外食産業)의 중요성이 커지고 구조변화가 모색되고 있어 이에 대한 체계적인 정부정책이 필요하다. 외식산업은 건강과

웰빙을 중시하는 생활패턴의 변화에 따라 국내외에서 지속적인 성장이 예측되는 분야로 국민소득 수준의 향상과 여성의 취업증가 등의 이유로 지속적으로 성장할 것이다. 대기업의 자본형 기업이 늘어나고 외식프랜차이즈 산업매출이 급속하게 증가하는 등 외적 성장을 하고 있다. 그러나 음식업소당 인구 수가 65명(2005년 기준)에 불과할 정도로 영세한 업소가 많고 창업 후 1년 내 폐업비율이 30%에 이를 정도로 구조는 취약하다.[32]

우리나라 외식산업의 수준이 낮아 해외 브랜드에 대한 수입 의존도가 60% 수준으로 높은 편이다. 국내 대기업 위주로 브랜드 확장에 나서고 있으나 브랜드 파워가 미약하여 한계를 나타내고 있다. 반면 일본의 경우는 해외브랜드보다 자국브랜드가 차지하는 비중이 훨씬 높게 나타나 우리나라의 외식산업과 대조적인 현상을 보이고 있다. 일본과 우리나라 외식산업의 국내외 브랜드를 비교해 보면 다음과 같다.

외식브랜드 국적 비교

국가	자국브랜드	해외브랜드
한국	12개(40%)	18개(60%)
일본	25개(83%)	5개(17%)

주 : 매출기준 Top 30위 이내 외식브랜드 국적 비교(2004년 기준).
자료: 농림수산식품부, 식품산업단 업무참고자료, 식품산업정책단, 2008.

여섯째, 한식 세계화에 대한 국민적 관심이 제고되고 있으나 정책여건은 매우 어려운 실정이다. 세계 각국은 문화관광산업의 파급효과에 주목하여 자국 전통음식을 국가 주요 전략산업으로 육성하고 있다. 국내에서도 한국음식의 우수성에 대한 인식이 확산되고 있으며 이를 활용한 우리 음식의 해외 진출 필요성이 대두되고 있다. 그러나 한식에 대한 통계, 연구 등 산업인프라 부족, 전문인력의 부족, 한식당의 영세성 등 산업구조의 취약 등으로 현실여건은 매우 열악한 실정으로 사태의 심각성을 깨달은 정부는 2008년 11월 한식 세계화 원년 선포식을 갖고 2009년 4월에는 대통령 직속기구인 미래기획위원회와 농림수산식품부가 공동으로 한식 세계화 국제 심포지엄을 개최하는 등 활발한 노력을 전개하고 있다. 한식 세계화는 국민 스스로가 한국음식에 대한 자긍심을 갖고 우리의 전통음식을 발전시키고 보존하기 위한 노력을 기울일 때 세계의 음식으로 자리매김할 수 있다는 점을 인식해야 한다.

3. 농업과의 연계정책

정부는 식품산업발전 종합대책에서 식품산업과 농업과의 연계정책을 비중 있게 다루고 있다.

식품산업정책의 목적이 농업의 동반성장을 견인한다는 것과 함께 식품의 추진이 농업인에게 실질적으로 이익이 된다는 것을 인식시킴으로써 식품산업정책 추진에 대한 공감대를 향상시키고자 하는 것이다.

최근 곡물수급의 차질이 곡물가격 상승으로 이어져 물가가 인상되는 애그플레이션이 확산되었는데, 이는 농업과의 결합 없이 식품산업이 독자적으로 존립할 수 없다는 것을 다시 한 번 인식하는 계기가 되었다. 특히 식품의 주원료인 곡물의 대부분을 수입에 의존하며 곡물자급률이 약 27%에 그치고 있는 우리나라는 그 영향이 더욱 크다고 할 수 있다. 국제곡물가격의 인상은 식품가격의 주된 인상요인으로 작용하여 국내 식품가격 인상으로 나타났다. 이러한 현실은 식품을 보는 기본관점 및 정책방향의 변화가 필요함을 시사한다. 즉, 단순한 식품산업이 아닌 농업과 결합된 식품산업으로 보고 생산에서 소비까지의 흐름을 종합적으로 보는 것이 필요하다.

식품산업발전 종합대책의 농업과의 연계대책

08년 계획	1년 계획	10년 계획
• 품목별 식재료 Value Chain 분석 • 융복합식품기업 사업화 – 2009년 추진계획 수립 (72억 원) • 농어가 산지가공 규제 완화	• 식재료 가공시설 확충 – 식재료 규격화 • 융복합식품기업 확산 (10개) • 지역별 식품클러스터 확산	• 산지 · 소비지 직거래 – 식재료 중개센터와 단체급식체계 연계 • 융복합기업 정착(100개) • 클러스터 Hub&Spoke 완성(1 Hub, 100 Spoke)

자료 : 농림수산식품부, 식품산업발전 종합대책, 2008. 11, p. 44에서 일부 발췌하여 재작성.

정부가 추진하고 있는 농업과의 연계사업[33]은 첫째, 농업인과 식품가공업체가 공동 투자한 식품기업을 지원하는 것이다. 푸드시스템의 원료생산분야와 가공 · 유통단계의 결합으로 시스템 효율성을 최적화한다. 또한 농업인이 지분을 갖고 참여할 경우 원물 계약재배와 배당소득을 통하여 농업인에게도 이익이 돌아가게 한다는 것이다. 설립 · 정착단계에서의 리스크 경감을 위해 초기단계에는 융 · 복합기업(融 · 複合企業)의 시설 및 운영자금을 지원하였으며 2009년도에는 시범사업으로 5개소에 100억 원을 투자하였다. 이것은 농협 · 작목회 · 영농조합과 주류 제조업체가 공동 출자 즉 생산자 지분을 70%로 하여 새로운 전통주 회사를 설립한 전북 고창의 사례를 벤치마킹한 사업이다.

둘째, 농업 생산자와 외식업계가 결합한 외식업을 활성화하여 신규수요 창출과 함께 판매 이윤을 공유하도록 하는 사업이다. 농수산물 생산단체와 산지에서 생산된 농수산물을 재료로 사용하는 프루츠 카페(Fruits Cafe), 쌀 떡볶이 체인 등을 활성화하는 것이 주요 내용이다.

셋째, 산지 농어가의 식품가공 · 판매 사업에 대한 참여를 촉진한다. 농어가가 직접 식품가공을 하는 경우는 규모가 영세하고, 판로 개척이 어려우며, 시설기준을 충족할 수 있는 투자 여력이 미흡하다. 이에 따라 가공시설설치자금(농업종합자금), 시설현대화자금 등 관련 시설 설치에 소요되는 자금의 지원을 확대하고, 가공기술 · 마케팅 등과 관련된 교육 · 컨설팅 지원을 강화하는 한편, 재래시장 · 대형 유통업체와의 제휴 알선 및 홍보 · 판촉 등 마케팅을 지원하는 내용이다. 또한 농업인의 가공사업 참여 확대를 위해 농어가의 소규모 가공에 적합하도록 시설기준을 완화한다는 것이다.

넷째, 지역의 핵심 품목을 중심으로 기술과 경영이 조화롭게 융합된 지원체계의 구축을 통해 농산업 혁신 및 시너지 효과를 제고한다. 이를 위해 지역농업 클러스터를 광역식품 클러스터로 확대하는 한편 국가식품 클러스터를 조성한다.

다섯째, 민간 중심의 로컬 푸드(local food) 운동을 지원하여 산지-소비지 직거래 활성화를 통해 근거리 지역 내 먹을거리 소비를 촉진한다. 소비지로부터 일정한 거리 이내의 농수산식품을 전문적으로 판매하는 로컬 푸드 장터를 지원하여 지역 내의 농업과 식품산업을 연계하는 것이다.

정부의 식품산업과 농업과의 연계정책은 추구하는 정책목표나 정책의지를 긍정적으로 평가할 만하다.

식품산업과 농업과의 연계정책의 문제점을 살펴보면 다음과 같다.

첫째, 농업과의 연계정책은 식품정책과 농업정책의 복합적인 측면을 갖는다. 식품기업의 경쟁과 창의를 기반으로 발전하는 시장정책으로서의 식품산업육성정책은 소득지지, 농업의 다원적 기능의 보전, 농촌지역 유지 등 시장 실패적 요소를 보완하는 농업정책과는 그 목적과 성격에서 차이가 있다. 따라서 지원할 기업의 선정과정이나 지원방식을 결정할 때에는 우선 대상기업의 시장적인 경쟁력 강화에 목적을 두어야 한다. 농업정책이 추구하는 공익적 목적이 그 기업의 시장성을 저해하여서는 안 된다. 과도한 정부개입과 지원이 장기적으로는 농업의 경쟁력 약화를 가져왔다는 과거의 정책추진과정의 경험을 고려할 필요가 있다.

둘째, 연계사업은 식품산업이 기술 · 자본 · 경영능력 등에서 농업분야보다 우월하다는 전제와 가치사슬상 시장변화에 대응이 빠르다는 수요자 중심의 시장(pull market) 전략에 기초하고 있다는 점이다. 과거 농업정책이 공급자 중심의 시장(push market)의 특성으로 인하여 시장적응에 실패한 부분을 보완한다는 점에서 매우 바람직한 측면이 있다.

셋째, 식품산업과 농업과의 연계정책은 새로운 정책이나 사업개발이 이루어지지 못하여 과거부터 시행되어 온 농업과 식품산업과의 연계정책과 크게 차이가 없다는 점이다. 정부는 1970년대부터 농업인의 부가가치 증대를 위하여 산지 저장 및 유통시설을 지원하여 왔다. 1990년대에는 단위농협과 영농조합들에게 김치제조, 과일주스 사업 등 농산물의 산지 가공사업을 대대적으로 지원한 바 있으나 거의 실패로 돌아갔다는 점을 명심할 필요가 있다. 현재도 지역농업 클러스터 사업, 신활력 사업, 향토자원 사업, 쌀 가공지원 사업 등에서 농업과 식품산업의 연계 또는 융합사업에 지원하고 있다. 과거의 정책은 농업인이 주도하였으나 식품산업발전 종합대책에서 추진하고자 하는 정책은 식품기업이 주도하도록 한다는 점에서 차이가 있다.

식품산업과 연계한 농림부 주요 사업 내용

사업명	사업내용	사업대상자
농산물가공원료 수매지원사업	국내산 농산물 수매자금 지원	농산물 가공업체, 전통주류 제조업체
우수농산물 지원사업	우수농산물 수매·가공 수출자금 지원	수출업체나 단체, 수출 농가, 법인
시설현대화사업	식품산업체 품질인증(HACCP, ISO22000), 시설투자 지원, 수출 필요시설(저장, 가공) 지원	전통식품 생산업자, 산지가공업체, 식품수출업체
인삼계열화사업	계약재배	농협 일반업체
	수매 및 판매사업	
도축·가공업체 시설 및 운영지원	도축장시설 현대화 도축장 운영자금	도축업자
축산물 등급판정	등급판정소 운영비 지원	축산물등급판정소
산지축산물생산·유통지원사업	브랜드 농가에 생산자금 지원, 브랜드 경영체 운영자금 지원	가축계열화 사업자
우수축산물 브랜드인증사업	인증위원회를 구성·운영, 우수축산물 브랜드 인정	브랜드사업 경영체
축산물브랜드 컨설팅지원사업	브랜드 경영체에 대한 전문 컨설팅 지원	브랜드사업 경영체

자료: 최지현, 식품산업 연계관련 정책의 현황과 당면 과제, 2007, p. 29.

넷째, 농업과의 연계정책의 구상과 사업설계가 우리나라 푸드시스템에 대한 충분한 분석과 검토 없이 추진되고 있어 종합적이고 체계적인 연계효과를 가져오기 힘들다는 점이다. 정부는 식품제조업의 농업생산유발효과가 0.35이고 외식업은 0.13으로서 식품산업이 50조 원 성장할 경우 10조 원의 농업 성장효과가 있다고 밝히고 있다.[34] 이는 산업연관표를 개략적으로 분석한 결과이다.

정책수단을 결정하는 데 있어 여러 업종을 어떻게 연계해야 하는가에 대한 구체적인 분석이 이루어져 있지 않다. 따라서 빠른 시일 내에 우리나라 푸드시스템을 종합적으로 조사 분석하여야 할 것이다.

농업 연계정책의 효과

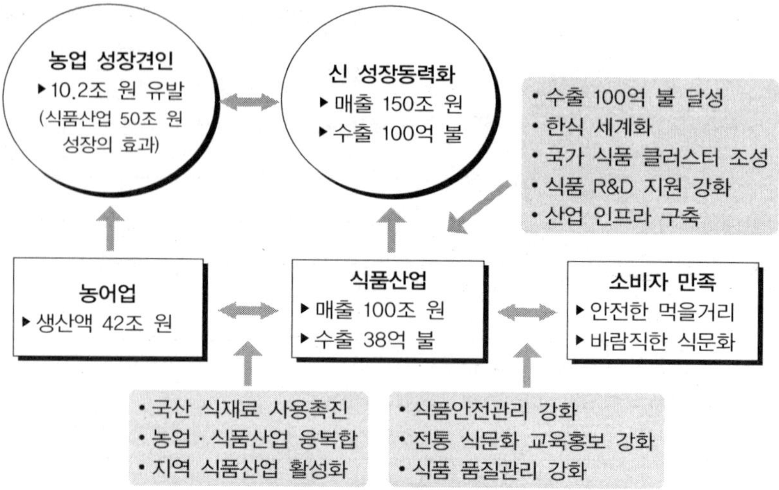

- 2007년(105조 원)부터 2012년까지 5년간 연평균 7% 성장률 적용(2007년 매출액은 1999~2006년간 연평균 성장률(5.3%)을 기초로 추정)
- 2003 산업연관표 부가가치 대비 고용계수 : 식품제조업(3.2명/10억 원), 외식업(12.9명/10억 원)
- 2003 산업연관표의 생산유발계수 : 식품제조업의 농업 생산유발효과 0.35, 외식업 0.13

자료 : 농림수산식품부, 식품산업발전 종합대책, 2008. 11, p. 42.

03

식품산업정책의 발전방안

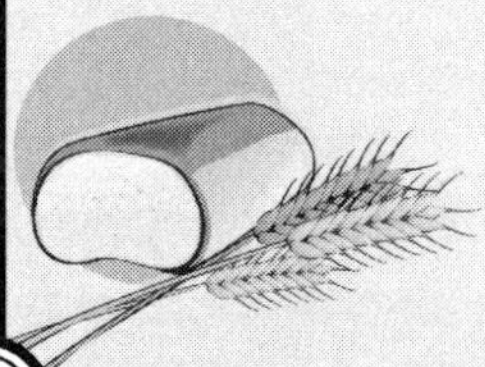

03 식품산업정책의 발전방안

1. 식품산업정책의 기본방향

정부는 국민에게 안전한 먹을거리를 제공하고 경쟁력 있는 식품산업을 육성하기 위해서는 식품산업의 특성과 정책 환경의 특수성을 고려하여 식품정책을 추진하여야 한다.

농업생산 중심의 농정과 규제중심의 식품산업정책에서 벗어나 새로운 식품정책을 전개하는 초기단계에서 기본방향을 명확하게 정립할 필요가 있다.

식품산업정책의 기본방향은 첫째, 통합적인 푸드시스템의 정책을 수립하고 집행하여야 한다. 식품정책은 연관산업(聯關産業)이 많고 수출입과도 연계되어 있으며 민간기업의 역할이 정부의 역할보다 훨씬 크고 중요하다. 기존의 농림수산식품부 정책은 생산 · 유통 · 가공단계의 정책과 사업이 부서별, 담당자별로 독립적으로 추진되었다. 또한 식품산업과 농업 간의 연계성도 추상적으로 접근되어 구체적인 실천 프로그램의 개발이 미흡한 문제점이 있었다.

이미 선진국에서는 농산물과 식품을 포괄하는 의미의 식품(food)이라는 용어를 폭넓게 사용하고 있으며, 식품의 생산부터 유통과정을 총괄한 푸드시스템(food systcm) 관점에서 정책을 개빌 · 시행하고 있다.[35]

그러므로 식품정책은 식품안전은 물론 원료 농산물, 가공식품, 외식업과 함께 수출입까지 포함하는 통합적 푸드시스템(total food system)의 관점에서 추진되어야 할 것이다.

둘째, 시장의 실패를 보완하고 정부의 실패를 경계하여야 한다. 식품산업은 최종 소비자와 직결되어 있어 시장의 변화에 민감하게 대응하면서 창의와 혁신을 통해 경쟁해야 하는 분야이다. 기존의 농업정책처럼 정부의 지원을 중심으로 한 정책 방향으로 식품산업의 발전을 주도하게 되면 식품산업의 후퇴를 초래할 수 있다.

정부는 시장개입 역할을 최소화하고 공공적 기능을 최대화하여 적극적이고 효율적으로 정책을 수행하는 것이 중요하다. 기본적으로 시장 기능을 존중하고, 식품관련 주체들 간에 공정한 경쟁이 이루어지도록 여건을 마련하여 정부와 민간의 역할과 기능을 적절히 분담하여야 한다.

시장 질서를 유지하는 공정한 감시자로서의 기능에 충실하면서 민간이 하기 어려운 인증 · 표시제 집행, 연구 및 개발(R&D), 컨설팅, 통계 · 정보제공, 식문화 홍보, 인재양성 등에 주력해야 한다.[36]

그리고 식품기업 활동의 최적 환경을 조성하는 데 중점을 두면서 규제완화 및 식품클러스터 조성 등을 통한 기반 마련에도 힘써야 할 것으로 보인다. 특히 농림수산식품부가 식품관련 연구 개발의 중추적 역할을 담당해야 한다.

현재 농촌진흥청, 보건복지부, 교육과학기술부 등으로 분산되어 있는 식품산업 연구 · 개발 사업의 총괄, 조정기능을 농림수산식품부가 담당하여 연구 · 개발사업의 효율성을 높이기 위한 정부와 민간 간의 역할분담이 필요하다.

정부는 취약한 기초 원천기술 개발연구에 집중하는 것이 바람직하다. 국가가 기초 원천기술개발에 대한 투자를 증가시키면 국제수준의 식품 안전성 확보 기술, 첨단 식품가공기술 개발, 우수한 기능식품의 개발 등이 가능해질 것이다.[37]

셋째, 정책은 국민의 소망을 담아야 하고 정책과정은 민주적이어야 하며 국민적 공감대를 형성하여 합리적으로 추진되어야 하며 실천이 가능하여야 한다.[38] 정책추진은 정책의제의 적절한 형성 및 결정, 정책목적의 명확한 설정, 효과적인 정책대안의 선택 및 집행과 함께 합리적 기준에 의한 평가와 피드백이 이루어지도록 하여야 한다.

정책의 비전이나 목표는 소비자, 기업 등 이해관계자의 의견을 충분히 수렴하여 결정해야 한다. 정책수단인 법령, 제도, 예산사업 등은 전문가 집단의 심도 있는 검토를 거쳐 경제적 · 기술적 실현가능성을 확보하여야 한다.

넷째, 농업 · 농촌정책과 조화로운 식품산업정책이 되어야 한다. 식품산업정책은 기본적으로 시장경제 원칙에 적용받는 분야이지만 국내 농업의 동반성장을 견인하는 방향으로 추진될 필요가 있다.

식품산업에 대한 정부 지원정책은 시장의 실패를 보완하는 최소한의 개입이나 공공재적 성격의 산업인프라 구축 이외의 식품산업에 대한 정부 지원정책은 국내 부존자원의 활용과 농업과의 연계를 통한 시너지 제고라는 명분이 있어야 한다.

농림수산식품부에서 식품산업에 대한 재정투입을 늘려나가기 위해서는 식품산업 발전이 농업과 농촌발전에 도움이 된다는 점을 농업인들도 충분히 인식하고 동의할 때 정책의 성공가능성을 제고할 수 있다.

따라서 식품산업과 농업과의 공동사업이나 협력사업을 정부가 적극 발굴하여 주고 이에 필요한 재정지원을 하는 것이 바람직하다. 그러나 식품기업에 애국심이나 기업윤리를 내세워 국내 농산물 구입을 유도하거나 국내 농산업에 대한 지원을 강요하는 결과를 초래해서는 안 된다.

다섯째, 지역식품산업의 발전을 촉진하여야 하며, 클러스터를 통한 산업집적효과와 혁신을 창출하여야 한다. 식품산업은 원료구매 및 제품판매와 연관되어 있는 업종이 다양하고 연관성이 높아 지식과 정보의 교류를 통한 협력과 혁신창출이 강한 산업이다.[39]

지역식품산업을 특성화하여 클러스터화함으로써 지역 농업을 식품의 원료산업으로 연결하여야 하며 식품산업의 지식 · 기술 · 자본과 인력이 농업에도 유입되어 성장동력화하여야 한다.

여섯째, 식품정책을 체계적으로 유형화하여 정책의 목적, 성격, 특성들에 적합하게 추진되어야 한다. 상위정책의 목적을 실현하기 위해 수립되고 집행되는 하위정책들은 수직적으로 목적체계가 맞아야 하며 수평적으로 상충이나 중복이 없어야 한다.

2. 식품정책의 유형 및 체계화

식품정책을 유형화하여 분류하는 목적은 정책의 내용과 정책과정의 관계를 분명하게 이해하고, 정책유형에 따른 이익집단의 형성과 대응 등이 어떻게 달라지는지를 파악하기 위해서다. 정책의 분류는 포괄적이며 배타적이어야 한다.[40] 식품정책은 농업정책이 혼재되어 있어 정치, 사회, 경제, 문화적 역사성을 강하게 가지고 있는 분야라는 점에서 정책목적과 수단 등 정책과정이 매우 다양하고 복잡한 양상을 띠고 있다. 식품정책도 국민건강, 농촌유지, 환경보전 등 경제 외적인 요소들이 섞여 있어 경제정책이나 산업정책적인 틀만으로 이해되고 집행될 수 없는 측면이 강하다.

정책의 목적이나 하위정책 수단의 성격을 명확하게 설정하지 않고 다양한 정책을 남발하는 경우 정책 간의 중복이나 상충은 물론 정책집행과정에서 정책주체들의 효과적인 행태를 끌어내기 어렵다. 우리나라 식품정책은 농림수산식품부의 예산사업 가지 수만 해도 100개가 넘는 실정이다. 식품산업정책에 따른 예산분류도 34개 사업에 달한다. 따라서 다양한 식품정책을 정책성격별로 유형화하고 체계화함으로써 효과적이고 합목적적인 정책이 되도록 할 필요가 있다.

우선 식품정책의 수직적인 정책체계를 분명하게 수립하는 것이 중요하다. 농업·농촌 및 식품산업기본법이나 식품산업진흥법에 규정된 목표를 고려하여 비전과 목표를 설정하고 이의 달성을 위한 정책들을 체계화하는 것이 바람직하다.

식품산업발전 종합대책[41]에 제시된 정책체계는 상하위정책 간의 목적과 수단이 불명확한 부문이 있으며 식품안전에 대한 중요성이 충분히 고려되지 않은 부분에 대한 보완이 필요할 것이다.

식품정책의 비전과 목적은 국민적 공감대를 통하여 입법화된 농업·농촌·식품산업기본법과 식품산업진흥법의 정신과 규정된 내용[42]을 존중하는 것이 합당할 것이다. 따라서 비전은 국민의 삶의 질 향상과 국가경제 발전에 두어야 하며 목표는 식품산업과 농업 간의 연계강화를 통하여 식품산업의 건전한 발전을 도모하고 식품산업의 경쟁력을 제고하여 다양하고 품질 좋은 식품을 안정적으로 공급하는 것으로 설정해야 할 것이다.

식품정책의 체계

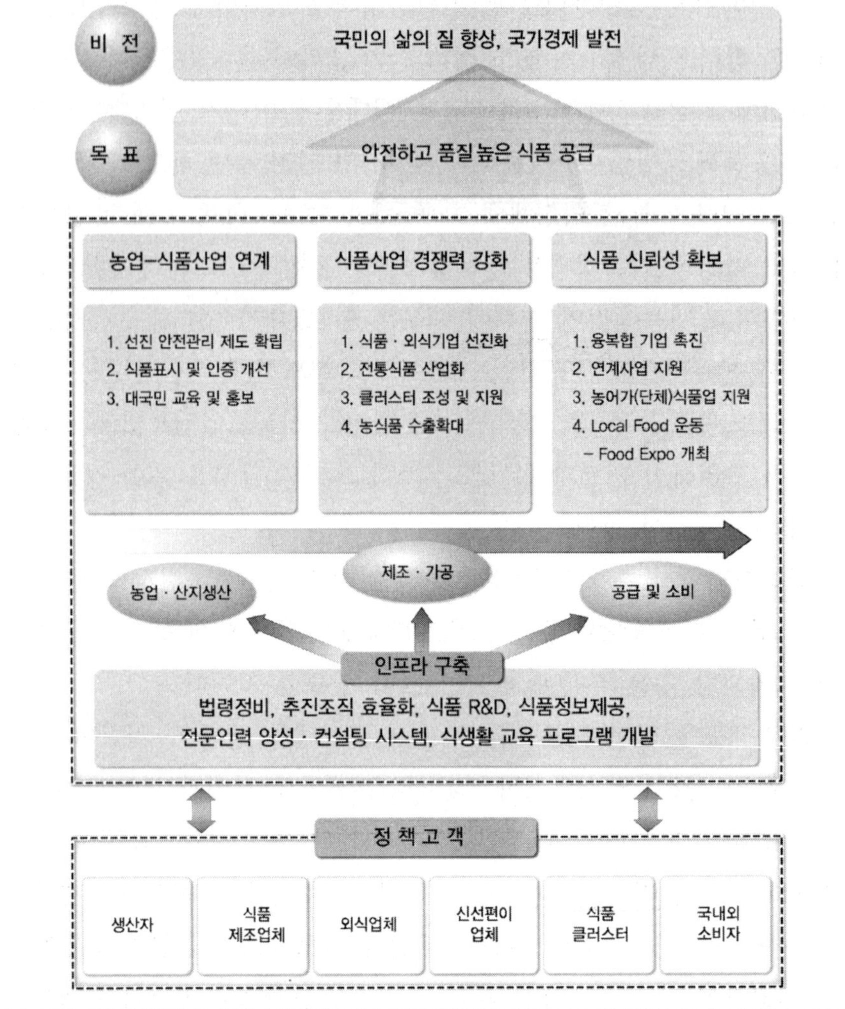

식품정책의 체계 내에서 구체적인 정책과제들이 성공적으로 추진되기 위해서는 통계, 연구, 법제 등 정책 및 산업 인프라를 구축하는 것과 함께 정책에 대하여 이해당사자 등 국민적 공감대 형성이 필요하다.

모든 식품정책은 정부의 기본적인 인프라 조성정책에 의하여 활성화되고 경제주체들의 건전한 활동이 이루어질 수 있다. 정부의 인프라 정책은 하나의 주체가 사용하여도 타 주체의 사용을 막지 않는다는 측면에서 공공재적 성격이 되므로 정부 개입이 합당한 분야이다. 각종 식품 표시 및 규격 제도는 물론 국민 누구나 활용할 수 있는 공공적인 식품연구 · 개발, 통계자료의 조사 및 공표, 공공교육기관의 조성 및 지원 등이 그 예이다.

또한 정책과정에서 정책 대상자와 소통하는 것이다. 생산자인 농업인, 식품업체는 물론이고 소비자와도 정책 지속적인 의사소통이 보장되어 정책과정에서 정책 수요자들의 공감대를 형성하여야 정책목표와 하위수단의 적절한 선택은 물론 정책집행과정에서의 수용성을 높일 수 있다.

정책의 목적과 하위 정책수단을 체계화하는 한편 정책과 사업들을 기능적으로 분류하고 있는 Lowi의 정책분류[43]를 적용하여 비전과 목표 달성을 위한 정책을 유형화하면 농업과의 연계강화와 식품산업의 경쟁력을 제고할 수 있다.

다양하고 품질 좋은 식품을 공급하기 위한 조치로써 식품안전정책이 기본적인 정책으로 포함되어야 한다. 따라서 식품정책은 식품안전을 위한 식품 신뢰정책, 식품산업 경쟁력 강화 대책, 농업과의 연계정책 등 3대 정책으로 체계화하는 것이 바람직하다.

그러나 정책수단 중 농업과의 연계강화를 지나치게 강조하면 식품산업 경쟁력 제고라는 정책과 상충할 수 있으므로 정책적인 조화가 필요하다.

식품정책의 3대 유형

식품정책의 3대 유형은 식품의 신뢰성 확보정책, 식품산업의 경쟁력 강화정책, 농업-식품산업의 연계정책으로 나눌 수 있다.

첫째, 식품의 신뢰성 확보정책은 국민이 믿고 안심할 수 있는 식품 안전정책이다. 식품안전정책은 국가가 직접 강제적인 기준과 규칙을 정하여 국민들에게 이행하도록 하는 규제정책적인 성격이 강하다. 경제주체들은 이를 의무적으로 수행하는 성격이 강하다. 정책의 주체는 국가이며 이행의 주체는 국민이다. 식품안전기본법과 식품위생법상에 규정된 정책이 주로 이에 해당한다.

그러나 국민의 삶의 질이라는 상위정책의 비전을 달성하는 데는 과학기술상의 인체에 대한 위해뿐 아니라 식품안전에 대한 정신적인 위해요인도 방지해야 한다는 점이 더욱 중요하다.

둘째, 식품산업의 경쟁력 강화정책은 시장원칙에 의한 경제정책으로서 정부가 시장실패에 개입하는 조성적인 정책이다. 정부는 통계, 연구, 제도 구축 등과 같은 산업 인프라 조성을 위한 배분적 정책에 집중하고 민간분야의 기업들이 창의와 경쟁을 통하여 성장할 수 있도록 시장의 룰을 형성하고 집행하는 것이 중요하다.

기업에 대한 직접적인 지원은 시장왜곡과 정부실패를 초래할 수 있는 만큼 초기 산업 육성, 식품안전이나 농업과의 연계 등과 결합된 정책적 목적이 명확한 사업에만 국한하여 시행하여야 한다. 특히, 최근 국내외에서 산업발전전략으로 우수하다고 입증된 클러스터 정책은 식품산업에 대한 거시적이고 종합적인 정책수단으로 강하게 추진할 필요가 있다.

셋째, 농업과 식품산업의 연계정책이다. 그동안 정부가 농업정책의 일환으로 추진해 온 농산물 가공 지원 사업 등과는 그 목적과 사업방식을 달리해야 한다. 농업과 연계된 사업이라 하더라도 그 결과물인 제품의 판매는 시장에서 이루어지는 것이므로 시장원칙을 왜곡하여서는 안 된다. 식품정책에 대한 목적과 대상의 세 가지 특성을 정리하면 다음과 같다.

3대 식품정책 유형의 특성

구분	식품신뢰성 확보	산업경쟁력 제고	농업연계
정책유형	식품안전정책	식품산업정책	농업정책
정책영역	규제정책	배분정책	배분, 재배분정책
정책목적	국민건강	산업발전	농업, 농촌발전
정책성격	강제적, 직접적	조성적, 간접적	조성적, 간접적
정책대상	국민	식품기업	농업인

정책은 정책과정에서 상위정책과 하위정책들의 수직적 체계 내에서 법제와 사업으로 구체화하게 된다.

정책의 유형분류와 체계화의 중요한 목적 중의 하나는 구체화과정에서 정책목적이 왜곡되거나 불명확하게 되어 하위정책이나 사업 간에 상충되거나 중복이 일어나지 않도록 하고 상위정책의 목적 달성도를 제고하자는 데 있다.

우리나라 식품 행정의 문제 중 하나는 상위정책의 경우 농업인단체나 언론, 입법부의 검증을 거쳐 형성되기 때문에 정책의 소망성(desirability)을 확보하게 되나 하위정책으로 구체화되는 과정에서 정책실무자, 지방자치단체 정책 추진자들이 정책목적을 왜곡하거나 잘못 이해하여 정책 실패를 초래할 수 있다.

현재 정부에서 추진 중이거나 추진하여야 할 하위정책인 예산사업이나 제도들을 재분류할 필요성이 있다. 이러한 유형별 분류를 통하여 각 사업이나 제도들이 갖는 정책체계 내에서의 성격과 위치를 명확하게 설정하고 이해할 때 사업지침 작성이나 집행이 효과적으로 이루어질 수 있다.

그러나 어떤 제도나 사업은 여러 정책 영역에 걸쳐 있는 경우가 있다. 예를 들어 식품 표시는 위해의 방지, 상품선택의 지원, 공정한 경쟁 확보, 광고 및 제품디자인 측면의 기능들이 혼재되어 있어[44] 식품안전정책과 식품산업정책적인 성격을 동시에 갖게 된다. 그러므로 구체적 정책목적에 따라 의무성, 절차, 형식 등이 결정되어야 한다.

이러한 특성을 정확하게 인식하지 못해 농업생산과정에서 다양한 규범의 실천을 주목적으로 하는 우수농산물인증제도(GAP)나 토양 등 자연환경의 보존에도 목적이 있는 친환경농산물인증제도를 정부의 독점적 인증제도로 제도화하여 마치 식품안전이 직접 목적인 것처럼 시행하고 있는 것은 문제가 있다고 본다.

또한 식품사고 시 역추적을 가능케 하는 사후적 식품안전제도인 이력추적제(履歷追跡制, traceability)나 작업과정의 안전 관리 수칙인 위해요소중점관리(危害要素重點管理, HACCP)제도를 사후적 품질인증제도로 소비자가 인식하게 하는 것 등은 정책 목적 달성을 어렵게 하고 소비자를 혼란에 빠지게 할 소지가 크다.

식품관련 제도 및 사업의 유형을 3대 주요 정책별로 재분류하면 다음과 같다.

식품 관련 제도 및 사업의 유형

정책	하위정책	주요 예산사업 및 제도
식품 안전	제도	• 최종 식품의 안전 기준 및 검사제도 확립 • 식품처리과정의 안전, 위생기준 및 검사제도 확립 • 안전제도에 대한 교육 및 지도
	표시 및 인증 (안전관련)	• 안전 관련 식품 표시 및 인증제도의 개선 • 원산지, 이력추적제, HACCP 등
	식생활 교육	• 식품안전 정보의 생산 및 공개, 안전한 식생활 교육
산업 진흥	산업인프라	• 각종 규제 완화 및 철폐 • 품질관련 식품 표시제도의 통합(GAP, 친환경, 유기 등) • 산업적인 식품의 성분, 중량, 포장 등의 표준화(KS) • 식품산업 정보·통계 생산 및 공개(유통, 소비, 수출 등) • 식품분야 연구 개발 확대
	식품 제조업	• 식품기업의 생산성 향상 및 경영개선을 위한 연구, 컨설팅 및 등 공동 경영개선 활동 지원(협회) • 창업펀드 등 금융, 투자환경 조성 • 클러스터 단지 조성 및 네트워킹 지원 • 식품제조·외식업체 대상 컨설팅 지원 • 위생, 안전 등 정책관련 투자 시 자금 지원
	전통 식품	• 전통식품 및 전통식의 발굴 및 보존 지원 • 전통식품의 산업화 초기 지원(자금, 세제, 연구) • 전통식품 품질인증·명인제도의 활성화
	한식 세계화	• 한식 메뉴개발, 한식표준화, 단순화 등 연구 • 세계화의 추진체계 마련(한식 세계화 재단 등) • 한식의 우수성 규명 및 홍보 • 표준 한식당 연구 및 자율적 한식당 인증 지원 • 국내외 한식 교육기관 설치 및 육성
	외식 산업	• 외식업소 경영시스템(경영, 인테리어 등)의 선진화 지원 • 프랜차이즈 제도의 선진적 제도화 • 식재료 공동 유통시스템 연구 및 지원 • 조리사, 푸드코디네이터, 소믈리에 등 외식 관련 자격 제도
농업 연계	융복합기업	• 생산자 참여기업에 대한 세제, 자금 지원 • 산지 공장설립 시 농지전용 등 절차 완화
	협력사업	• 산지-소비지 상생협력사업의 확대 (장기계약, 공동마케팅 등) • 수직적·수평적 계열화 사업의 촉진
	정보 및 알선	• 참여 희망 생산자 및 기업의 정보 생산 및 알선 • 사업협력방식의 개발 및 계약 표준화

3. 법제 및 정책의 개선방안

1) 식품관련 법제의 체계적 개선

식품정책의 법령, 조직, 재정 등 법제는 국가정책의 기본적인 골격으로 정부의 정책과 제도는 물론 국민의 생활 및 산업활동에도 직접적으로 큰 영향을 미치게 된다.

식품 안전을 확보하고 식품산업 진흥을 목표로 한다는 장기적인 관점에서 개선방안을 제시하면 다음과 같다.

첫째, 식품관련 법령의 종합적이고 체계적인 정비가 필요하다. 법령은 국가 정책 실현을 위한 규범이기 때문에 정책목적에 따라 체계적으로 통합되어야 한다. 식품안전에 관하여 규정하고 있는 식품안전기본법, 식품위생법, 농 · 수 · 축산물 관련 검사에 관한 법령들을 식품안전기본법을 기본법으로 통합 제정하여 단일화하고 분야별 · 품목별 하위법령으로 정비하여야 할 것이다.

식품위생법에서 규정하고 있는 식품산업진흥 관련 조항은 폐지되는 것이 바람직하다. 「식품산업진흥법」은 농림수산식품부가 출범하기 전에 제정된 법령으로서 농산물 가공과 전통식품이 주요 내용으로 구성되어 있으므로 식품산업 전반에 대한 정책적인 규정을 체계화하여 개정하여야 한다. 그리고 식품정책의 내용과 추진체계를 명확히 하기 위해서 식품산업의 육성 및 진흥에 관한 사항은 「식품산업진흥법」에, 식품위생에 관한 사항은 「식품위생법」으로 조정하여 개정하는 것이 필요하다.[45]

둘째, 중앙부서의 식품정책 추진 부서를 통합적인 시각에서 재정비하여야 한다. 지방자치단체의 식품정책부서는 신설 또는 확대하는 것이 바람직하다. 농림수산식품부는 본부와 소속기관에서 축산물, 농산물, 수산물 등으로 식품가공업무와 안전업무가 분산되어 있어서 효율성이 떨어지고 있다. 검사와 검역, 검사시료의 채취방법, 검사결과의 공표 등이 통일되지 못하여 통합적인 총괄 부서를 지정하고 안전관리부서를 별도로 설치·운영하는 방안의 검토가 필요하다. 장기적으로 중앙부처 단위의 식품안전 체계화가 진전되면 식품안전청을 외청으로 설치하는 것에 대한 적극적인 검토가 있어야 한다.[46]

지방자치단체의 경우 위생검사 및 단속을 담당하는 부서는 업무의 성격이나 필요한 전문지식을 고려할 때 식품산업의 진흥 업무를 담당하기에는 적합하지 않다. 그러므로 지역식품의 진흥 업무를 추진하는 부서를 별도로 설치해서 증가하고 있는 중앙부서의 정책을 지역단위에서 수행할 수 있도록 해야 할 것이다.

식품관련 공공기관은 크게 연구업무와 정책집행업무 기관으로 구분하여 명확한 업무영역을 구분하고 전문성을 확보하여야 한다. 농촌진흥청과 한국식품연구원의 연구기능은 두 기관 모두 국가기관 성격이라는 점에서 효율적으로 통합 내지 조정되어야 한다. 식품산업업체에 대한 사업의 시행, 지도 등의 업무는 농수산물유통공사와 농촌진흥청 간의 중복이 예상되는 것에 대한 조정도 검토되어야 할 것이다.

셋째, 식품안전정책의 시행과 식품산업 인프라 조성을 위한 정부의 재정지원이 확대되어야 한다. 농림수산식품부의 식품안전 업무는 농수축산물의 검사 및 검역을 주 내용으로 하는 규제 중심적인 측면이 많았다. 식품안전 수준을 제고하는 데 수반되는 비용 전부를 기업에게 부담하게 하면 가격을 통해 소비자에게 전가되기 때문에 저소득 계층에게 상대적으로 큰 부담을 줄 수 있으므로 정부가 일정부분 부담하는 것도 바람직하다.[47] 정책적인 필요에 의해 추진하는 안전조치의 경우 먼저 시행하는 기업은 식품가격에 반영하기 어려운 면이 있으므로 정부가 일정 부분 지원하는 것이 합리적이다.

소 해면상 뇌증(BSE)이나 조류 인플루엔자(AI)에 대한 국민들의 반응에서 보는 바와 같이 소비자에 대한 사전적인 식품안전 교육이나 정보제공은 식품안전 사고 이후 치러야 하는 막대한 사회적 비용을 절감할 수 있으므로 과감한 확대추진이 필요하다.

식품정책에 대한 재정지원 우선순위도 조정해야 한다. 국민의 건강에 직결되는 식품안전 관련 예산과 식품산업 인프라 구축 예산을 우선으로 하여야 하며 식품산업, 외식산업에 대한 조직적인 지원은 단계적으로 확대하는 것이 시행착오를 줄일 수 있는 방법이다.

2) 식품안전정책의 효율적 재조정

다원화된 식품안전행정체계를 통합해야 한다는 주장은 정부, 학계, 업계에서 이미 오래전부터 제기되어 왔지만[48] 별다른 진전이 없었다. 2008년 농림수산식품부가 출범하면서 식품안전업무의 소관을 둘러싼 논리 경쟁이 심화되었고, 식품안전 사고가 발생할 때마다 국민의 비판까지 더해져서 식품체계 일원화 논란이 더욱 가시화되었다. 식품안전정책은 국민의 건강과 직결된 문제로서 성급한 결론을 내는 것보다는 국민적 공감대를 형성하면서 전문가의 의견을 바탕으로 재조정하는 것이 바람직하다.

식품안전에 대한 정책은 다음과 같이 추진되어야 한다.

첫째, 식품안전정책은 식품안심대책으로 확대 추진되어야 한다. 국민이 식품을 안심하고 소비할 수 있도록 물리적 · 과학적인 식품안전을 확보함과 동시에 국민이 이를 심리적으로 받아들일 수 있도록 하여야 한다. 이를 위해서는 기본적인 식품안전정책에 추가하여 식품안전에 대한 정보제공, 식품안전의 교육과 안전한 식품의 선별법, 홍보 등이 필요하다.

둘째, 식품안전 업무를 일원화하기보다는 기능별로 소관 부처에서 추진하되, 강력하고 효율적인 조정체계를 확립해야 한다.

농장에서 식탁까지의 일관적 관리를 주장하는 농림수산식품부나 소비자 입장에서의 적극적 건강보호를 주장하는 보건복지부의 목적은 서로 배치되는 것이 아니기 때문이다. 최종 소비제품에 대한 위험평가와 기준 설정은 보건복지부가, 최종 제품 이외의 생산 · 제조 · 유통과정 등에 대한 위험평가나 기준설정은 농림수산식품부가 담당하고 이에 대한 단속과 처벌은 사법기관에서 담당하는 것이 가장 효과적이고 실현가능한 대안으로 본다.

셋째, 식품 안전에 대한 의약품적 시각은 탈피하여야 한다. 식품은 생물인 경우가 많으며 수많은 제조방법과 역사성을 가지고 있다. 통상적인 과학적 기준으로 전통식품, 자연식품의 안전기준을 설정하기보다는 다양한 연구를 통하여 우리 음식에 적합한 위생과 안전기준을 수용해 나가야 한다.

넷째, 농림수산식품부 소속 기관으로 되어 있는 농 · 축 · 수산물 검사제도는 상호 통일된 제도로 통합 · 조정되어야 하며 개별 기관도 조속히 통합하여 (가칭)동식물위생검역청을 설립하는 것이 효율적이다.[49]

3) 식품산업의 경쟁력 강화

국내 식품산업의 경쟁력은 생산요소 시장의 조건, 경쟁구조, 제도 등의 산업환경, 연관산업의 수준, 수요조건 등에 좌우된다.[50]

우리나라는 식품 및 외식산업에서 가장 중요한 생산요소인 국내 농산물의 가격이 높은 편이며, 국내 식품시장의 규모도 크지 않다.

식품연구기업이나 컨설팅, 식품기계 등 식품관련 산업의 발전 수준도 높지 않으며 정부의 식품규제는 많지만 지원정책은 열악한 실정이다. 이러한 환경에서도 식품산업의 매출은 지속적으로 증가하고 있지만 식품기업들은 대부분이 영세하여 신제품 개발 등 기술개발과 시설개선 능력이 미흡하다. 따라서 시장수요변화에 능동적으로 대응하지 못하고 있는 실정이다.[51]

그러나 식품산업은 규모 면에서나 미래 성장 가능성 측면에서 산업적으로 중요하다. 또한 식품산업진흥법에서 명시하고 있는 바와 같이 다양하고 안정적인 식품공급을 위한 산업이므로 국가는 정책을 수행하기 위한 의지를 가지고 적극적으로 육성하여야 할 것이다. 식품산업의 특성과 유형에 따른 식품산업정책의 추진방향과 개선방안을 정리하면 다음과 같다.

첫째, 정부는 식품산업의 규제를 과감하게 완화하여야 한다. 식품산업에 대한 투자 촉진 및 경영효율화를 통해 경쟁력 있는 시장을 조성하기 위해서 식품안전과 관련이 없고, 기업활동을 제약하는 규제는 적극적으로 발굴하여 완화 또는 폐지하여야 한다. 식품위생법의 규제를 일괄적으로 검토하여 식품공전 자체를 백지에서 재검토하는 방안도 고려해 볼 수 있다. 식품표시 관련 제도의 개정 시기를 일정하게 통일시켜 포장지 교체 비용 등을 절감하는 방안이나 관세율 인하, 저율 관세 할당제도(TRQ)에 의한 수입관리방식 개편 등 식품업체의 실질적인 사업에 영향이 큰 규제들을 발굴하여 완화하는 것이 효과적이다.

둘째, 식품산업의 공공재적 인프라 구축에 주력해야 한다. 식품산업은 불필요한 규제가 없고 원천연구, 통계, 교육시스템 등 인프라만 조성되면 시장원리에 따라 경쟁과 창의를 기반으로 성장할 수 있다. 식품산업을 지식에 기반을 둔 고부가가치 산업으로 육성하기 위해서 식품 연구 · 개발(R&D) 투자 규모를 선진국 수준으로 확대하여 미래 유망분야에 대한 기술개발을 촉진해야 한다.

특히 전통식품은 우리나라 식품산업의 원천자원이라는 중요성을 인식하여 우수성 입증, 과학화, 전통식품 기법 등에 대한 정리 및 데이터베이스 등을 강화해야 할 것이다. 이를 위해서는 무엇보다도 민간과 국가 공동의 식품 연구 개발 추진체계를 구축하는 것이 필요하다. 국가 연구기관과 산업체 간 연구 네트워크를 강화하여 국가 연구기관은 원천기술에 관한 연구를, 산업체는 실용화 · 상품화 연구를 수행함으로써 연구 개발 투자의 효율성을 높일 수 있다.

셋째, 식품산업의 경쟁력과 관련 있는 생산요소, 수요요소, 연관 및 지원 산업 등을 통합적으로 발전시킬 수 있는 식품클러스터 정책을 확대 추진하여야 한다. 식품기업에 개별적, 세부 사업별 지원을 했던 기존의 농업정책은 경쟁을 왜곡시키고 재정효율성을 떨어뜨리게 된다. 식품기업을 중심으로 한 전체 푸드시스템 속에서 산 · 학 · 관 · 연의 네트워크를 중심으로 경쟁과 협력을 촉진할 수 있는 클러스터 정책이 가장 바람직한 것이다.

넷째, 외식산업은 식품을 중심으로 하는 식문화산업(食文化産業)으로 육성시켜야 나가야 한다. 음식물의 섭취는 생존 · 건강 · 기능을 넘어 문화적 행위로 진화하고 있으며, 외식산업은 고도의 복합적 경영능력을 필요로 하는 첨단 서비스산업으로 전환되고 있다. 바람직한 식생활 교육과 함께 다양한 식문화 교육이 필요하다. 조리사는 물론 푸드코디네이터, 식품디자이너, 시음 평가사(소믈리에) 등 다양한 전문인력을 양성할 수 있는 교육시스템이 필요하다.

다섯째, 전통음식과 전통 상차림에 대한 발굴과 보존이 필요하다. 전통음식인 한과, 떡, 전통주 등은 우리 식품산업의 원천이다. 정부 재정을 대폭 투입하여 전국 지역별, 시대별 자료와 보유자를 발굴하고 연구하여 데이터베이스화하여야 한다.

전통식품 명인 등 기술 보유자는 그 기술의 유지와 전수에 따른 비용을 국가가 지원할 필요가 있다. 국민 누구나 창의와 경쟁을 통해 식품 및 외식시장에서 산업화할 수 있도록 유도하여야 한다.

여섯째, 한식 세계화는 독립적인 민간 전문기관이 주도하여야 한다. 한식 세계화는 우리나라의 국력, 세계화수준, 문화수준에 간접적인 영향을 받고 있으며 직접적으로는 국내 외식업의 수준과 전통음식의 현대화 수준에 그 성공여부가 달려 있다. 우리나라 전통음식의 정체성(正體性, Identity)을 잃지 않으면서 세계인의 다양한 입맛에 쉽게 다가갈 수 있는 방법을 찾아야 한다.

한식의 세계화를 위해 먼저 우리 국민 스스로가 우리 한식의 우수성을 알고 한식에 대한 자긍심을 가질 수 있도록 '내적(內的, In-bound) 한식발전'이라는 1차 목표를 달성해야 한다. 이를 바탕으로 세계 곳곳에 한식 및 한식 문화의 전파와 외식업체들의 해외진출로 이어지는 '외적(外的, Out-bound) 한식 세계화'를 이룬다는 전략[52]이 효과적이다.

한식의 세계화를 위해서는 과거 태권도를 세계화시킨 국기원(國技院) 방식의 채택을 적극 검토할 필요가 있다. 한식 세계화를 위해 초기에는 한식의 세계화 재단을 정부와 민간 출현으로 설립하고 세계 주요 도시에 시범적인 한식당을 한시적으로 운영하거나 지원하는 방식을 적극 검토하여야 한다. 그리고 한식 세계화 재단에서는 한식의 연구 및 메뉴개발, 조리교육프로그램 개발 및 인력 양성, 해외시장 개척 등의 업무를 정부와 독립적으로 수행해야 할 것이다.

4) 농어촌 성장을 견인하는 연계지원

식품산업은 농림수산물의 수요기반이며 농업과 소비자를 연결하는 중간산업으로서 농산물의 부가가치를 높여주고 농업인의 소득증가에 기여할 수 있다. 농업과 식품산업은 식품의 생산부터 유통, 소비과정을 총괄하는 식품시스템(food system)의 중요한 구성주체이며 상생의 거래관계를 지니고 있다.[53]

농업과 식품산업의 두 분야를 농림수산식품부에서 맡게 된 배경에는 협력적 연계관계를 건전하게 발전시켜 농업과 식품산업의 동반성장을 도모하는 데 있다. 이러한 규범적 · 소망적 정책 성격으로 인해 많은 연구가 연계정책의 장점과 당위성을 강조하고 있지만 농업정책과 식품산업은 정책대상이나 목적이 다른 점이 많으므로 연계정책도 합리적이고 신중하게 추진되어야 한다.

첫째, 농업 · 농촌정책과 식품정책의 목적을 명확하게 구분하여 시행하여야 한다. 농업과 농촌정책은 농업의 다원적 기능을 근거로 하는 공공정책적인 성격이 큰 반면, 식품정책은 자유경쟁시장의 원칙을 가지고 있다. 농업과 연계된 식품기업에 대한 차별적인 지원은 시장의 왜곡으로 나타날 수 있다. 예를 들어 생산자가 참여하는 식품기업의 조세감면이 타 식품기업과의 원가경쟁력에 직접적 차이를 가져오게 해서는 안 된다. 조세감면이 생산자에 대한 안정적 원료구입에 따른 비용증가와 배당의 우대에 따른 수익악화 등을 상쇄하는 수준에 머물러야 한다.

이와 반대로 식품기업에 국내농업과의 연계를 강요하여서도 안 된다. 식품기업은 원료의 가격과 품질에 따라 국내외산을 불문하고 합리적으로 생산원료를 구입하여야 국제 경쟁력을 가질 수 있다. 국내 농업과의 연계로 발생하는 추가비용은 정부가 농업정책 차원에서 지원해야 시장원칙을 지켜나갈 수 있을 것이다.

둘째, 농업과의 연계정책을 종합적으로 재조정하여야 하며 목적별로 구체화하여야 한다. 기존의 산지가공 지원 등 농업인이 주도하여 연계하는 사업과 생산자가 참여하는 융복합기업에 대한 지원 등 식품 및 외식업체가 주도하는 사업 간의 성격을 분명히 해야 하며, 효과적인 방법으로 통합해 나가는 방안을 검토해야 한다. 특히, 전국적인 단위조합을 구성하고 있는 농업협동조합이 중요한 역할을 할 수 있도록 하는 것도 필요하다.

셋째, 식품산업이 국내 원료 사용을 촉진할 수 있도록 농업정책의 일환으로 정부가 직 · 간접적인 정책을 추진해야 하지만 국산 농산물의 경쟁력을 제고하는 것이 가장 근본적인 방법이 될 것이다.

이와 더불어 국내산 식재료의 표준화, 가공저장 기술의 보급, 유통효율화 등 공급 측면의 정책과 식품 및 외식기업이 국산 농산물을 이용하는 경우 간접적인 인증이나 홍보 등을 활용하는 방법도 유용할 수 있다.[54] 국내산 농산물의 이용률을 높이기 위해 산지와 식품산업 간의 지속적인 거래관계가 형성될 수 있도록 연계시스템을 구축해야 한다.[55] 산지-소비지 상생 협력 사업에서 시행하고 있는 공동 마케팅 사업은 좋은 예이다.

넷째, 수직적 · 수평적인 사업 계열화를 촉진하여 지속적인 연계를 도모하여야 한다. 농업분야는 농산물의 생산뿐만 아니라 저렴한 인력도 공급할 수 있으며, 지역적 브랜드 가치도 보유하고 있어서 식품산업이나 외식산업의 마케팅, 브랜드 창출 등 고유한 영역에도 기여할 수 있다. 또한 식품 및 외식기업은 우수한 기술, 자본, 인력, 판매망이 있어 농산물 생산 및 판매에도 이바지할 수 있다. 이러한 부수적인 상호 분야가 원료구입과 판매라는 본래의 연결효과에 시너지를 줄 수 있게 되면 수평적 · 수직적 계열화가 용이해질 수 있다. 정부는 다양한 협력사업 모델을 개발하고 참여 희망자에 대한 정보 제공과 알선을 통하여 촉진할 필요가 있다. 그러나 이에 앞서 안전하고 품질 좋은 식품을 소비자에게 제공해야 하므로 산지에서 원료농산물에 대한 철저한 품질관리와 공급물량 확보가 우선되어야 한다.

5) 식품산업 발전을 위한 통합적 전략

식품산업이 경쟁력 있고 건전한 산업으로 발전하기 위해서는 식품산업뿐만 아니라 농산물을 비롯한 원료시장, 인력, 자본 등 요소시장이 발전되어야 한다. 식품의 가공, 저장, 유통, 기능성 분야의 연구가 축적되어 기업이 활용할 수 있는 시스템도 필요하다. 식품기업이 창의와 혁신을 바탕으로 공정하게 경쟁할 수 있는 다수의 기업과 기업환경도 조성되어 있어야 한다. 또한 식품산업 발전은 정부의 정책만으로는 한계가 있다. 정부, 기업, 학계, 소비자 각각의 행위 주체들이 효율적이고 합리적으로 업무를 수행할 때 식품산업은 발전하고 경쟁력을 가질 것이다. 산업에서 국가의 경쟁우위는 한 국가가 가지고 있는 여러 가지 근원적인 결정요소들의 함수라는 시각에서 산업의 경쟁력 우위를 연구하여 체계화한 것이 마이클 포터의 다이아몬드 이론[56]이다. 이를 우리나라 식품산업의 경쟁력 제고를 위한 고려요소로서 응용하면 다음과 같이 바람직한 정책의 틀이 될 수 있다.

식품산업의 경쟁력 요소

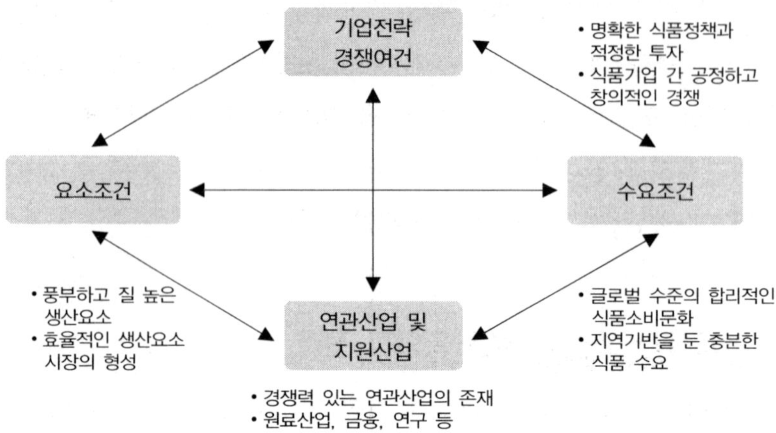

정부가 식품산업의 발전과 관련되는 여러 분야에 직간접적인 영향을 줄 수는 있지만 직접 실행할 수 있는 분야는 한정되어 있다. 그러나 각 부문과 각 주체들의 역할에 관한 시스템을 구축하여 각 주체들이 발전적인 방향으로 활동할 수 있도록 유도할 수는 있다.

식품산업 발전을 위한 각 정책과 사업들이 개별적으로 시행되는 것보다는 식품산업을 중심으로 통합적인 체계를 가지면서 시행될 수 있는 정책, 즉 클러스터 방식을 적용하는 것이 매우 효과적일 것이다. 식품기업과 연구소, 연구 · 교육기관 등 식품관련 핵심역량이 집적된 국가식품 클러스터 조성을 통해 식품산업을 선도할 견인차 역할을 할 수 있도록 해야 한다.[57]

클러스터에 대한 이론과 국내외 경험을 바탕으로 우리나라 정책 환경과 식품산업의 특성, 농업연계 등의 특수한 과제까지도 고려한 한국형 식품클러스터 정책모델을 개발하고 실천 가능한 전략을 수립하여 시행해야 할 것이다.

04

식품클러스터 정책

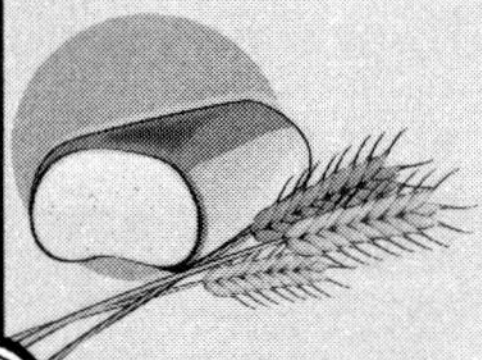

04 식품클러스터 정책

1. 클러스터의 개념 및 구성요소

1) 클러스터의 개념

모든 국가와 경제주체들은 상호 경쟁하고 협력하면서 국가와 산업 그리고 각자의 이익실현을 위하여 노력하고 있다. 특히 세계화와 지식정보사회의 진전으로 상호 경쟁은 치열해지고 경쟁력을 확보하는 요소는 매우 복잡해지고 있다. 한 국가가 다른 국가보다 경제적인 측면에서 발전하기 위하여 자국의 산업 경쟁력을 높이고 지속적으로 경쟁우위를 선점하기 위해 국가정책의 우선순위를 두고 있다. 이러한 정책목적의 중요한 전략적 수단으로 클러스터 이론을 경쟁적으로 도입·적용하고 있다.

클러스터(Cluster) 이론은 특화된 지역에 특화된 산업이 집중되어 발전하고 있는 이유를 연구하는 집적경제(集積經濟) 이론에서 뿌리를 찾을 수 있다. 이후 경제학·정책학·경제지리학 등의 분야에서 집적경제와 연관된 많은 연구들이 진행되어 산업클러스터 이론으로 발전되었다. 김정호는 클러스터 이론이 산업 성장지구에 대한 연구와 1990년대부터 사회적 자본과 학습지역 그리고 제도적 집약에 의한 동태적 효율성 개념과 결합하는 한편 Porter, Enright, Krugman 등에 의해 보완되면서 산업집적 · 산업전문화 · 집단학습 등으로 확대되고 있다고 전망하고 다음과 같이 설명하고 있다.[58]

산업클러스터 관련이론 체계

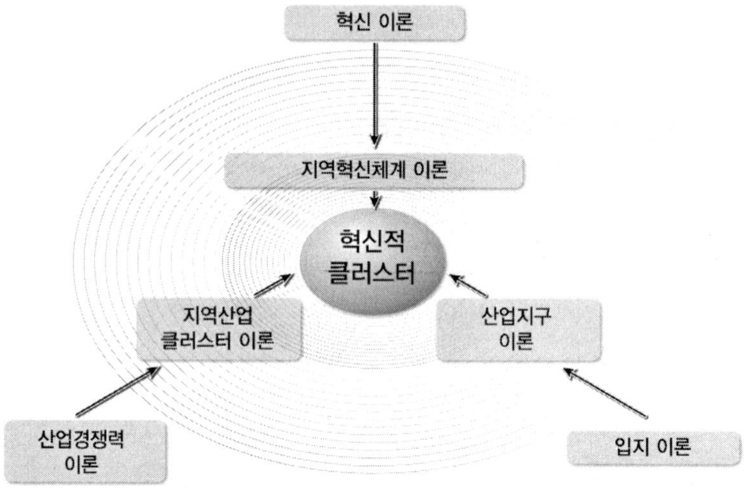

자료 : 김정호 외, 지역농업 클러스터 발전방안, 한국농촌경제연구원, 2005.

산업클러스터에 대한 이론과 개념은 기업을 중심으로 한 산업뿐만 아니라 연구소, 대학, 공공기관 등 산(産) · 학(學) · 관(官) · 연(硏)의 연계 및 상호작용에 관한 내용을 연구하고 적용하는 개념으로 확장되고 있으며 특정산업의 발전을 위한 전략적 정책으로 개념화되는 경향도 있다. 이러한 클러스터의 적용분야는 매우 다양하여 우리나라도 지식경제부, 국토해양부, 문화관광부, 농림수산식품부 등에서 각 소관업무의 산업 및 지역정책에 경쟁적으로 도입하여 추진하고 있다.

경제협력개발기구(OECD)에서 14개국 26개 프로그램을 조사 · 분석하여 분류한 바에 따르면 지역정책(regional policy), 과학 · 기술정책

(science and technology policy), 산업정책(industrial and enterprise policy) 등 3개 분야에 적용되고 있다.[59]

클러스터에 대한 정의는 지리적 집적과 입지공간에 중점을 두는 개념에서부터 참여 주체들의 네트워킹, 상호작용 및 혁신활동에 중점을 두는 개념까지 연구분야나 정책의 적용분야에 따라 매우 다양하다.

Porter[60]는 클러스터를 '특정분야에서 경쟁을 하기도 하지만 때때로 협력관계인 기업, 전문공급업체, 용역업체, 관련 산업의 기업 등과 기관 즉 대학, 공인기관, 기업연합회 등의 결집체(結集體)'라고 정의하고 전체는 부분의 합보다 크다는 가치에 입각하여 생성된 기업 및 기관들의 연계시스템으로 정의하기도 한다.

경제협력개발기구(OECD)는 클러스터를 생산업체, 부품업체, 서비스 제공자, 협회, 연구기관, 대학 등 관련 경제주체들이 상호작용을 통해 부가가치를 창출하는 지역적 집합체를 형성하고 기술, 지식, 정보, 인력 등을 공유하는 네트워크형 조직체계로 정의하고 있다.[61]

산업클러스터(industrial cluster)의 개념에서 네트워킹과 상호 학습에 의한 혁신활동에 초점을 두어 혁신(革新) 클러스터(innovative cluster)라는 개념을 사용하기도 한다. 혁신클러스터는 기업뿐만 아니라 대학, 연구기관 등 지식생산기관과 연계조직, 심지어 고객까지의 네트워크를 강조하며 혁신에 의한 부가가치 창출을 주된 가치로 삼고 있다.

우리나라의 경우 지식경제부에서는 산업클러스터를 '수평적 · 수직적인 연계를 통하여 경쟁하고 협력하는 특정산업분야의 기업들이 집적되어 있는 일정한 지역'으로 정의하여 공간적 입지를 강조하고 있다. 농림수산식품부는 지역농업 클러스터를 일정지역에 특화된 농산물의 생산, 유통, 가공 등과 관련된 주체를 중심으로 산(産) · 학(學) · 관(官)이 유기적인 네트워크를 형성하고 가용자원의 최적이용을 통해 지역

농업을 혁신하는 농산업 결집체라고 정의하고 있다.[62]

그러므로 식품클러스터는 지역적 입지, 구성주체, 네트워킹, 혁신 등 핵심적 개념들을 포함하여 상호 인지할 수 있는 일정한 지역에서 식품산업을 중심으로 한 기업과 연관기업, 연구기관, 공공기관들이 네트워크 형성과 혁신활동을 통하여 상호 협력하고 경쟁하여 새로운 가치를 창출하고 혁신을 이루어 나가는 결집체라고 정의할 수 있다.

2) 클러스터의 구성요소

산업클러스터 구성요소는 동종기업과 연관기업으로만 파악하는 미시적 관점에서 관련 공공기관, 연구기관, 대학 등까지 포함하여 보는 관점까지 그 범위와 성격이 다양하다.

마이클 포터는 경쟁우위를 결정하는 소위 다이아몬드 이론과 결부하여 클러스터의 구성요소를 생산요소, 수요요소, 경쟁요소, 지원 · 연관 산업으로 파악하고 있는데 비교적 광범위하다고 볼 수 있다.

클러스터의 형성과 혁신과정 측면에서 보면 해당 산업의 발전, 혁신목표, 활동 동기를 부여하는 비전 제시자, 부품, 기술, 자금, 정보 등을 제공하는 전문공급자, 그리고 시스템 통합자로 나누어 분석하는 견해도 있다.[63]

2005년 농림부는 우리나라의 지역농업 클러스터 정책을 추진하면서 생산시스템, 연구 · 개발시스템, 지원시스템 등 3개 요소를 핵심적 사항으로 하고 정부 등 공공기관, 금융, 교육기관 들을 주변요소로 고려하였다.[64]

우리나라 정책추진 과정에서의 실제 구성요소를 종합하여 보면 클러스터의 구성요소를 다음의 세 가지로 보는 것이 일반적이다.

첫째, 클러스터의 중심이 되는 특정산업과 전후방(前後方) 연계산업이 네트워크화되어 있는 산업생산 체계이다. 식품산업클러스터의 경우에는 식품제조업과 농업, 외식업, 유통업, 저장업, 무역업 등이 포함된다.

둘째, 지식, 정보, 기술과 관련된 요소로서 대학, 연구기관 등 연구기술 체계이다. 식품클러스터의 경우 농과대학, 농촌경제연구원, 한국식품개발연구원, 식품기업의 연구소 등이 해당된다.

셋째, 공공 및 민간 부문의 다양한 생산지원기관과 서비스 기업들로 이루어진 기업지원 체계이다. 식품클러스터의 경우, 농림수산식품부, 지자체와 컨설팅업, 금융업, 교육기관 등이다. 이러한 논의에 따라서 우리나라에서는 클러스터를 '산·학·관·연(産·學·官·硏)의 네트워크'로 압축하여 표현하는 것이 일반적이다.

3) 클러스터의 효과

클러스터의 중요성이 부각되고 있는 이유는 선진 산업국가 등이 새로운 국가 경쟁력의 원천을 확보하고 유지할 수 있는 새로운 전략이 필요했기 때문이다. 세계경제의 글로벌화에 따라 각국 간의 산업경쟁이 치열해지면서 단순한 개별 기업의 경쟁력으로는 국가경쟁력 확보에 한계가 있을 수밖에 없다. 또한 고도화된 지식·정보사회에서 과거처럼 단순한 산업의 집적만으로는 성장 동력을 창출하기 어렵다. 생산성이 높은 기업들이 경제 지리적으로 인접한 지역에 집적화되고 경쟁과 협력을 통하여 새로운 부가가치를 창출하는 방식, 즉 클러스터의 형성과 발전이 가장 효과적이라는 것이 경험과 연구에 의하여 설득력을 얻고 있다.

클러스터 정책으로 얻을 수 있는 이점으로는 정태적 국지화경제

(Localization economies)와 Marshall-Arrow-Romer(MAR) 유형의 동태적 외부경제로 구분하여 볼 수 있다.[65]

국지화(局地化) 경제는 산업 내 전문화 경제효과로서, 첫째, 산업의 규모가 커짐에 따라 기업 간 전문화가 강화되고, 전문화된 중간재 투입, 사업지원업무 및 금융시장의 유용성 증가에 의한 경제적인 효과가 있다.

둘째, 노동시장의 경제적 효과로서 숙련노동자와 전문화된 노동자 풀(pool)의 확장과, 기업들이 필요로 하는 숙련노동자의 모색이 용이하다.

셋째, 기업 간 의사전달 및 네트워크 형성을 통하여 상호 보완과 새로운 시장개척, 경제활동의 통합, 그리고 새로운 혁신의 채택 등이 기업 간에 나타났다.

넷째, 특정 산업에서 필요로 하는 공공재 공급과 특정서비스 공급의 경제효과가 있다.

동태적(動態的) 외부효과는 그 산업 내에서 지역고용의 집중과 한 지역 내 산업활동의 역사적 전통 수준에서 찾을 수 있다. 한 산업에 기업들 간의 지식공유와 축적(build-up)은 특정 산업 내에서 볼 수 있는 산업의 전통과 전문화에 의해서 개선될 수 있다.

클러스터 정책을 통하여 얻어질 수 있는 장점을 종합적으로 정리하면 다음과 같다.

첫째, 지식과 정보의 파급을 통하여 혁신을 창출할 수 있다. 상호 관련성이 있는 혁신 주체들 간의 지리적 근접성을 높여주고 다양한 의사소통의 가능성을 높여줌으로써 자연스럽고 활발한 지식과 정보의 교류를 촉진한다.

둘째, 산업 기반시설의 공유를 통하여 효과적인 활용이 가능하다.

전력, 상하수도, 정보통신시설과 물류시스템, 학교, 대학 등 교육시스템을 공유할 수 있다. 정부는 학교 혹은 훈련센터의 설립을 통해 기업들의 전문인력 필요를 충족시켜 줄 수 있으며, 공동연구시설, 저장, 가공시설 등의 공유가 가능하고 가동률을 높일 수 있다. 특히, 정부지원시설의 경우에는 재정 투자의 효율성을 제고할 수 있다.

셋째, 거래비용(transaction cost)의 절감에 도움을 준다. 클러스터 내 참여주체 간의 사업과 관련한 물리적 거리를 감소시킴으로써 정보탐색 비용, 물류비용, 보험료 등이 절감될 뿐 아니라 사후서비스도 용이해진다.

넷째, 규모의 경제를 실현할 수 있다. 지리적으로 근접한 일정한 지역에서 많은 동종 또는 연관기업들이 활동함으로써 원료의 구매와 제품의 판매 등이 용이하고 대규모 고객을 보장하며 대규모 지역시장을 창출하는 규모의 경제효과를 높일 수 있다.

다섯째, 산업의 전문성과 생산성을 향상시킬 수 있는 경쟁과 협력을 촉진한다. 클러스터는 직접적인 상호보완관계에 있는 기업뿐 아니라 간접적으로 연관을 맺고 있는 동종산업 내의 기업들을 통합하고 있어 클러스터 내에는 공동구매, 공동연구 등 상호협력뿐만 아니라 기업 상호 간의 치열한 경쟁을 유발하는 효과가 있다.

이와 같이 국가는 산업클러스터 정책을 통하여 해당 산업과 지역의 생산성을 향상시키는 매우 효과적인 수단을 갖게 되며, 해당산업의 혁신을 통하여 경쟁력을 향상시킴으로써 자국 산업의 경쟁우위를 확보할 수 있다. 특히, 식품산업은 원료구성물이 다양하고 대체재가 많을 뿐 아니라 신선제품이 많기 때문에 공급체인이 매우 긴밀하게 유지되어야 하는 특성이 있다. 직간접 연관산업을 범위로 통합적인 시각에서 시행되는 클러스터 정책은 매우 효율적인 정책수단이 될 수 있다.

우리나라의 경우, 산업연관 분석을 통하여 클러스터의 형성가능성을 연구한 결과 식품제조업이 산업 간 연계 정도가 높아 클러스터 형성이 용이하다고 보았다.[66] 식품산업클러스터 정책을 추진하면 전후방 산업, 수평적 산업 간에 발전적인 영향을 미치게 될 것이다. 또한 식품산업은 생산성이나 기술수준이 상대적으로 낮은 농업의 생산물을 주원료로 하고 있어서 식품클러스터 정책을 통한 식품산업의 경쟁력 향상은 농업의 성장과 혁신에 긍정적 효과를 가져올 수 있다.

2003년도 산업연관표를 분석하여 보면, 식품제조업의 농업 생산유발 효과는 0.35, 외식업은 0.13으로서 매우 높은 편이다.[67] 세계화에 따른 개방화 추세 속에서 농업소득의 정체라는 현실적 어려움을 겪고 있는 농업 · 농촌 문제를 해결하고 획기적인 발전을 이룰 수 있는 대안으로서 식품클러스터 정책은 중요한 발전전략이 될 수 있다.

4) 클러스터 정책의 한계점

클러스터는 많은 장점을 가지고 있어 최근 선진국에서 도입하려는 경향이 있다. 그러나 클러스터 정책은 많은 문제와 한계를 가지고 있는 것도 사실이다.[68] 클러스터를 성공적으로 실행하기 위해서는 이와 같은 한계를 극복할 수 있는 방안을 함께 고려해야 할 것이다. 클러스터가 가지고 있는 문제점과 정책추진상의 한계를 정리하면 다음과 같다.

첫째, 클러스터의 개념이 다양하고 지리적 · 산업적 경계가 모호하여 현실적으로 적용하기가 어렵다. 지리적인 구역, 산업의 범위에 있어 판단하기가 매우 어렵다. 구체적으로 어느 정도의 지리적 규모에 어느 정도의 산업이 연계되어 있어야 클러스터의 성격에 부합하며 정책추진이 가능할 것인가에 대한 명확한 기준이 없다. 우리나라 식품클러스터의 경우, 처음에는 10여 개의 클러스터를 구상하였으며 그중의 하나인 전북 식품클러스터는 국가식품 클러스터로 변경하여 익산의 왕궁면 일원을 입지로 선정하였다.

포터는 미국에 60여 개의 클러스터가 있다고 하였으나, 경제협력개발기구는 380개 이상의 클러스터가 있다고 주장하는 것과 같이 범위나 크기, 성격을 설정하는 것이 어렵다는 문제점을 안고 있다. 이러한 한계로 인하여 클러스터 매핑(mapping)도 매우 어렵게 된다. 클러스터의 매핑 기준으로 산업연관성, 산업집적, 기업의 네트워크, 지식정보의 교류 정도 등 다양한 기준이 제시되고 있으나, 현실적으로 적용할 기준과 정도를 규정하기에는 어려운 측면이 많다. 이러한 한계를 보완하기 위해서는 특정 클러스터를 구상할 때 어렵더라도 구체적인 산업과 참여기업군의 성격과 범위, 지역적 범위, 정책의 추구목표와 성격 등을 명확히 설정하여야 한다.

둘째, 국가산업 전반의 종합적인 클러스터 구축이 어렵다. 클러스터는 지리적 인접을 전제하고 있기 때문에 한 지역에서 어떤 특정산업의 가치사슬의 기능을 모두 집적하고 연계하기는 매우 어렵다. 현실적으로 지역의 역량 결여와 인센티브 부족으로 가치사슬상의 다양한 기능을 한 곳으로 집적하는 데에는 한계가 있다. 이러한 문제점을 완화하기 위해서는 클러스터 정책이 산업정책을 포괄한다는 생각보다는 국가 산업정책의 일환으로 지역적 산업정책을 수행한다는 점을 인식하는 것이 중요하다.

셋째, 산 · 학 · 연 · 관 네트워크 형성 및 활동의 현실적인 어려움이다. 같은 업종의 기업들과 연관기업들은 지리적 근접거리에서 장기간 상호 경쟁과 협력을 자연스럽게 수행하게 되지만, 이를 의도적으로 촉진해야 하는 클러스터 정책은 현실적으로 매우 어려운 과정이다.

정부는 물리적인 산업집적 산 · 학 · 연 · 관 네트워크를 달성한 것으로 생각하기 쉬우며, 비교적 쉽게 추진할 수 있는 클러스터 내부의 네트워크 관리 기관의 설립 등에 주력하여 클러스터를 폐쇄화하는 경향이 있다.

특히, 우리나라의 경우 기업 간 횡적 협력문화가 낮고, 대학과 기업의 상호 협력적 활동이 활성화되지 못하여 클러스터가 자칫 수직적 계열화만 촉진시킬 수 있다. 이를 극복하기 위해서는 정부가 혁신주체와 협의하여 매우 치밀한 전략을 수립하고, 상호 협력 분위기를 조성하는 한편, 네트워크 활동에 대한 적극적인 인센티브를 부여할 필요가 있다.

넷째, 정치적 · 사회적 논리 등 경제외적 요인의 개입가능성이다. 클러스터 정책수립 시 정부가 장기적인 정책효과를 고려하기보다는 관련 주체들의 정치적 · 지역적 이해관계에 좌우되어 정책의 실패를 가져올 수 있다. 예를 들어, 우리나라의 지역농업 클러스터 정책의 경우 클러스터의 성공 가능성보다는 지역별 안배를 고려하여 선정한다거나 국가식품 클러스터를 식품산업의 발전을 위한 정책보다는 전북의 정치적 성과물로 인식하는 경향이 있다.

또한 참여정부에서 국가 제일의 핵심사업으로 추진하던 지역혁신 정책으로서의 클러스터 정책이 정부가 교체되자 정책의지와 추진력이 급속히 약화되고 있다. 이러한 문제점을 보완하기 위해서는 정부나 지자체장의 교체에도 불구하고 지속적으로 추진될 수 있는 장기적이고 실천 가능한 마스터플랜을 이해관계자의 공감대하에서 수립하여 투명하게 실천하고 필요한 대책은 법제화하여야 할 것이다.

다섯째, 국가식품 주도의 획일적 정책 성향과 지방정부의 역량부족이다. 지역은 각기 다양한 정치, 경제, 사회, 문화적 특징을 지니고 있으며 지방의 재정, 산업발전 수준 등의 역량 또한 차이가 크다. 이러한 다양성을 간과하여 국가식품이 상의하달 식으로 추진하게 되면 클러스터 정책은 실패할 가능성이 높아진다. 또한, 지방정부 정책담당자의 역량 미흡도 클러스터 정책을 추진하는 데 큰 제약이 된다. 해당 산업에 대한 전문적인 경영이나 기술분야의 전문인력이 내부에 없는 경우가 많다. 클러스터 정책을 추진하는 데 핵심 지식이 되는 첨단기술이나 연구에 대한 지식이 부족할 뿐만 아니라, 과학기술 및 산업정책에 대한 경험과 노하우가 매우 취약한 실정이다.

우리나라의 경우 지방자치제도의 시행 후 중앙과 지방의 정책조정도 매우 어려운 특성이 있다. 국가식품은 재정지원을 명분으로 지역특성을 강조하는 지방정부를 통제하려는 과정에서 유기적인 협조체계가 구축되기 어려운 상황이다. 이러한 문제점을 해결할 수 있는 가장 효과적인 방법은 공공부문의 추진주체 간 기능과 역할을 명확히 하고 양해각서(MOU) 형태의 협력서를 체결한 후 각 주체가 참여하는 클러스터 개발추진위원회를 구성하여 추진하는 것이다.

클러스터의 성공 가능성을 높이기 위해서 국가는 클러스터의 한계를 인식하고 단점을 보완하면서 각 나라의 특성에 맞는 정책을 추진해야 할 것이다. 그러기 위해서는 추진하려는 클러스터의 개념을 명확히 한 후, 국가목적, 정책상황, 산업여건, 지역 실정 등을 종합적으로 고려하여 추진하는 것이 중요하다.

2. 클러스터 정책의 특징

산업클러스터와 관련한 정책은 공공부문 정책과 민간부문 정책으로 나누어볼 수 있다. 자유 민주주의 국가의 시장경제 체제하에서는 민간부문이 산업활동을 영위하고 정부는 시장 실패 등을 보완하는 수준의 소극적 역할을 하여야 한다. 많은 국내외 연구도 정부가 주도하는 클러스터는 실패할 가능성이 크다고 결론짓고 있다. 그러나 이러한 논의는 클러스터 정책의 경우에도 국가의 정책추진 환경, 정책대상, 정책의 성격 등에 따라 공공부문의 역할과 수준이 크게 달라져야 한다는 점을 간과하고 있다.

국가의 클러스터 정책은 산업정책으로서의 성격, 지역개발정책으로서의 성격, 연구·개발정책으로서의 성격이 있다. 식품클러스터의 경우에는 식품산업정책과 농업정책으로서의 특성도 함께 고려되어야 한다.

일반적으로 산업정책을 '경제성장, 국제경쟁력을 달성하기 위하여 산업에 대한 지원, 조정, 규제를 통해 산업일반 또는 특정산업의 생산, 투자, 거래활동에 개입하는 경제정책'[69]이라고 볼 수 있다. 그러므로 클러스터를 통한 산업정책은 정부가 의도적으로 지역산업클러스터를 창출하는 것보다는, 특정지역에서 위치한 산업클러스터의 발전을 촉진시키는 것이 더 중요하고 용이하다.

이러한 맥락에서 보면 산업경제 정책으로서의 클러스터 정책은 시장경제가 지니고 있는 불완전한 측면, 즉 시장 실패(market failure)를 보완하기 위해 정당한 방법으로 정부의 개입이 추진될 수 있다. 물론 이 경우에도 과도하거나 부적절한 개입은 정부 실패(government failure)를 초래할 수 있다는 점을 염두에 두어야 한다.

클러스터 정책을 네트워크와 협력정신(partnership)에 기반을 둔 새로운 통치(governance)와 동기부여(incentive)의 추세라고 한다면 클러스터 정책은 시장실패와 정부실패를 보완할 수 있는 정책[70]으로 다음과 같이 활용할 수 있을 것이다.

클러스터 정책 대응의 특성

시스템/시장 실패	클러스터적 정책 대응
• 비효율적 시장기능	• 경쟁정책과 규제개혁
• 정보실패	• 기술예측 및 전략적 시장정보 제공 • 전략적 클러스터 연구
• 혁신주체 간 상호작용의 제약	• 네트워킹의 촉진을 위한 기관 • 건설적 교류를 위한 플랫폼 제공 • 네트워크에서 협력 촉진
• 지식 인프라와 시장니즈의 제도적 부조화	• 산학공동 연구 및 산학 협력사업의 촉진 • 인력개발 및 기술이전사업
• 정부실패	• 민영화 • 공공부문 개혁 • 정부개입의 축소

자료 : OECD, Boosting Innovation : The Cluster Approach, p. 420을 토대로 재구성.

산업정책은 국가 전체의 산업이나 특정산업의 생산성을 향상시키고 경쟁력을 제고하는 정부의 지원이나 규제조치이다. 효과적인 산업정책은 산업의 발전단계와 밀접한 연관성을 가지고 있다. 현재의 산업구조는 지식정보화 사회의 기반에서 혁신을 통하여 발전할 수 있다.

클러스터 정책은 과거의 산업단지 조성을 통한 집적화 정책을 기반으로 부가가치 창출이 가능한 혁신활동을 촉진하여야 하는 정책이기 때문에 일반 산업정책과는 다음과 같이 많은 차이가 있다.

기존 산업정책과 산업클러스터 정책의 비교

구분	산업정책	산업클러스터
산업정책	- 업종별로 특정산업을 유치 · 육성 • 정부주도하의 개발계획 • 수직형 구조와 효율 중시 • 획일화를 통한 '국가비교우위'창출 - 산업단지 조성	- 지역산업을 群으로 파악, 산업 간 연계를 창조 • 지역주체의 클러스터 전략 • 내발적 산업정책 • 연계기능과 창조성 중시 - RIS 및 클러스터 지원
발전모델	- 주요 산업 · 첨단산업 및 시설의 배치 • 공공사업을 통한 인프라 정비 • 인센티브에 의한 기업유치 • 강력한 선도기업 • 첨단산업 및 하이테크 지향 • 연구시설 등 하드웨어 중시	- 산업과 기술의 집적화, 연계기능의 배치 • 기술 및 노하우의 축적 • 클러스터 인재 및 기업유치 • 중소기업주체의 네트워크 및 지원 • 기존 산업과의 융합
영역	- 국가 간 경쟁, 국가 비교우위 - 조직이 단위, 전례 및 형식 중시	- 지역 간 경쟁, 지역 비교우위 - 개인이 단위, 시행착오 중시

자료 : 국가균형발전위원회, 국가균형발전의 비전과 과제, 2003. 5 재구성.

지역개발정책으로서의 성격과 역할은 지리적 입지와 특성화를 특징으로 하는 클러스터의 본질적 측면에서 효과적인 정책이 된다. 클러스터 정책은 거의 모든 국가에서 특정 지역을 대상으로 하고 있으며, 이러한 경향으로 클러스터 정책 추진은 그 지역의 경제, 사회, 문화에 큰 영향을 미친다. 2000년대 이후 우리 정부가 국가균형발전과 지방분권 정책의 핵심과제로 클러스터 정책을 추진한 것이 이러한 특성을 보여주고 있다.

정부가 클러스터 정책을 추진할 때도 일반적인 정책으로서의 목표와 평가기준이 적용되어야 한다. 국가 정책은 경제성장, 분배적 형평성, 시민들의 선호 측면에서 목표가 설정되고 평가될 수 있다.[71] 경제성장을 위해서는 자원생산성 증진, 경제적 효율성, 공공재, 외부효과 등이 고려되어야 하며, 분배적 형평에서는 클러스터 정책으로 초래되는 편익과 비용이 모든 국민들에게 차별적으로 적용되지 않아야 하며 국민들이 그 정책을 받아들일 수 있어야 한다.

우리나라 클러스터 정책이 국가 균형발전 정책의 일환으로 수도권보다는 지방의 특화 산업발전 차원에서 추진되었다는 점은 분배적 형평성 측면에서 좋은 정책일 수 있다. 그러나 국가식품 클러스터의 경우, 국내에서 유일하게 전북지역이 선정되었다는 점에서 지역 간 형평성 문제가 있으므로 추진과정에서 타 지역식품산업과의 연계지원을 통해 이를 완화시킬 필요가 있다. 농업과의 동반성장, 한식 세계화, 식품산업에 대한 투자 등의 관련 정책은 전반적으로 선호하는 정책이 될 수 있으나, 클러스터 입지에서 제외되는 타 지역의 시민, 재정분산을 우려하는 농업생산자들의 우려를 해소하여야 한다.

3. 클러스터와 정부의 역할

정부는 산업 발전을 위해서 일련의 정책을 통하여 직접 관여하는 조정자, 지원자로서의 역할과 시장의 보이지 않는 시스템을 존중하여 민간의 경쟁과 혁신을 저해하지 않도록 하는 역할을 동시에 수행하는 것이 필요하다.

Porter는 입지가 경쟁에 미치는 효과를 설명하면서 요소조건, 수요조건, 전략 및 경쟁여건, 연관 · 지원 산업 등 네 가지 항목을 제시하였으며 정부의 정책이 네 가지 요소에 긍정적 · 부정적 영향을 미칠 수 있다고 지적하면서 국가가 특화된 자산과 기술 축적을 허용하고 도와

줄 때 기업은 경쟁우위를 획득할 수 있다고 하였다.[72]

Porter는 클러스터와 관련하여 정부의 역할을 다음과 같이 제시하고 있다.

첫째, 거시경제 및 정치적 안정을 확보해야 한다.

둘째, 사업에 필요한 일반적인 투입요소와 투입요소들을 공급하는 기관들의 효율성 및 질을 향상시켜 일반 미시경제적 능력을 향상시킨다.

셋째, 생산성 향상을 위해 경쟁할 수 있도록 하는 미시경제 전체의 규칙과 유인책을 확립한다.

넷째, 국가 전체의 클러스터를 개발하고 그 수준을 높이는 클러스터 개발 및 선진화 정책을 추진한다.

다섯째, 기업 일반 환경 및 지역 클러스터의 고도화를 위해 정부, 기업, 기관, 그리고 일반시민 등을 조정하는 프로그램을 개발하여 실행에 옮기는 일 등이다.

국내클러스터의 발전전략으로서 산업클러스터의 지도 작성, 스타클러스터의 시범육성, 클러스터의 브랜딩, 클러스터의 국제화와 연계강화, 대학과 연구소의 역할강화 등을 들고 있는데 제시된 방안들이 대부분 정부의 역할에 해당되는 것이다.

산업클러스터나 혁신클러스터에서 주요 구성 주체인 산 · 학 · 관 · 연 중에서 정부의 역할 수준과 역할의 내용은 국가의 형태 및 성격, 정부지도자의 성향, 산업 발전 수준, 목표로 하는 클러스터의 특성에 따라 차이가 있다.

정부는 현실적으로 중요하고 영향력 있는 클러스터의 주도자이며 혁신주체라고 볼 수 있다. 정부는 클러스터 정책에 있어서도 정책의제의 설정, 정책결정, 정책집행, 평가 및 환류라는 정책과정을 효과적으로 수행하여야 한다. 이 정책과정에서 정책의 목표와 정책수단을 구상하고 결정할 때 무엇보다도 한국형 클러스터 모델을 구축하고 집행하는 것이 중요하다. 또한, 정부가 성공적으로 클러스터 정책을 추진하기 위해서는 클러스터 정책에 대한 국민적 공감대를 형성하는 일이 매우 중요하다.

정책성공의 필요조건으로 정책 콘텐츠가 중요하고, 충분조건으로 국민적 공감대 형성을 위한 이해관계자와의 '소통'이 필요하다.[73]

클러스터에 있어서 정부는 역할을 명확히 설정하고 중개자, 조정자의 역할을 충실히 하여야 한다. 주요 역할은 클러스터 발전에 대한 명확한 비전 및 정책수립과 클러스터 추진기관의 설립, 산업집적의 조성 및 지원과 연구 · 개발에 대한 지원 및 증진, 참여기업에 대한 정책적 지원과 네트워킹의 형성과 활동에 대한 지원 등이 있다.

구체적 사업 수준에서 보면 산업집적단지의 조성, 연구 · 개발 기반의 구축, 기업을 포함한 공동연구의 활성화 지원, 시스템 간 연계기능 및 플랫폼 기능을 하는 중핵기관 구축, 연구 · 개발(R&D) 지원, 인력 양성, 창업촉진사업, 혁신주체를 연결하는 네트워크 구축 등을 들 수 있다.

05

해외 식품클러스터 **사례**

05 해외 식품클러스터 사례

1. 네덜란드 푸드밸리(Food valley) 식품클러스터

1) 추진배경

네덜란드는 식품 생산액이 전체 GNP의 10%인 480억 유로(약 67조 원), 식품분야 종사자 수는 약 60만 명, 수출액은 약 230억 유로(약 32조 원)로서 식품분야 세계 제2위의 수출국이며 세계적인 경쟁력을 갖고 있다.

푸드밸리가 형성되어 있는 와게닝겐 지역은 전통적으로 축산업 중심의 농업이 발달했으며, 이를 기반으로 오래전부터 각종 식품업체들이 입지하면서 식품산업과 연구 · 개발의 중심지로 성장한 지역이다.

농업과 식품에 대한 경쟁력의 배경에는 와게닝겐대학을 중심으로 이 분야에서 수십 년 동안 축적된 연구기술이 있다. 와게닝겐 지역에는 대학과 각종 연구소가 존재했으나 서로 통합을 거쳐서 현재의 와게닝겐대학연구소(Wageningen University Research Center)로 통합되었다.

와게닝겐 지역의 우수한 농업 생산 및 연구기술을 사용하기 위해 1960년대부터 많은 식품 업체들이 창업 또는 입지하기 시작하였다. 와게닝겐 지역에 푸드밸리를 설립한 것은 이 지역을 세계적인 식품산업 및 과학기술 선도 지역으로 발전시키기 위해서이다. 네덜란드는 전통적으로 축산업을 기반으로 발전해 왔으나 농업분야 연구의 수준이 저하되며, 농업의 중요성이 감소되고, 우수한 인력의 영입이 어려워지는 등의 문제점을 인식하고 와게닝겐대학연구소 설립과 기업 · 연구기관 · 대학 간의 시너지 효과를 통해 식품분야의 혁신과 경쟁력을 강화시키는 것이 필요하다고 인식하였다.[74]

이러한 배경으로 형성된 네덜란드 푸드밸리(Food Valley) 식품클러스터는 유럽 물류 중심지의 입지조건을 활용하여 수입원료를 첨단기술과 접목, 고부가가치 식품으로 개발하여 수출하고 있다. 와게닝겐 지역은 주요 항구인 로테르담과 연결되어 있어 수상교통이나 도로 및 철도, 항공을 모두 이용할 수 있는 운송의 중심지이며, 유럽의 주요 고속도로 연결과 국제공항 등 운송의 중심지로서 클러스터의 적임지로 꼽히고 있다.

와게닝겐 지역을 기반으로 농업, 식품산업, 연구기관을 집적하고 네트워킹함으로써 세계적인 식품산업 지역으로 발전시키고 이를 기반으로 고용 창출에 기여할 목적으로 식품클러스터 정책을 추진하였다.

2) 클러스터 주요 정책

1997년 와게닝겐대학이 주도한 "City of Life Science" 프로젝트를 시작으로 정부와 기업이 5,000만 유로를 3년간에 걸쳐 지원하였다. 2003년에는 인접 지역 5개 지자체와 대학, 은행 등 9개 기관이 파트너십을 설립하였다.

푸드밸리에 클러스터 네트워크 활성화를 위한 와게닝겐대학연구센터 등의 주요 연구 · 개발 기관, 주요 네트워크 기관이나 프로그램(푸드밸리 소사이어티, TIFN, FINE 등), 창업지원 시설 및 프로그램과 중소기업 지원 시설 및 프로그램 등이 참여하고 있다.

참여주체와 네트워크 관련기관에 대한 전담운영을 통하여 푸드시스템에 존재하는 관련분야의 혁신, 지식 간의 연결고리 제공, 마케팅 홍보, EU 자금 수주를 위한 로비, 새 기술 산업화 지원과 새로운 사업의 개발, 지식소통과 순환 강화 등으로 푸드밸리 식품클러스터의 상호 학습과 혁신기능을 강화해 준다.[75]

푸드밸리는 대학과 다양한 기관들 간에 필요한 사항을 해결해 주는 코디네이터의 역할을 수행하기 위한 것으로 중소식품업체의 애로사항을 해결해 주는 아주 중요한 기능이라고 할 수 있다.

예를 들어 푸드밸리 사무국은 지역 연구소 및 글로벌 식품 기업과의 연계를 통해 식품산업 기술개발에 관한 다양한 프로젝트를 추진하고 있으며 개방된 연구개발 플랫폼을 유지하고 연간 2억 달러 이상의 신규투자를 유치하였다.

푸드밸리 클러스터의 프로젝트 추진 사례

프로젝트	내용	파트너
바이오 에너지 및 바이오 매스	• Wageningen 지역 에너지 생산의 바이오 매스	• 관련도시 • Noem-NECST • European Union
환경친화적인 농업	• 악취, 암모니아 배출을 감축시킬 수 있는 기술 연구	• 정부, 농업, 식품산업
토마토 유통기한 연장	• 토마토 해상수송 신 물류 콘셉트 • 유통기한 연장 및 수송비 절감	• 식품기업, 농업
고압 식품보존 기술	• 품질 및 영양소 개선 • 신기술 및 프로세스 개발	• Unilever, Stork, A&F
Structure Engineering	• 맛과 질감 콘셉트에 대한 연구 • Recipe 및 식품처리 기술	• 식품 생산기업
식품용 단백질	• Novel Protein Food 개발	• 주요 대학, 식품기업

자료: 전라북도, 국가식품 클러스터조성 기본계획, 2008. 12, p. 59 재구성.

3) 성공요인

네덜란드의 푸드밸리는 70여 개의 글로벌 식품기업, 20여 개의 식품연구소, 1,000여 개의 연관업체 등이 입주하여 연 470억 유로의 매출을 올리는 세계적인 식품산업클러스터로 성장하였다.

네덜란드 푸드밸리의 성공요인을 요약하면 다음과 같다.

정부가 물류, 교통, 공공시설 등 인프라를 구축하고 대학 연구보조금 지원 등을 통하여 적극적으로 지원하였으며, 와게닝겐대학을 중심으로 글로벌 기업 간 공동 연구와 협력체계를 구축하였다. 클러스터 주도하에 대학, 지역 중소기업, 대기업 및 연구소를 연계하는 전담기관(Wageningen UR)과 네트워크 조직(사무국)을 운영하는 등 클러스터 내 네트워크 활성화를 위한 전담기관을 설치하였으며 미국, 유럽 등의 선진 기업과 네트워크를 형성하고 말레이시아, 러시아 등과 식품클러스터 공동 개발을 위한 상호 자본 및 기술 투자를 하는 등 글로벌 기업과 활발히 제휴하였다.[76]

정부의 지원은 겉으로 크게 드러나지 않았으나 기업체가 단독으로 하기 어려운 적극적인 물류, 교통, 공공시설 등 인프라에 대한 투자를 강화하였다. 대학의 연구보조금 지원, 식품 기업에 대한 정부의 직접자금 지원 등을 점차 축소함으로써 관련기업의 수를 줄여감과 동시에 경쟁력 있는 기업에 대해 연구나 기술혁신을 도모할 수 있는 시스템을 추진하고 있다. 그리고 푸드밸리가 대학 연구소 중심으로 세계적 경쟁력을 갖춘 식품산업클러스터로 성장하게 되자 와게닝겐대학을 중심으로 식품연구 관련 고급인력과 글로벌 기업들이 유입되었다.

클러스터 내 네트워크 활성화를 위한 전담기관 설치를 통한 대학, 지역 중소기업, 대기업 및 연구소와의 유연한 네트워크 관계 형성은 세계적인 연구 · 개발 능력의 원천임을 알 수 있다.

마지막으로 해상, 육상, 항공운송이 편리한 유럽대륙 운송망의 중심에 위치하여 식품산업이 발전하기 좋은 입지여건이 갖추어져 있다.

성공요인의 핵심적 요소는 과학과 비즈니스의 만남이라고 할 수 있다. 네덜란드 와게닝겐대학 중심으로 곧 식품기술, 식품 디자인 등 각종 프로젝트에 대한 수많은 식품기업, 연구 · 개발(R&D)기관 등이 유기적으로 연결되어 식품클러스터를 형성하게 되었다. 정부는 이러한 활동이 민간중심으로 촉진될 수 있도록 정책적 지원을 실시하였다.

푸드밸리 식품클러스터는 오래전부터 축적된 농축산 연구기술과 국제무역에 대한 탁월한 능력과 경험을 갖고 있는 네덜란드의 대학, 기업, 정부의 시장 대응 결과라고 평가할 수 있다. 이제 푸드밸리 식품클러스터는 세계적 식품연구와 식품산업을 선도하는 역할을 하고 있다.

식품클러스터 정책은 식품연구를 기반으로 하여 민간분야에서 과학과 사업의 결합이 일어나도록 정부가 효율적으로 조정하여야 한다는 점은 시사하는 바가 매우 크다.

2. 외레순 식품클러스터(Öresund Food Cluster)

1) 추진배경

1980년대 후반 스웨덴과 덴마크의 식품기업은 다국적 기업들과 무한한 생존경쟁을 해야 하는 어려운 경제상황을 맞고 있었다. 이러한 상황 외에도 유럽연합 출범에 따른 시장 전면 개방이라는 또 다른 위기가 있었다. 그리고 90년대 후반에는 세계적인 IT산업의 불황으로 많은 인력들의 활용도를 모색해야 했다. 덴마크 핵심산업인 낙농업도 무한경쟁에 살아남기 위한 대책이 필요했다.

기업규모가 너무 영세하여 다국적 기업과 경쟁이 어렵기 때문에 국가 차원에서 경제공항 극복의 해결책을 구상한 것이 바로 영세기업과 연구기관을 묶는 네트워킹이었다.

1995년 스웨덴은 유럽연합(EU)에 가입했다. 스웨덴 시장은 유럽연합에 가입하기 이전에는 매우 작은 시장규모와 전통적인 식품생산자, 높은 가격, 품질이 좋지 않은 상품 등이 대부분이었기 때문에 모든 시장 조건이 불리하게 진행되었다. 스웨덴이 유럽연합 경제와 통합되면서 가격경쟁으로는 살아남을 수 없다는 위기감으로 인해 국제경쟁을 감안한 새로운 전략이 필요했으며 식품의 대량생산으로는 국제경쟁력을 갖출 수 없기 때문에 고품질을 원하는 소비자의 요구를 반영하고, 부가가치의 제고와 식품업체의 이익을 동시에 실현할 수 있는 방법을 모색해야 했다.

이러한 위기상황을 타개할 수 있는 방안으로 당시 스케오네 지역의 대학들이 생각한 것이 식품산업의 혁신이었다. 스웨덴의 우수 인력을 이용하는 새로운 방향으로 식품산업을 전환하는 것이었다.

스웨덴과 덴마크의 국민성은 개인주의적 성향이 상당히 강하였으나 정부의 노력으로 영세기업들 사이에 위기의식과 함께 생존을 위한 공감대를 형성하였다. 이를 바탕으로 낙농업으로 유명한 외레순 지역의 농민들과 식품업체들이 집결하여 유럽에서 가장 강력한 경제적 중심지의 하나로 부상한 식품산업클러스터를 형성했다.

덴마크 수도인 코펜하겐 지역과 스웨덴에서 3번째로 큰 도시인 말뫼 지역을 중심으로 형성된 클러스터는 세계 최대의 식품산업클러스터로 발전하게 되었다. 클러스터로 인한 매출규모는 덴마크와 스웨덴

양국 국민 총생산의 중요한 부분을 차지하고 있으며 일자리 창출 및 간접고용효과도 매우 높게 나타나고 있다.

외레순 클러스터의 스웨덴 지역인 스케오네 지역은 스웨덴 남부에 위치한 전통적인 식량기지 지역으로 농업에 좋은 토지조건을 갖고 있다. 덴마크는 전통적으로 많은 농산물을 수출하는 식품생산에 강점이 있는 국가이며 룬트대학교(Lund University), 코펜하겐대학교, 덴마크 기술대학교(Technical University of Denmark) 등 많은 연구기관이 밀집되어 있다. 외레순 지역은 세계적으로 과학적 연구성과가 좋은 지역이며 이들 지역에서의 연구는 농업부터 최종 음식에 이르기까지 모든 분야를 포괄하고 있다.

외레순 지역에는 이들 대학 외에도 대학과 식품산업체 간의 연구교류를 촉진시키기 위한 기관들로 12개 식품분야 전문 연구기관과 업체와 대학 간의 협력을 지원하는 프로그램을 운영하는 16개의 기관이 있다.

2) 클러스터 주요 정책

외레순 클러스터는 1980년대 후반부터 1990년대 초반, 정부가 소규모로 지역식품의 개발연구에 대한 연구지원 프로젝트를 지원하는 것으로 시작하였다. 현재는 지방정부에서 운영하고 있으며 국가식품부처와 각종 프로그램을 통해서 협력하고 있다.

지방정부의 역할은 재정지원과 프로그램 주도, 각종 프로그램의 참여 등에 있어 모든 것을 주도하는 것은 아니고 기업이나 대학 등에서 요구가 있을 경우 프로젝트를 진행하거나 스웨덴, 덴마크 양 국가의 협력을 중재하는 역할을 하는 것이 특징이다.[77]

외레순 클러스터의 참여자는 원재료를 공급하는 농업종사자, 연구·

개발기업, 제품화를 지원하는 공정 및 포장개발기업, 대학 등으로 구성되어 있다. 연구 · 개발(R&D)기관은 덴마크 기술대학, 코펜하겐대학, 스웨덴 농업대학, 기능성식품과학센터 및 각 기업 연구 · 개발센터 등 14개 대학과 6개 전문 연구기관이 참여하고 있다.

클러스터 사무국은 각 기관 간 정보공유를 도모하고 세미나 등 네트워킹을 주목적으로 하여 자금이 필요한 업체를 발굴하고 정부 · 외부 기업에서 출연한 자금으로 연구 · 개발을 지원하고 있다.

덴마크와 스웨덴의 혁신시스템의 구조

	스웨덴	덴마크
일반적 정책수립	• 각 부처별 특정 연구 지원 • 지방은 종합적 역할 수행	• 각 부처, 과학 · 기술성 관장 • 경제상업성이 기업정책 관장
금융 및 정책지원	• 각 부처 및 청 • 연구정책위원회 등 위원회 • 준공공 연구재단	• 공공연구위원회, 기술 및 혁신위원회 등 위원회
연구개발 수행자	• 대학, 연구기관	• 정부 및 공공연구기관 • 대학, 기술서비스 기관
상업화	• 기업청(NUTEK) • ALMI, Inovationsborn, Science Parks & Incubators	• 지역성장포럼/지역기술센터 • 국가보증투자회사, Science Parks & Incubators

자료 : 전라북도, 국가식품 · 클러스터 조성 기본 계획 수립 연구용역보고서, 산업연구원, 2008, pp. 73-77 내용을 토대로 작성.

식품산업의 혁신을 주도하고 있는 조직의 하나는 외레순 지역 과학기구(Öresund Science Region : ÖSR)이다.

ÖSR은 외레순 지역의 가장 중요한 자산인 과학을 강화시키기 위한 초국가적 성격으로 2001년 외레순대학에서 출발하였다.

지역의 지식기반 성장을 위한 최적의 조건을 창출하기 위하여 업계 최고위 인사들과 지역의 정치인 및 대학을 연계시켜 수많은 조정단체들의 협력을 이끌어내고 있다. 식품산업의 발전을 위한 클러스터 참여자들의 활발한 협력과 효과적인 조정을 통하여 혁신을 창출하는 것이 중요하다.

또 다른 주요 기관으로는 스웨덴과 덴마크 연구자들의 네트워크로 시작한 외레순 식품 네트워크(Öresund Food Network : ÖFN)가 있다.

푸드시스템에 관계되는 연구기관, 사업체, 공공기관 등을 연계하는 지식기반 네트워크로서 회원들과 함께 덴마크와 스웨덴 정부, 지방정부에 의해 자금이 조달된다. 연구협력 및 지식의 교환을 위한 포럼을 제공하고 연구프로젝트를 발굴 · 주도하며, 정보를 전파하는 등의 역할을 하고 있다.[78]

동일한 지역에 있는 외레순 식품클러스터이지만 덴마크와 스웨덴과 같이 국가가 상이함에 따라 혁신구조에 차이가 있을 수 있다. 혁신시스템은 지역의 실정에 맞는 가장 효율적인 방법을 모색하는 것이 중요하다고 할 수 있다.

3) 성공요인

외레순 클러스터는 2007년도 기준 식품분야 매출이 약 750억 유로이며 이 중 70% 이상을 수출하고 있다. 식품산업부문(61,000개)과 물류 · IT · 교육 등 간접고용효과를 합하여 22만 5천 개의 일자리를 창출하고 있다.[79] 특히 2개 국가에 걸쳐 있는 지역을 입지로 하여 성공한 클러스터이다.

외레순 식품클러스터의 성공요인은 다음과 같다.

식품 관련 연구 · 개발정책의 수립에서 산업적 활용에 이르기까지

하나의 기관이 집중적인 역할을 하지 않고 각 과정별로 전문적인 기관을 통해 수행함으로써 시스템의 효율성을 증대하였다.

이러한 방식은 정부, 지원기관, 연구개발기관, 대학 간의 유기적인 역할 분담으로 인해 클러스터 혁신의 효율성을 제고하였다. 무엇보다도 직접적인 성공요인은 연구개발부터 제품화에 이르기까지 모든 과정이 한 지역에서 이루어지고 있는 클러스터 효과 때문이라고 할 수 있다.

예컨대 뛰어난 입지조건과 우수한 물류 인프라, 14개 대학 및 6개 전문기관의 뛰어난 연구능력, 이를 연결하는 네트워킹 등이 외레순 지역에 입지하고 있다. 또한 과학 기반에 의한 혁신활동, 민간과 공공부문 투자자 간 긴밀한 협조, 공공정책과 조화를 이루는 상업적 성과, 장기적 목표와 정부 지원이 뒷받침되었다.

기업 연구소 등 혁신주체들이 투자나 신상품 개발에 대해 협력과 경쟁관계를 유지하고 있으며 전후방 산업과의 연계와 협력을 중요시하여 운송지원 인프라, 소매, 유통을 위한 도로 접근성 관련 비용의 절감이 가능하다.

외레순 클러스터의 특징 중 하나는 지역농업과 식품산업을 연결시키는 특별한 정책이 실시되고 있지 않다는 점이다.[80] 이는 북유럽 물류운송체계의 중심지라는 지리적 특성상 수출입이 활발하게 이루어져 국내 농산물의 판로확보를 특별히 고려할 필요가 없기 때문이다.

그러나 친환경 농산물을 사용하는 식품의 경우 원료에 대한 안전성과 신뢰가 중요하기 때문에 이에 대해 스웨덴 자체의 규정을 적용하는 것은 매우 중요한 문제로 간주하고 있다. 지역적 차원에서 농업과 식품문제를 연계하지 않고 있지만 식품산업 발전에 농산물 생산의 안전성이 중요하다는 것을 인식하고 있다.

3. 일본의 식료산업클러스터

1) 추진배경

일본의 식료산업(食料産業)클러스터 정책은 초기부터 농산물의 주요 수요업체인 식품산업 발전을 통한 농업부분의 발전을 도모할 목적으로 추진되었다.

2005년부터 농림수산성은 식료산업클러스터를 통한 지역식품산업과 지역경제 활성화를 모색하게 되었다. 즉 농업의 경쟁력 강화 및 식품산업의 활성화를 클러스터 추진의 주요 목적으로 하였다.[81]

계속되는 경제 불황과 수입 가공식품의 증가로 지역식품산업의 어려움이 계속되고 지역의 식품제조업자가 단독으로 새로운 사업을 전개하는 것이 불가능하자 식료산업클러스터를 통해 고용창출의 기회제공, 식료자급률 향상, 지역경제 활성화 등을 이룩하고자 하였다.

이를 구체적으로 살펴보면, 첫째, 지역의 식료산업클러스터의 형성을 촉진해 국내산 농산물을 활용한 신상품 개발이나 산 · 학 · 관 · 연의 교류, 소비자 조사, 인재육성 등을 지원한다.

둘째, 지역의 특색 있는 우수 전략식품을 장기적 · 광역적으로 판매하기 위해 판로개척과 원재료의 안정적 조달을 지원한다.

셋째, 지역의 식품기업 등에 관계 행정기관 등의 정보를 지원한다.

넷째, 지역에서 산업 요구와 기술 기반을 가지는 각 단체, 개인들의 네트워킹을 통해 식료산업클러스터 형성을 위한 계획 관련사업을 지원하고, 지역식품 브랜드 육성 · 관리 지원사업 중 지역식품 브랜드 확립을 지원한다.

일본 식료산업클러스터의 추진 흐름도

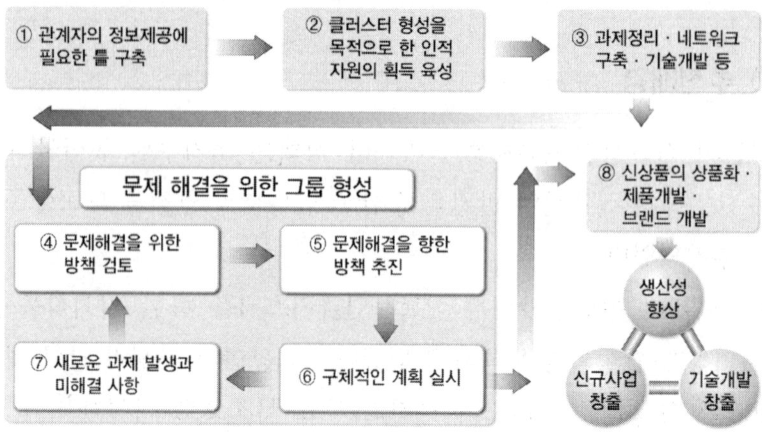

자료 : 김호 · 김태연 외, 사례연구를 통한 식품산업클러스터 조성방향, 2007, p. 81.

식료산업클러스터를 통해 지역의 식재료, 인재, 기술 등의 자원을 효율적으로 융합하여 새로운 지역브랜드, 제품 등을 창출할 목적으로 지역의 식품산업, 농림수산업의 네트워크를 촉진하고 나아가 국가 식료자급률의 향상과 식품의 안정성을 도모하기 위함이다.

지역경제 활성화를 목표로 식품산업클러스터협의회를 설치하여 농림수산업, 관련 산업, 대학, 시험 연구기관 및 행정 등을 포함한 산(産) · 학(學) · 관(官) · 연(硏)이 제휴하여 클러스터협의회 체계를 구축하고 있다. 그리고 클러스터 형성을 위한 만남의 장 설정, 제품개발 사업화, 지역 브랜드 육성 등의 역할을 담당함으로써 지역산업 활성화를 도모하게 되었다.[82]

일본 식료산업클러스터협의회 체제

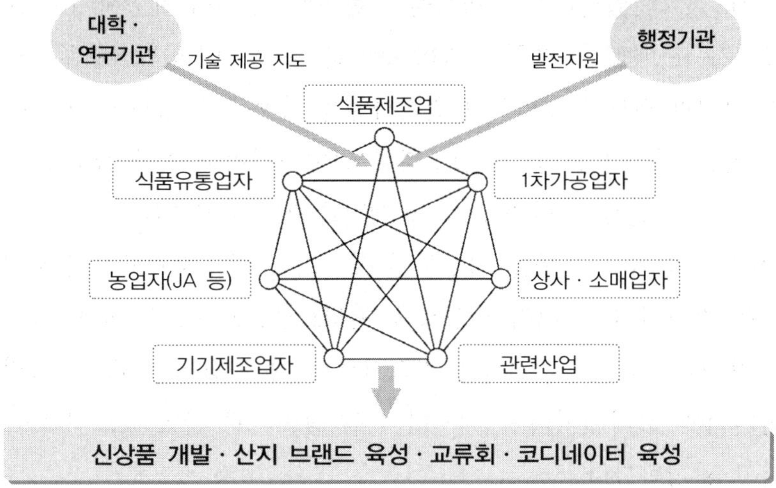

자료 : 김호 · 김태연 외, 사례연구를 통한 식품산업클러스터 조성방향, 2007, p. 75.

2) 클러스터 주요 정책

식료산업클러스터는 지역의 식재료, 인재, 기술 등의 자원을 효과적으로 서로 연관시켜 새로운 제품, 판로, 지역브랜드 등을 창출하는 것을 목적으로 하고 있다. 또한 지역의 식품산업과 농림수산업의 네트워크를 촉진하고, 나아가 국가식품자급률의 향상과 식품의 안정공급을 도모하고 있다.

식료자급률 향상을 위한 행동계획의 일환으로 식료산업클러스터협의회를 2005년부터 5년간 45개소를 설치하는 것으로 되어 있으며 2007년 6월 말 현재 전국 47개 도도부현(都道府縣) 중 46개소에 설치 · 운영되고 있다.

일본 식료산업클러스터의 중추적인 역할을 담당하고 있는 기구인

식료산업클러스터협의회는 다음과 같은 역할을 수행하고 있다.

첫째, 식료산업클러스터 형성을 위한 만남의 장을 제공하여 생산자, 제조업자, 판매업자, 대학, 시험연구기관 등 클러스터 참여 주체들이 상호 지식과 정보를 교환하고 협력사업을 개발할 수 있도록 다양한 교류의 장을 제공하는 한편, 서로 다른 참여기업이나 기관 간의 교류와 협력을 통한 물품 개발과 브랜드 개발을 지원하고 있다.

둘째, 지역의 특산물을 연구하여 상품화하도록 지원하는 상품개발사업을 발전시키고, 이러한 상품을 지역브랜드로 육성 · 지원한다.

셋째, 네트워크를 추진하는 기획자로서 각 지방의 식료산업클러스터협의회에 '코디네이터'를 배치하여 각 참여기관 간의 네트워크를 촉진하고 활성화한다.

일본 정부는 2005년부터 2009년까지 5년에 걸쳐 6억 9백만 엔을 식료산업클러스터 전개사업에 지원하고 있으며 지원내용은 다음과 같다.[83] 첫째, 식료산업클러스터 체제강화사업으로서 지역의 식료산업클러스터의 개발과 형성을 촉진한다. 클러스터의 형성을 통하여 국내산 농림수산물을 활용한 신상품 개발이나, 산 · 학 · 관 · 연의 교류의 촉진, 소비자 등의 요구의 조사, 인재육성 등에 대한 대책을 지원하고 교류회나 세미나 개최 등을 지원한다. 국내산 농림수산물과 가공기술을 활용한 신상품 개발을 지원하는 한편, 식품산업, 농림수산업, 대학 · 시험연구기관 등에 관한 지식을 기반으로 사업의 기획이나 상담 · 지도 등을 실시하는 코디네이터 활동을 지원한다.

둘째, 식료산업클러스터 제휴체제 전개사업으로서 지역 상품의 판로 확대, 원재료의 안정조달대책을 지원한다.

셋째, 식료산업클러스터 형성의 핵심이 되는 지역에 새로운 사업의 전개를 촉진하기 위해 행정기관, 관련 단체 등 관계기관에 의한 지원

시책이나 각종 정보를 수집 · 정리하여 전파하는 대책을 지원한다.

넷째, 지역식품 브랜드 육성 · 관리지원사업의 하나로 그 지역에서 생산 · 제조된 제품임을 확립시키는 사업을 지원한다.

3) 일본 식료산업클러스터의 특징

일본의 식료산업클러스터는 지역의 산 · 학 · 관 · 연이 협력하여 다양한 소규모 식료산업클러스터의 형성을 추진하고 그것을 지역단위, 나아가 전국단위로 네트워크하고 있다는 특징이 있다. 농업과 타 업종의 연계를 강화할 목적으로 시작하여 식품산업과 농업의 연계를 통해 고부가가치식품의 공급을 추진함으로써 일본 국내 식료 자급률 향상과 지역경제 활성화를 일구어내었다. 중앙단위로 추진되는 사업과 지방단위로 실시되는 사업으로 구분하여 여러 단체가 참여함으로써 각 단체의 사업이 활성화되었다. 그리고 소비자, 생산자를 포함한 푸드시스템의 관계성 논의가 필요하게 되어 공급사슬(supply chain)과 가치사슬(value chain)의 결합에 의한 시스템의 효율성이나 생산성, 지역의 소득과 고용창출의 효과, 자원 활용의 평가 등이 필요하게 되었다.

일본 식료산업클러스터는 지역식품의 산업기반을 새로 조성하기보다는 기존의 지역 농 · 특산물과 가공식품을 개발하고 유통하기 위해 지역 내의 산 · 학 · 연 · 관이 협력한다는 점이 특징이다.

이러한 점에서 식료산업클러스터를 형성하고 촉진하는 역할을 하는 클러스터 코디네이터는 매우 핵심적인 개념으로 보인다.

지금까지 일본은 기업 중심의 집적 이익 창출을 지향해 왔으나 클러스터 정책의 핵심은 효율을 전제로 하여 가치가 큰 제품, 서비스를 만들 수 있는 혁신을 강조하고 있다.

국가가 일률적 기준에 의해 특정 지역정책의 측면에서 접근하기보다 지자체 등 지역의 경제주체들이 해당지역의 잠재력 있는 분야를 찾아내어 자주적으로 참여하는 방식을 택하고 있다.

일본의 식료산업클러스터는 식료의 안정적 공급과 지역농업의 영역확대를 주요 목적으로 추구하고 있는데 이는 우리나라의 지역농업 클러스터와 비슷한 측면이 많다.

4. 이탈리아 에밀리아-로마냐 식품클러스터

1) 추진배경

에밀리아-로마냐는 이탈리아 반도의 북동부지역에 있는 포강 유역의 평야에 위치하고 있다. 면적은 22,124km²이고 인구는 420만 명 수준으로 아펜니노산맥과 포강 사이에 입지한 최대의 농업지역으로서 파르마햄, 파르마치즈, 발사믹식초 등 세계적으로 유명한 특산식품을 생산하고 있다. 주산업은 농업이었으나 지금은 섬유, 의류, 신발 등을 중심으로 한 수출지향 산업이 중심이 되고 있다.

이탈리아 총 고용의 8.3%를 차지하고, 산업별 인구는 농업 8.6%, 제조업 35.1%, 서비스업 53.3%로 구성되어 있으며, 지난 10년간 다른 어느 지역보다 높은 성장률을 나타내고 있다.[84]

1970년 이탈리아는 헌법 개정을 통하여 행정구역을 재편하고 지방자치권을 강화하였다. 당시 에밀리아-로마냐는 농업, 도제교육, 수공업 위주의 경제체제였으며 산업 경쟁력이 매우 낮은 상태였다. 이러한 여건에서 정부와 자생적 중소기업들의 노력으로 혁신적 정책들이 시행되었다. 그 정책 중의 하나가 클러스터 또는 산업지구(Industrial District) 정책으로서 지역기업협회나 연합체들이 지역정책 수립에 중요한 역할을 담당하였다.

산업지구는 지리적으로 가까운 일정 지역에 밀집하여 관련 상품군의 공급에 있어 상호 의존적인 회사 또는 기관들이 모여 있는 곳이다. 지리적 근접성으로 인해 다른 지역에 비해 전문화된 인적자원, 공급업체, 고객 혹은 공급자들과의 밀접한 상호작용에 의한 학습효과 등 클러스터가 갖는 장점들이 발생하게 된다.

지역 정부는 지역 내 산 · 학 · 관 · 연의 네트워킹을 통한 지역산업 발전을 위하여 총괄적인 촉진 및 관리기구라 할 수 있는 ERVET 설립 등의 클러스터 정책을 추진하고 있다.

또한 주 정부는 2007년부터 2013년까지 농촌발전계획을 수립하여 추진하고 있다. 농업부문 기업들의 경쟁력 향상, 농업에 투자하는 기업들의 신용, 농촌의 환경개선, 농민들의 삶의 질 향상 및 활동의 다양성 증대 등의 사업을 하고 있다. 특히, 지역 특산물 발굴 및 차별화를 위한 연구를 중점적으로 추진하여 품질 향상을 통한 지역소득 증진에 앞장서 왔다.

2) 클러스터 정책

에밀리아-로마냐 주 정부의 클러스터 관련 정책은 기업들과 혁신 주체들을 목표로 삼고 있다. 식품클러스터와 관련된 중요한 조직에는 ERVET SpA, ASTER, SIQUILACA, Centuria-RIT 등이 있다.

에밀리아-로마냐의 지역개발기구인 ERVET SpA는 1974년 이탈리아의 독특한 정치 · 경제적 상황을 반영하여 설립되었다.

이탈리아 경제를 주도하던 피아트와 같은 대기업들이 관료주의적 경영관행과 수직적 통합생산체제 등의 조직적 경직성을 야기하면서 새로운 대안으로 제3 이탈리아 지역을 중심으로 전문화된 형태의 장인적 소기업들이 등장했다. 상품의 혁신, 새로운 기술 및 물류 등에서 경쟁력을 확보했다. 이러한 배경에서 설립된 ERVET SpA[85]는 민 · 관 파트너십의 합작품이라고 할 수 있다.

ERVET SpA는 지방정부와 지역 경제주체들이 공동출자하여 설립되었으며 지역경제의 경쟁력을 높이기 위한 통합적인 추진기구가 되고 있다. 지역기술이전센터(ASTER) 등 지역의 각종 산학협력 서비스센터들을 통괄하는 조정자로서 특정산업 부문과 사업영역을 초월한 통합적인 프로젝트를 구상하여 실행하고 있다.

그리고 지방정부에서 입안된 지역경제발전계획을 추진 및 사업화하고 있으며, 응용연구프로젝트 수립, 기술과 시장에 대한 정보수집, 가공, 확산혁신활동을 촉진하는 서비스도 직접 제공하고 있다.

이탈리아 ERVET시스템의 구조

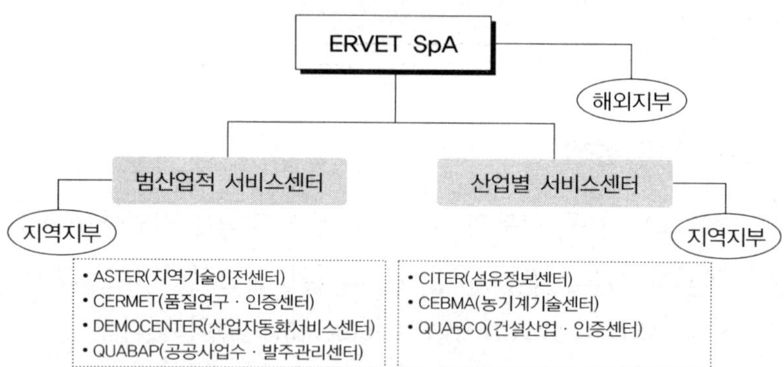

자료 : 이종호 · 이철우, 지역혁신체제에 있어 지역개발기구의 역할 : 이탈리아 에밀리아 로마냐 (ERVET 시스템), 한국경제지리학회지, 2003, p. 10.

1990년대 중반 이후 ERVET시스템이 실시하는 정책들은 더 이상 지역생산체제의 양적 생산을 목적으로 하지 않았다. 시장에서 제공하기 어려운 기업의 혁신에 필요한 실질적인 서비스를 제공하는 것으로 방향을 전환하였다. 이를 통하여 지역기업의 경쟁력을 향상시키고 지역 전체의 경제적 성과와 대외 경쟁력을 확보하는 데 초점을 두었다.

기업이 필요로 하는 사업서비스를 사전에 확인한 후 이를 토대로 새로운 정책을 구상하고 실행하는 시스템을 운영하고 있다.

정책과제 발굴을 위해서 지역의 산업시스템 전반에 대한 심도 있는 연구를 수행할 뿐만 아니라 수요자인 지역 기업들 및 협회와 긴밀한 공조체제를 확립하여 구체적인 정책을 기획·시행하고 있다.

ASTER(지역기술이전센터)[86]는 ERVET SpA에 의하여 설립된 비영리 기구로서 각 연구소와 혁신센터 간의 네트워크를 형성하고 새로운 연구결과를 지역산업체에 이전하는 역할을 담당하고 있다. 지역 내의 지방정부, 대학, 연구소, 산업체가 컨소시엄을 형성하여 상업적인 연구, 기술전수 및 지역생산체계의 혁신을 목적으로 하고 있으며 에밀리아-로마냐 식품클러스터의 사무국 역할도 하고 있다. 국책연구기관, 볼로냐대학 등 지역대학, 지역상공회의소와 기업협회 등이 지분을 가지고 운영에 참여하고 있다.

ASTER는 기술이전과 파트너 검색, 기술정보 제공, 자금조달, 유럽연합(EU)과 같은 대외 기관들과의 연구협력, 프로젝트 수행 등의 매개기능을 수행한다.

지역 기업들과 지역 대학 및 연구소를 포괄하는 산·학·연·관 네트워크의 활성화를 위해 주도적인 역할을 담당하기도 한다. ASTER와 관계를 맺고 있는 관련분야의 기관은 식품, 생명과학, 환경, 에너지, 기계제작, 정보통신, 건축자재 등 27개의 연구소 및 실험센터, 24개 기술

혁신센터, 6개 단체 등이 있다. 이 중 ASTER 내 식품분야 연구소 및 혁신센터로는 CEREALLAB(종자산업을 위한 생명공학연구), SIQUAL(식품안전 및 품질연구), SIQUILACA(낙농업 혁신, 안전, 품질 연구센터), CITIMAP(원격탐사를 이용한 농기계산업혁신센터), TECAL(식품산업 기술 및 연구설비 연구소) 등이 있다.

이탈리아 ASTER의 네트워킹 조직

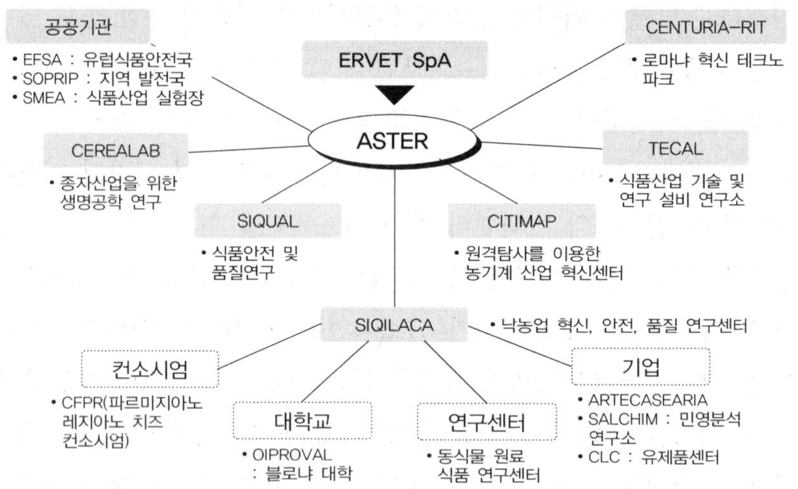

자료 : Emilia-Romagna Food Cluster, Cristina Miglio ASTER S. Cons., 2009, pp. a, 17-19 및 현지 조사를 토대로 작성.

Centuria-RIT(Centuria Romagna Innovayion Technologia)는 1994년 에밀리아-로마냐 지역의 기술혁신과 컨설팅을 목적으로 Cesena시 등 공공기관이 35%, 지역 내 민간기업, 기업협회, 은행 등 민간분야가 65%를 출자하여 설립한 제3섹터 방식의 과학 테크노파크라 할 수 있으며, 민간기업으로서 70명의 주주로 구성되어 있다.

협력관계를 맺고 있는 주요 파트너는 Cesena, Ravena 등의 지역 내 시청, 협동조합 등의 공공기관, 인증회사, 농축산식품회사, 농축산식품 유통회사, 농기계 회사 등 주요 기업, 지역 내 각 기업협회, 볼로냐대학 등 산·학·연·관이 포함되어 있다.

이 기관의 특징은 총 9명의 상근직원이 전문가로 구성되어 있으며 업무별, 프로젝트별로 임시조직을 적극 활용하는 것이다.

서비스를 제공받는 기업으로부터의 수입은 전체 비용의 30% 수준이고 70%는 공공기관의 프로젝트 수입이다. 그러나 공공기관의 영향력에서 벗어나 전문적인 기업마인드로 네트워킹과 혁신활동을 수행하고 있다. 파트너들에게 혁신과 경쟁력을 제고할 수 있는 협력사업과 지역개발에 대한 통합적 활동을 지원하고 있는데 구체적 활동은 다음과 같다.

이탈리아 Centuria-RIT의 주요 활동

분야	활동내용
자료조사 및 연구	지적재산 조사 및 해외 투자 유치, 지식관리, 시장조사, 자료 및 통계조사, 세미나·심포지엄 개최 등
프로젝트 및 금융알선	컨설팅, 프로젝트 관리, 사업기획, 예산계획 등
기술이전	기술거래 지원, 지적재산 조사, 특허·상표권 관리 등
전략 및 영업개발	사업제휴, 사업분화, 신사업개발, 합작 및 협력사업 개발, 기업합병 및 이전, 지역마케팅 등
네트워킹	지역·국제수준의 연구기관과의 접촉, 참여기관 간의 접촉개발, 산학협력, 주요 이슈에 대한 회의주최 등

SIQUILACA(낙농업 혁신, 안전, 품질 연구센터)[87]는 에밀리아-로마냐의 첨단기술 네트워크와 지역 생산체계 사이의 관계 증진을 위한 지원 및 조정 활동을 하기 위하여 설립되었다. 식품원료의 위생과 품질을 측

정하는 새로운 기술을 기업에게 보급하는 한편 생산과정 관리기법과 기업 간 거래관계 관리기법들에 대한 개발 및 보급에 주력하고 있다. 주요 파트너 및 프로젝트 협력기관은 CFPR(파르미지아노 레지아노 치즈 컨소시엄), 동물성 원료 식품연구센터, ARTECASEARIA(식품기업), CLC(유제품센터), SALCHIM(민영분석연구소), DIPROVAL(볼로냐대학 식품보호 및 가치증진학과) 등이다.

3) 성공요인

에밀리아-로마냐 지역의 산업지구 정책 또는 클러스터 정책은 다수의 토착 중소기업을 중심으로 성공하고 있어 세계적인 주목을 받고 있다.

에밀리아-로마냐 지역의 클러스터 정책은 전문화된 중소기업 간의 독특하고 유연한 네트워크 관계를 기반으로 하고 있다. 지방정부는 가족 및 소규모 업체들의 투자여력 부족으로 인하여 발생하는 기술개발, 브랜드개발이나 마케팅 지원에 중점을 두고 있으며, 낙후된 지역의 경우 지방 대학과 연계하여 기업의 투자유치를 장려하고 있다.

자생적 협력관계를 바탕으로 가치사슬 형태의 기업들 간 협력적 분업체제가 이루어지면서 지역 전체가 하나의 대기업처럼 유기적 생산체계를 이루고 있는 것이 특징이다. 수출량 증대, 고품질, 시장 수요와의 연계 등으로 이탈리아 산업에 이바지하였다. 대부분이 10명 미만으로 이루어진 초미니 가족회사는 전문성과 유연성을 바탕으로 뛰어난 경쟁력을 자랑한다. 이러한 전문성은 오랜 기간 동안 축적된 전문기술과 기업 간의 분업체계를 바탕으로 거미줄처럼 연결되어 상호보완적 기능을 하고 있다. 이러한 산업구조의 다양성과 기업의 전문화는 에밀리아-로마냐 지역경제 성장을 견인한 핵심적 요소로 평가되고 있다.

지방정부가 클러스터 촉진자의 역할을 수행함으로써 상황에 따른 다양한 산업정책을 실시하여 클러스터의 형성과 촉진을 유발하였다. 개발이 낙후된 지역의 경우는 지방대학과 연계하여 기업 유치 등의 노력을 하고 있다.

식품클러스터의 경우, 지역 내의 토마토, 파르마햄과 치즈, 발사믹식초와 같이 소규모지만 전통적으로 장점을 가지고 있는 다양한 농산물과 식품을 토대로 자연스럽게 식품클러스터로 발전하고 있다. 유럽연합의 지리적 표시제(地理的表示制)[88]를 통하여 보호받을 수 있도록 지원하고 있으며, 이러한 제품을 산업화 · 과학화시키기 위하여 대학, 연구기관, 민간 연관기업과 네트워킹하고 혁신할 수 있는 다양한 정책을 시행하고 있다.

농업인들은 자기들이 생산한 농축산물을 사용하여 자기가 직접 또는 조합이나 지역 내 소규모 식품회사들을 통하여 가공하고 있으며, 지역별 조합이나 협회를 통하여 클러스터 활동에 참여하고 있다.

에밀리아-로마냐 식품클러스터의 특징과 성공요소를 우리나라 클러스터 정책의 확립을 위한 관점에서 살펴보면 다음과 같다.

첫째, 지역 농업과 특산물을 기반으로 내생적 발전을 지향하는 노력이라고 할 수 있다.

둘째, 수출보다는 국내 고객과 수요자의 특성을 반영하여 완제품보다 중간 가공식품이 많다.

셋째, 클러스터라는 정책의 추진기관이나 성과를 내세우지 않고 기존 조직을 네트워킹하는 데 노력하고 있다.

마지막으로 농업과의 연계 정도가 매우 강하고 대규모 식품기업의 입장보다는 지역 중소규모의 자생적 농업조직이나 식품기업을 근간으로 하는 다소 폐쇄적인 경향이 있다.

네덜란드나 외레순 클러스터가 글로벌적인 연구기술이나 대규모 전문기업을 지향하는 성격과 매우 다른 점을 보이고 있다.

5. 해외 식품클러스터의 성공요인

식품산업의 발전을 위하여 선진국들은 식품산업이 집적된 지역을 중심으로 클러스터 정책을 추진하고 있다. 식품산업은 여러 경제 주체들 간의 경쟁과 협력을 통하여 발전하고 있으며 산·학·연·관이 네트워크를 형성하고 상호 학습과 혁신을 이루면서 경쟁력을 제고하고 있다. 이것이 클러스터의 공통된 특징이라는 것을 확인할 수 있다. 그러나 클러스터의 형성과정, 핵심정책 및 과제, 정부의 역할 등은 해당 국가의 정책적인 환경, 식품산업 구조의 특성, 연구기관 등 각 주체들의 성격에 따라 달라진다. 국가의 클러스터 정책도 해당 클러스터의 특성에 맞게 설계되고 집행되어야 한다는 점이 중요하다는 것을 알 수 있다.

클러스터 정책에서 누가 핵심적인 역할을 수행하느냐의 문제가 가장 중요한 것으로 보인다. 이론적으로는 산업계 주도형, 학계/연구소 주도형, 정부 선도형 등으로 분류할 수 있지만, 현실적으로는 한 유형으로 치우치기보다는 복합적 형태를 나타내고 있다.[89]

그러므로 국가식품과 지방정부가 기능을 분담하는 협력정책이 추진되어야 하며, 클러스터 육성수단으로서 프로그램을 통한 정책추진이 필요함을 보여준다. 또한 클러스터 정책 성공을 위해서는 정책의 집행 이전에 각 지역 및 지역 클러스터의 현실과 잠재적 역량에 대한 엄밀한 현황분석이 선행되어야 한다. 지역에 대한 지원은 지역의 내생적 역량 및 정책 수용능력 향상에 초점을 맞추고 지역의 기획능력을 고려, 지역의 학습능력을 강화해야 한다. 이를 간과할 경우 재원의 낭비와 도덕적 해이를 초래할 수 있다. 또한 지역실정을 고려하지 않은 위로부터의 획일적 · 표준적 정책도 실패를 초래할 수 있다.

각 해외 식품클러스터 사례분석에서의 공통적인 성공요인들을 정리하여 보면 다음과 같다.

해외 식품클러스터 사례분석 비교

구분	일본	네덜란드	덴마크, 스웨덴(외레순)	에밀리아-로마냐
주도 기관	• 정부 주도	• 대학 · 연구소	• 대학 · 연구소 · 대기업 주도	• 중소기업
주요 구성	• 대학, 연구기관 • 식품, 외식기업 • 농업자 • 행정기관	• 국내외 식품기업 • 연구소, 대학 • 중앙 및 지방 정부	• 대학 및 연구 개발기업 • 대기업 • 원재료 공급자	• 중소기업 • 농협 등 직능협회 • 지방정부, 정부 · 연구기관, 대학
특징	• 지역산업 특성화 • 농업과의 연계	• 자본, 기업유치 • 글로벌 지향 • 산학기관 협력	• 농협의 역할 • 국가 간 협력	• 중소기업 중심 • 자생적 협력 • 지역식품 기반
주요 사업	• 지역브랜드지원 • 네트워크 지원 • 식품산업 정보 사업	• 신산업 촉진 • 식품연구 및 기술개발	• 연구개발 인센티브 • 식품기술개발	• 기술연구 및 지원 • 지역식품 브랜드화
성공 요인	• 농업연계 • 지역개발 활용	• 연구 · 대학중심 • 전담기관 • 글로벌 지향	• 입지조건 우월 • 주체 간 역할 분담	• 자생적 협력 유도 • 지역식품 활용 • 기존 조직의 활용

지역 개발과 성장의 책임을 지는 지방정부가 장기적이고 일관된 정책을 제시하는 등 지자체의 기능과 역할이 중요하다.

국가식품은 지원 프로그램 등의 기반정책을 구축하고, 클러스터의 전체적인 기반을 조성할 수 있는 역할이 중요하다.

신기술 개발을 위한 지원프로그램, 고급인력 육성 강화 정책, 혁신별 포럼, 공동 연구회를 통해 지역산업 인식을 제고시키고, 동시에 대학, 연구소 등의 연구자와 민간기업 간의 강화를 통해 산·학·관·연 간 만남의 장소를 제공하였다.

수출지향적인 산업정책을 통한 외국 파트너들과의 연계, 신뢰에 기반을 둔 클러스터 내/외부의 수평적·수직적 네트워킹 구축, 대학과 연구기관을 산하에 둔 수준 높은 환경조성, 정책결정자의 능동적 추진의지와 세금감면 및 투자장려를 위한 정책들이 클러스터의 성공요인이라 하겠다.

외국 사례의 시사점

네덜란드 푸드밸리와 스웨덴, 덴마크의 외레순 클러스터에서 얻을 수 있는 정책적인 시사점은 다음과 같다.

첫째, 식품클러스터를 정부가 인위적으로 조성하지 않고 기존 입지 조건의 유리함과 연구 축적을 기반으로 산학의 연구지원과 네트워킹에 주안점을 두었다.

둘째, 지역적 입지를 기반으로 행정구역이나 국가의 경계를 초월하여 우수한 연구 인력과 기업을 끌어들이는 개방형 클러스터를 추구하였다.

셋째, 정부는 대학을 중심으로 식품의 연구·개발을 지원하는 한편 다양한 네트워킹 기관을 발굴·형성하여 참여기관 간의 협력과 네트워킹을 지원하였다.

농업과의 연계문제는 중요하게 다루지 않고 있는데 이는 지역식품의 차별성보다는 글로벌 수준의 식품산업 발전에 중점을 두고 있기 때문이다. 농업 생산규모가 이미 대규모 기업형이거나 협동조합을 중심으로 한 대규모 경영이므로 농산물이라는 원료산업을 클러스터 정책에 별도로 고려할 필요가 적을 뿐만 아니라 농업에 대한 경쟁력과 함께 이미 농산물시장에 대한 개방이 이루어졌기 때문에 국내산 농산물을 원료로 한 식품산업의 발전에 큰 정책적 의미를 두지 않고 있는 것으로 볼 수 있다.[90]

일본의 식료산업클러스터는 유럽의 식품클러스터보다 규모도 작고 발전단계도 우리나라와 유사하여 우리나라 지역농업 클러스터나 광역식품 클러스터를 추진하는 데 상호 보완할 수 있는 점이 많다.

우리나라 클러스터의 중요한 목적 중 하나가 농업을 제2·3차 산업으로 확장·발전시켜 부가가치를 높이자는 데 있으므로 일본 클러스터에서 추진하고 있는 지역 농업과의 연계정책은 시사하는 바가 크다. 지역의 원료농산물을 활용한 지역브랜드 식품을 개발하기 위해 지역 내의 식품기업, 시험연구기관, 지자체 등이 함께 참여하여 연대하는 네트워크, 즉 식료산업클러스터를 형성하고 있으며, 지역의 산·학·관·연이 협력하여 소규모 식료산업클러스터의 형성을 추진하고, 지역단위, 나아가 전국단위로 네트워크화하고, 지역브랜드 식품의 가공·유통사업에 지자체가 직접 참여하고 있으며, 새로운 지역식품산업 기반을 조성하기보다 기존의 지역식품산업 기반을 활용하여 지역 농특산물의 가공식품을 개발·유통하기 위해 지역 내 산·학·관·연이 협력한다는 점 등은 우리나라에도 참고하여 적용할 수 있는 내용들이다.

에밀리아-로마냐 식품클러스터는 아직 국내에는 많이 소개되지 않았으나 우리나라 농업과 식품정책에 많은 시사점을 준다.

이탈리아의 농업은 규모가 영세하고 지역적 특성이 강하여 우리 농업구조와 유사하다. 이탈리아의 음식도 오랜 역사와 반도적인 지리적 특성과 함께 지중해성 기후의 영향으로 대중적인 음식보다는 토속적인 성향의 음식들이 발전하였다[91]는 점에서 우리나라와 비슷하다.

에밀리아-로마냐의 클러스터 정책은 지역 농업을 기반으로 내생적 발전모델을 선택하고, 형식적 추진기관이나 성과보다는 기존 조직을 활용한 네트워킹에 노력하고 있으며, 중소규모의 식품기업을 기반으로 하고 있다는 점 등에서 우리나라의 정책 환경과 유사하여 우리 실정에 맞는 클러스터 정책을 구상하고 수립하는 데 많은 도움이 될 것이다.

특히 지역의 농업협동조합이 클러스터의 핵심 참여자로 활동하고 있으며 기존의 농업관련 공공 기술연구기관이 적극적으로 참여하고 있는 것은 우리나라 정책에서 농협과 농촌진흥청의 역할 수준을 감안하여야 한다.

푸드밸리나 외레순 식품클러스터는 세계 최고 수준의 농산업이며, 오래전부터 축적된 농축산 연구기술과 국제무역에 대한 탁월한 능력과 경험을 갖고 있는 대학, 기업, 정부의 시장대응 노력의 결과라는 점에서 우리나라 식품클러스터 정책에 참고하기 어려운 사례가 될 것이다.

클러스터는 클러스터의 특성, 국가 및 지역적인 사회 · 문화 · 경제 상황에 따라 다양성이 존재하므로 여건에 맞는 정책이 필요하다. 따라서 성공적인 해외 클러스터를 그대로 모방하기보다는 우리나라의 특성과 여건에 맞는 정책을 시행하고 시행착오를 극복하면서 적절한 한국형 클러스터 정책을 모색해야 할 것이다.

06

우리나라 식품클러스터 정책

06 우리나라 식품클러스터 정책

1. 식품클러스터 정책의 형성

지역혁신이론 또는 클러스터 이론은 1990년대 후반부터 경제협력개발기구(OECD) 등에서 연구되었고 산업 선진국들의 관심을 끌었다.

우리나라는 2003년 이후 적극적으로 도입하기 시작하였으며, 국가균형정책과 지역혁신정책의 전략적 하위정책으로 산업클러스터 정책이 본격적으로 추진되었다.

2003년 5월 전주 국정토론회에서 당시 대통령이 "지방화 전략을 실천하기 위해서는 지방 스스로가 지방의 기획의 구심점, 기획센터의 형성을 통해 산 · 학 · 연 네트워크를 구축해야 한다. 지방의 발전을 위해서 관내 학계, 산업체, 시민사회, 지역 언론 그리고 지방정부 등이 긴밀한 산 · 학 · 연 협력체제 또는 산 · 학 · 연 연합을 구성해 함께 노력해 나가야 할 것이다."라고 언급[92]하면서 지역혁신체계(RIS) 구축을 핵심 내용으로 하는 국가균형발전정책 구상이 본격적으로 추진되기 시작하였으며, 국가균형발전정책의 체계는 다음과 같다.

국가균형발전의 비전과 전략

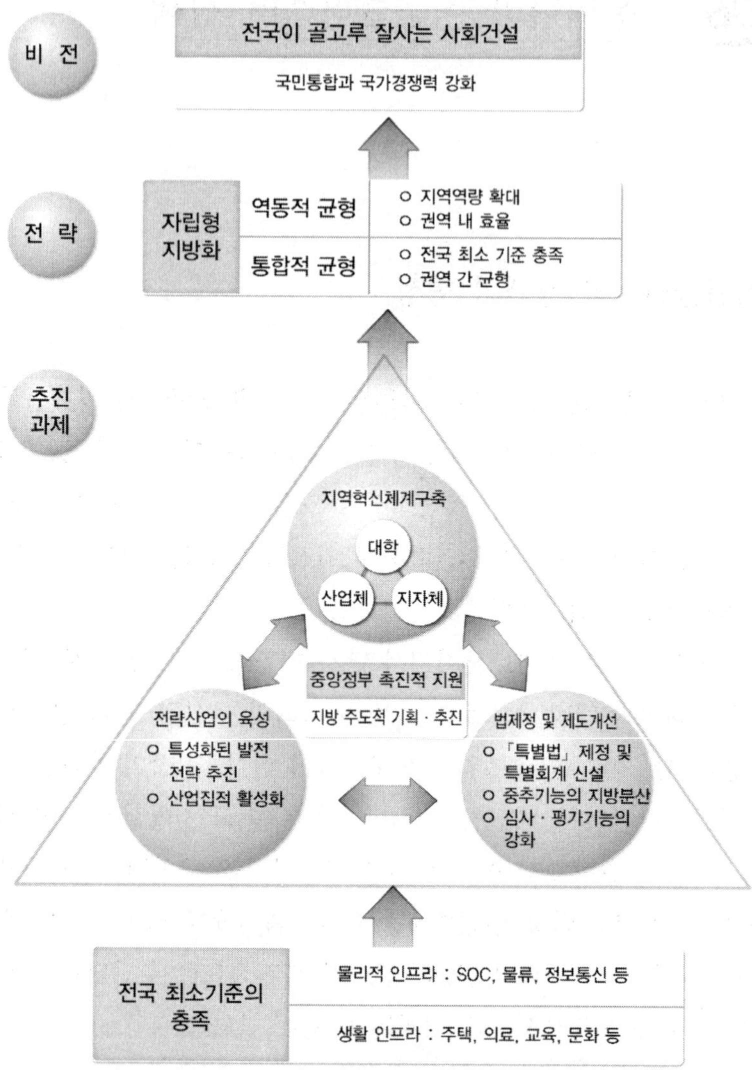

자료 : 성경륭, 국가균형발전의 비전과 과제, 국가균형발전위원회, 2003. 5.

2004년 2월 산업클러스터 육성의 기본계획인 '산업집적활성화기본계획'을 통해 구체적 실행계획을 발표하였다. 이 계획에는 당시 산업자원부, 문화관광부 등의 사업이 포함되어 있으며, 가장 핵심적인 사업은 산업단지 혁신사업이다. 이 사업은 기존의 산업단지에 클러스터 이론을 적용하여 혁신을 체계화함으로써 경쟁력을 제고한다는 목적으로 시행되었다.

정부는 2004년 6월 "산업단지 혁신클러스터화" 추진방안을 결정한 후 그해 12월 산 · 학 · 연 · 관 전문가로 Task Force와 자문단을 구성하여 다음과 같은 7개 시범단지별 세부전략을 마련하였으며, 2005년에 300억 원의 예산을 확보하여 시범단지별로 40억 원(총 280억 원)을 지원하고 클러스터통합정보망, 국제교류협력사업 등 공동사업에 20억 원을 지원하였다.

산업단지 혁신클러스터 7개 시범단지 발전비전

구분	발전비전	혁신과제
창원	첨단기계 클러스터	차세대 핵심기계기술개발
구미	다지털 전자산업 선도	디지털전자정보기술집적지 조성
울산	자동차부품 글로벌공급기지	오토벨리(모듈라, 전문화, 대형화)
반월시화	첨단부품소재 공급기지	업종별 소규모 클러스터 조성
광주	광산업클러스터	광기술원 중심의 산·학·연·관계 활성화
원주	첨단의료기기 산업거점	의료기기 선도기업 유치
군산	자동차 및 기계부품 클러스터	기업유치 활성화 및 정주여건 개선

자료 : KOTRA, 국내 산업클러스터 현황과 국내외 교류방안, 2005, p. 10.

문화관광부는 문화산업클러스터 조성계획을 수립하였다. 2000년부터 2010년까지 총사업비 6,000억 원(국고 3,000억 원, 지방비 3,000억 원)으로 대전, 청주, 부천 등 전국 10개 지역에 지방문화산업지원센터의 건립을 지원하고, 8개소의 지방문화산업단지를 지정하고 지역문화산업의 지원방안을 다각적으로 검토하였다. 지방의 문화산업 우수인력을 양성하고 지원시스템을 확충하기 위하여 지역별 문화산업연구센터를 설립하여 연구 개발 거점으로 활용하는 내용도 포함하고 있다.

농림수산식품부의 식품클러스터 정책은 참여정부의 산업클러스터 정책의 기본계획인 '산업집적활성화기본계획'과는 별도로 국가균형발전 정책의 큰 방향에 따라 지역 농업의 발전을 위한 제도로 모색되었다.

당시 농림부는 2004년 2월 23일 수립한 '농업 · 농촌 종합대책'에 향후 농정 추진체계 개편 내용 중 지역농업 발전계획의 하나로 지역농업 클러스터 추진계획을 포함하여 발표하였다. 2004년 5월 4일 지역농업 클러스터협의회에서 당시 농림부 장관은 "우리는 국민소득 2만 불 시대 달성을 위해 사회 모든 분야에서 변화와 혁신을 요구받는 시대에 살고 있습니다. 우리 정부는 국가균형발전위원회를 중심으로 지역 혁신체계 구축을 통한 지역 발전전략을 모색 중에 있으며 우리 농업분야도 예외가 될 수 없습니다. 농업분야도 지방농정의 큰 틀 속에서 지역의 혁신주체들이 자발적인 네트워킹을 통해 클러스터를 형성하고 지역농업 발전을 선도해 나가야 지속가능한 농업을 담보할 수 있을 것입니다."라고 언급하였다.

식품클러스터의 정책형성 초기에는 국가 균형발전 정책의 일환으로 추진하였으며, 지역혁신 주체들의 네트워킹을 강조하면서 궁극적인 목적을 지속가능한 농업발전에 두었음을 알 수 있다.

2004년 초 농림부는 농업정책과장을 팀장으로 하고 한국농촌경제연구원, 농촌진흥청, 농수산물유통공사 등이 참여하는 지역농업발전 추진 T/F를 구성, 지방농정 발전방안의 하나로 클러스터를 검토하여 2005년 시범사업을 준비하였다.

농림부는 클러스터의 검토단계에서 농촌진흥청에서 이미 실시하고 있던 지역별 특화작목을 중심으로 해당 지역 소재 농과대학의 교수들과 농업기술원 농촌지도사들이 생산자를 방문하여 생산지도를 실시하는 지역특화작목 겸임연구관제도(地域特化作目兼任硏究官制度)를 발전시켜 나가는 방안을 검토하였다.

그러나 농업발전의 핵심은 생산단계가 아니라 유통, 가공, 판매 단계에 있다는 판단에 따라 새로운 제도를 농림부 사업으로 추진한다는 결정을 하였다. 이에 따라 농림부는 2005년도에 신규사업으로 '지역농업 클러스터'사업에 120억 원의 예산을 확보하였다. 그 후 공모를 통하여 20개 클러스터 시범사업단을 선정, 3년간에 걸쳐 각 사업단에 평균 60억 원 정도의 사업비를 지원하였다.

2005년부터 2007년까지 20개 시범사업단에 대한 3년간의 지원이 종료되는 시점에서 농림부는 클러스터 사업의 성과 등 전반적인 평가를 실시한 후 지속적인 사업추진이 필요하다고 결정하고 2008년부터 본격적인 사업을 추진하기로 하였다. 본 사업추진의 장기목표로 2016년까지 80개의 지역농업 클러스터를 조성한다는 계획을 결정했다. 이 과정에서 지역특화사업, 신활력사업, 향토산업, 지원사업 등 유사사업과 통폐합하는 방안이 논의되었으나 결론을 내지 못하고 2008년도 신규사업으로 22개의 사업단을 선정하여 189억 원의 국고 사업비를 계상하였다.

2008년도에 농림수산식품부는 식품산업 발전의 일환으로 식품산업 중심의 농업을 포괄하는 식품클러스터 사업을 구상하게 되었으며, 전국 주요 광역 시도를 대상으로 5~10개 정도의 클러스터를 추진하기로 하고 우선 전북지역에 전북식품클러스터 사업을 추진하기로 결정하였다.

2009년 1월 대통령직 인수위원회에 국가식품 클러스터 조성을 통해 세계 일류 식품산업으로 육성하겠다고 보고하면서 전북 클러스터를 동북아 시장을 겨냥하는 국가 규모로 확대하고 그 성격과 명칭을 국가식품 클러스터로 전환하였다.[93]

2009년 3월 농림수산식품부의 첫 대통령 보고를 통하여 국가식품 클러스터 추진을 국가정책으로 공식화하였다.

그리고 기존의 지역농업 클러스터제도는 광역식품 클러스터 사업으로 명칭을 변경하였으며 2008년 계획 당시 2016년까지 전국에 80개소를 조성하기로 한 목표를 2015년까지 150개로 확대하여 2009년도부터 추진하기로 하였다.

2. 지역농업 클러스터

1) 추진배경

농림부는 2004년 8월 지역농업 활성화를 위한 지역농업 클러스터 추진 및 지방농정 자율성 강화방안을 기본 정책으로 하여 2004년 12월 지역농업 클러스터 시범사업 추진방안을 확정하고 2005년도부터 지역농업 클러스터 사업을 도입하여 현재에 이르고 있다.

지역농업 클러스터 사업 추진 경과

일시	주요 내용
'04. 2	농업·농촌 종합대책에 클러스터 사업 포함
'04. 3	균형위 대통령 업무 보고에 포함
'04. 5~10	클러스터 T/F 구성, 운영
'04. 8	지역클러스터 및 지방농정 활성화 방안
'04. 12	'05년도 사업예산 국회 확정
'04. 12	지역농업 클러스터 시범사업 확정
'05. 3	시범사업단 선정
'05. 12	지역농업 클러스터 발전방안 연구용역
'06. 3	시범사업단 1차 중간평가
'06. 9	시범사업단 2차 중간평가
'07. 2	시범사업단 종합평가
'07. 6	본 사업 추진방안 연구용역
'07. 7	본 사업 추진방안 확정

지역농업 클러스터 사업이 도입되어 시행된 배경은 첫째, 농가소득 증대와 농업발전을 위한 새롭고 획기적인 전략이 필요했기 때문이다. 1인당 농가 소득이 1994년 2,031만 원에서 2002년 2,447만 원으로 거의 정체되어 있었고 주작목인 쌀의 1인당 소비량은 1994년 108kg에서 2002년 87kg까지 급격히 감소하는 추세를 보였다. 이러한 상황에서 농가소득을 증대하기 위해 기존의 영세 소농을 대상으로 한 평균적 지원 방식에서 벗어나 지역의 특화된 농산업을 중심으로 기술과 경영이 조화된 새로운 농업시스템 구축을 모색하게 되었다.

둘째, 농산물 생산위주의 농업정책에서 벗어나 농산물의 가공·유통 등 농산업과 지역의 문화·관광산업을 연계하여 부가가치를 제고하는 한편, 선택과 집중방식의 맞춤농정으로 전환할 필요가 있었다.

한 지역에 대한 다양한 농림사업을 국가식품의 공급자 중심에서 수요자 요구에 의한 통합 지원방식으로 전환하여 재정지원의 효율성을 획기적으로 제고하겠다는 정책의지가 있었다.

셋째, 지역 핵심 농산업을 중심으로 산·학·연·관의 모든 혁신역량을 체계화하고 시너지 효과를 통해 국가가 추진하는 국가균형 발전 정책에 부합하는 사업이 필요한 상황이었다. 지역의 농산업을 클러스터라는 혁신 주체로 육성하여 농가소득 증대와 농촌경제 활성화를 도모함과 아울러 기존의 개별사업 중심의 투융자를 지역농업 조직의 관점에서 체계화함으로써 재정지원의 시너지 효과를 제고하고자 하였다.[94] 2008년도 20개 시범사업단을 평가하여 본 사업으로 추진하기로 결정한 지역농업 클러스터 사업의 기본방향으로 지역농업 혁신주체 간의 네트워킹을 통한 지역 농산업 활성화, 지역농업의 총괄적 수행, 연계성을 추구하는 지역 농정의 통합과 혁신을 제시하고 있다.

2) 제도의 정의 및 유형

2005년 사업 시행 당시 농림부는 지역농업 클러스터를 '일정지역에 특화된 농산물의 생산, 유통, 가공 등과 관련된 주체를 중심으로 산·학·관(産·學·官)이 유기적인 네트워크를 형성하고 가용자원(加用資源)의 최적이용을 통해 지역농업을 혁신하는 농산업 결집체(農産業結集體)'라고 정의를 내리고 있다.

클러스터의 핵심적인 구성요소로서 지방농과대학, 농업관련연구소 등 과학기술체계(科學技術體系), 농업인, 연관산업, 생산 및 수출단지, 산지 마케팅 조직 등 생산체계(生産體系)와 농협, 컨설팅회사, 금융기관, 유통기관 등 기업지원체계(企業支援體系)를 설정하였다. 이러한 핵심요소가 연계되는 가운데 이들의 네트워킹을 활성화시켜 주는 시스템 연계기관, 기획조정기관, 혁신인프라 등을 주요한 구성요소로 보았다.

지역농업 클러스터는 품목, 지역, 범위, 핵심주체 등에 따라 매우 다양한 모델 설정이 가능하지만, 제도 형성 당시에는 Porter가 예시한 미국의 와인클러스터의 구조[95]를 벤치마킹하여 기본모델을 설정하였다. 이 모델은 클러스터의 주체가 되는 농산업을 중심으로 연관산업, 지원산업과 연구기관을 주요 구성요소로 설정하였으며 교육훈련, 금융, 지역문화 등 주변여건도 포함시켰다.

농산업클러스터의 구성과 지원체계

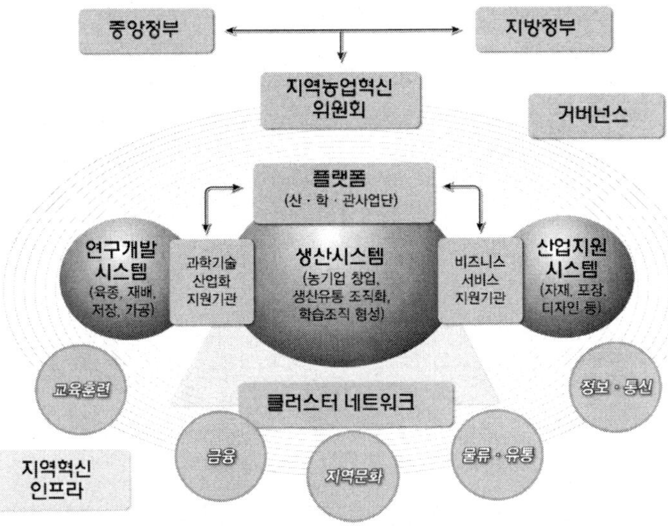

자료 : 김정호 외, 지역농업 클러스터 발전방안, 한국농촌경제연구원, 2005.

해외 산업클러스터의 사례는 혁신주체를 기준으로 대학연구소 주도형, 대기업 주도형, 창작자 주도형, 지역 특산형, 실리콘밸리형 등으로

클러스터를 구분하고 있다.[96]

농림부는 이를 응용하여 사업 시행 당시인 2004년에 혁신주체에 따라 대학 · 연구소 주도형, 생산자 주도형, 산업 관련기업 주도형, 지자체 주도형으로 구분하고, 특성화 정도에 따라 생산 · 유통 주도형, 가공 주도형, 테마 주도형으로 구분하였다. 이러한 유형분류에 따라 시범사업단 20개소를 유형화하면 다음과 같다.

지역농업 클러스터의 유형

<table>
<tr><th colspan="2" rowspan="2">구분</th><th colspan="4">주도적 혁신주체</th><th colspan="3">특성화</th></tr>
<tr><th>연구기관</th><th>생산자단체</th><th>관련기업</th><th>지자체</th><th>생산 · 유통</th><th>가공</th><th>테마</th></tr>
<tr><td rowspan="2">기초</td><td>단수
(13)</td><td>영동포도,
풍기인삼</td><td>안성마춤</td><td>포천한과</td><td>괴산고추,
서천모시,
아산친환경,
장수사과,
정읍순환농업,
임실치즈,
보성녹차,
하동녹차,
함평과학농업</td><td>안성마춤,
괴산고추,
장수사과,
임실치즈,
보성녹차,
풍기인삼</td><td>포천한과,
영동포도,
서천모시,
함평과학농업,
하동녹차</td><td>아산친환경,
정읍순환농업</td></tr>
<tr><td>복수
(5)</td><td>경남양돈</td><td>강원한우,
백두대간,
전남쌀,
경남쌀</td><td></td><td></td><td>강원한우,
백두대간,
전남쌀,
경남쌀,
경남양돈</td><td></td><td></td></tr>
<tr><td colspan="2">광역
(2)</td><td>경북한우</td><td></td><td></td><td>제주감귤</td><td>경북한우,
제주감귤</td><td></td><td></td></tr>
<tr><td colspan="2">계
(20)</td><td>4</td><td>5</td><td>1</td><td>10</td><td>13</td><td>5</td><td>2</td></tr>
</table>

자료 : 농림부, 지역농업 클러스터 활성화를 위한 본 사업 추진방안 연구보고서, 지역농업네트워크, 2007, p. 174.

2008년부터 지역농업 클러스터 사업을 실시하기로 하면서 22개의 사업단을 추가하여 선정한 후에는 특성화에 따른 구분을 중심으로 특성화 세부분야와 권역에 따라 새롭게 구분하고 있다. 이는 두 개 이상의 시군이 참여하는 광역단위 지역농업 클러스터가 시행과정에서 지방비의 부담, 행정협조 등의 어려움이 많다는 점에서 단일시군과 복수시군의 분류가 유의성을 갖게 된 것으로 분석된다.

정부가 지원하는 클러스터 사업은 당초 시범사업으로 10개소를 목표로 하였으나 선정과정에서 20개소로 확대하여 선정하였다. 이는 지역의 수요가 높았으며 품목 및 지역적인 배려가 있었던 것으로 추정된다.

장기적 육성목표의 경우 본 사업의 추진을 결정한 2007년도 방침에 2016년까지 80개소를 육성한다고 하였으나 농업정책국에서 식품산업정책단으로 업무소관이 변경된 2008년 이후에는 식품분야까지 포함하여 100개소 육성을 목표로 설정하고 있다.

지역농업 클러스터 유형별 육성 계획

유형			개소	육성목표
생산유통	42	수출 중심형	7	50억 불 수출목표 효율적 달성
		주산물 중심형	30	특화브랜드 구축을 통한 농가소득 20% 향상
		연합브랜드 중심형	5	마케팅 능력 제고로 지역농업 경쟁력 강화
가공	43	가공 중심형	20	특화작목 중심으로 2・3차 산업 육성
		특산품 중심형	15	전통지식의 산업화를 통한 지역경제 활성화
		한방 중심형	3	전통과 신기술 접목을 통한 벤처농 육성
		바이오산업 중심형	5	생명산업 접목으로 고부가가치 농업 실현
테마	15	관광 중심형	10	농업의 6차 산업화를 통한 농가소득 증대
		친환경농업 중심형	5	환경농업 실현으로 농산물 부가가치 제고

자료 : 농림수산식품부 식품산업정책단 업무참고자료, 2008.

3) 정부의 지원

(1) 예산지원

지역농업 클러스터 사업의 지원대상자는 시 · 도지사, 시장 · 군수, 농산업클러스터 사업단 등으로 하고 있다.

예산과목은 국가균형발전특별회계 지역혁신계정이다. 농림부의 국가균형발전특별회계 중에서 당시 유일하게 개발계정이 아닌 혁신계정으로 편성함에 따라 농림부가 예산의 편성과 배분 권한을 행사하였다. 이는 지역농업 클러스터 정책이 지자체 중심이 아니라 중앙정부인 농림부 차원에서 주도되었다는 점을 확인할 수 있다.

사업단별 지원내역은 매년 평균 10억 원씩 3년 동안 계속하여 지원하되 매년 성과를 엄정히 평가하여 추가지원 및 지원중단 여부를 결정할 수 있도록 하였다. 지원조건은 국고 50%, 지방비 50%이며, 일정부분에 대한 사업단의 자부담을 권장하고 있다. 예산지원 내용은 주체간 네트워크 구축과 산업화 및 마케팅, 기술 및 연구 · 개발, 생산기반 조성 등이며 이를 정리하면 다음과 같다.

지역농업 클러스터 예산 지원분야 및 내용

지원분야	주요 내용	예산항목
혁신체계 및 네트워크 구축	• 클러스터 사업단 설치 및 운영 • 교육프로그램 운영, 자문단 운영 • 사업추진 평가, 홍보 • 토론회 및 워크숍 개최	경상보조
산업화 및 마케팅	• 각종 시설 설치 • 지역연합 마케팅 수행 • 브랜드 개발 및 홍보 • 전자상거래 시스템 구축	자본보조 (브랜드 개발 등 일부 경상보조)

지원분야	주요 내용	예산항목
기술 및 연구 · 개발	• 각종 기술 연구 · 개발 • 고부가가치 제품 · 품종 개발	경상보조, 자본보조
생산기반조성	• 친환경 · 전략품목 단지 조성 • 우수품종 보급	자본보조

2005년부터 2007년까지 3개년 시범사업기간에 지원한 예산은 국고 기준으로 549억 원, 지방비를 합하면 약 1,100억 원이 되며, 사업단별 지원규모는 다음과 같다.

지역농업 클러스터 사업단 3개년 사업비 현황

(단위 : 백만 원)

도	사업명	사업비(국고)			
		'05	'06	'07	합계
경기	안성마춤클러스터	565	1,335	1,506	3,406
	전통한과마을클러스터	550	570	119	1,239
강원	한우 하이록클러스터	611	1,019	969	2,599
	백두대간농업포럼클러스터	600	600	883	2,083
충북	포도 농산업클러스터	577	1,273	760	2,610
	친환경청정고추클러스터	550	860	824	2,234
충남	자원순환형 친환경농업클러스터	550	760	801	2,111
	한산모시클러스터	550	630	606	1,786
전북	장수 Mt. Apple Power 클러스터	550	690	668	1,908
	돌고도는 환원순환 농업클러스터	550	750	1,070	2,370
	낙농(치즈)클러스터	550	1,000	1,457	3,007
전남	보성녹차클러스터	561	1,339	1,623	3,523
	과학농업클러스터	550	670	683	1,903
	친환경쌀클러스터	600	1,060	1,318	2,978

도	사업명	사업비(국고)			
		'05	'06	'07	합계
경북	경북 한우클러스터	715	1,985	2,000	4,700
	풍기 인삼클러스터	550	870	860	2,280
경남	친환경쌀클러스터	600	890	1,004	2,494
	하동녹차클러스터	561	1,409	1,105	3,075
	양돈산업클러스터	600	1,140	1,296	3,036
제주	감귤클러스터	700	550	748	1,998
용역비, 중앙 · 도청 경상비		360	600	500	1,460
인센티브		–	–	2,100	2,100
합계	20개 사업단	12,005	20,006	20,807	52,818

자료 : 농림수산식품부 식품산업정책단 업무참고자료, 2008.

(2) 사업지도 및 교육

지역농업 클러스터 사업은 농업 경영체나 지방정부의 클러스터 활동 기반이 없는 여건에서 농림부가 주도적으로 정책을 구상하고 사업화한 특성이 있다. 농림부는 취약한 정책여건을 고려하여 클러스터 추진 주체들에 대한 사업지도와 교육 등의 지원에 많은 노력을 경주하였다. 구체적인 내용을 요약하면 다음과 같다.[97]

첫째, 클러스터를 추진하고 있는 지방정부와 사업추진단에 대한 지도를 실시하였다. 사업계획 수립 시 각 사업단의 실정에 맞는 지도를 실시하고 세부 사업계획을 제출받아 예산의 효율적 집행을 위한 사업조정 등 협의를 추진하였다. 중앙 및 지역의 농산업혁신전문가위원회를 자문기구로 활용하였으며, 클러스터 사업단별로 사업자문단을 운영하여 모니터링 및 사업자문, 도출된 문제 해결방안 등에 대한 지도를 실시하였다.

둘째, 평가와 컨설팅을 통한 인센티브를 제공하였다. 매년 클러스터의 혁신활동, 사업단 공동사업의 매출실적 등을 전문기관을 통해 평가하고 우수기관에는 별도의 성과급 성격의 사업예산을 지원함으로써 참여주체들의 클러스터 활동을 촉진하는 한편, 평가와 병행한 전문기관의 컨설팅을 통하여 지속적인 발전을 도모하였다.

셋째, 정책과 사업의 체계적인 홍보를 통해 정책의 공감대를 형성하고 사업단의 농산물에 대한 마케팅을 지원한다. 도입초기에는 클러스터의 개념 정립 및 추진체계에 대한 이해를 위해 시범사업 첫해에는 체계적인 정책홍보를 통해 사업의 대국민 인지도를 높이는 것이 중요했다. 농림부에서는 평가결과가 우수한 클러스터의 사업내용과 성공요인을 분석하여 종합적인 성공사례집도 발간하였다.

넷째, 클러스터 성공을 위하여 다른 제도와 사업과의 연계 지원을 실시하였다. 지역특화 특구제도, 지리적 표시제, 농축산물 브랜드화, 농진청의 특화사업 겸임연구관 사업 등 클러스터와 연계 가능한 농림부의 다른 제도 및 정책을 접목하여 사업 간 연계 지원을 실시하였다. 또한 국가균형발전위원회의 국가균형사업에 포함하여 행정안전부, 국토해양부 등의 타 부처 사업과도 연계를 추진하였다.

4) 지역농업 클러스터 성과

지역농업 클러스터는 농정분야에 새로운 정책개념과 지원방식을 적용하여 도입한 실험적이고 획기적인 정책이다. 사업 성격이 특정한 개별사업에 대한 지원방식이 아니고 다소 포괄적이라는 점과, 그 사업 속에 포함된 세부사업들이 기존 농림사업들과 중복될 수 있고 다른 사업보다 보조적인 성격이 강하여 국가차원에서 강력하게 추진한 국가균형 발전정책이 아니었다면 예산확보가 어려운 사업방식이었다고 볼 수 있다.

농업에 있어서 지방자치단체의 역할은 직접적이고 영향력이 크지만 지방재정의 취약, 시군 공무원들의 전문성 부족 등으로 중앙정부에 비하여 역할이 미미하였다. 이러한 여건에서 중앙정부가 지방정부와 현장 농산업 주체들에게 사업의 설계, 재정투입분야, 추진방식 등 사업의 주도권을 부여한 제도를 도입하여 운영하였다는 점은 농업정책이 매우 바람직한 방향으로 발전한 것으로 평가할 수 있다.

정책추진이나 운영과정에서 나타난 주요 성과는 지역농업 혁신체계 구축의 전제가 되는 조직 활성화, 사업 담당자의 의식혁신, 기존 지역농업 구성 조직체 간의 협력 필요성 인식 등 사업 주체 측면에서 주로 나타나고 있으며 지역농업 혁신체계 구축이라는 클러스터 사업의 본래 목적에 부합하는 결과로 해석할 수 있다.

지역농업 클러스터 정책의 도입과 추진과정에서의 정책적인 측면의 성과를 정리하면 다음과 같다.

첫째, 포괄지원 방식(包括支援方式)의 사업을 처음으로 도입하여 지역 자율의 중장기 사업계획 수립 · 실천을 통해 성과를 도출하는 책임운영체계를 도입하였다는 점이다. 하나의 지역적 기반을 둔 농산업을 대상으로 생산, 마케팅, 연구, 교육 등에 소요되는 비용을 일괄 지원함으로써 기존 단위사업별로 지원하던 것에 비하여 지방과 사업주체의 자율성을 확보하는 기초가 되었다.

둘째, 농산물 생산위주의 정책에서 벗어나 농산업과 가공, 유통은 물론 지역의 문화 · 관광산업과 연계하여 2 · 3차 복합 산업화를 추구하였다. 우리나라에 적합한 모델링과 정책적 육성체계에 대한 모색이 이루어졌으며, 산 · 학 · 연 · 관 협력체계, 네트워킹 구축, H/W 투자가 병행되는 것과 함께 핵심주도주체가 참여하는 공동판매법인의 설립이 이루어지면서 본격적인 시장화 · 산업화 단계로 진입하는 선진(先進) 사례도 등장하였다. 영동 포도 클러스터 사업단의 경우 가공업체 시설 현대화, 포도가공벤처플랜트 설립을 통해 포도가공산업을 전략적으로 육성하였다. 포천전통한과 클러스터 사업단은 전시관 및 체험관 건립을 통해 한과를 교육, 관광자원화하였다. 이러한 시도는 농산물의 생산정책에서 식품산업정책으로 확대하는 밑거름이 되었다고 할 수 있다.

셋째, 지역 내 혁신주체들이 네트워킹을 통하여 지역농업의 성장동력을 창출하였다. 기존의 정책은 농산물의 생산자나 단체에 집중하여 정책을 추진함에 따라 타 산업에서 보유한 새로운 기술, 정보, 자본이 농업에 접목되지 못하였다. 클러스터 제도를 통하여 주체 간 네트워크가 구축됨으로써 지역의 대학, 연구기관 등 연구 · 개발 전문인력 풀이 확보되고 생산, 가공, 유통, 판매 등 각 연관 사업체 간 경쟁 및 협력체계가 구축된 성과가 크다. 풍기 인삼 클러스터 사업단은 동양대학교를 중심으로 지역의 인삼 관련 단체와 연구기관 · 지자체 간 협력체계를 구축하여 체계적인 연구와 마케팅을 접목하여 사업을 활성화하였으며, 안성마춤 클러스터 사업단의 경우 지역 내 다수 지역조합들이 2006년 9월 '안성마춤조합 공동사업법인'을 설립하여 "안성마춤" 브랜드로 통합하여 사업을 추진하였다.

넷째, 클러스터 사업을 통해 중앙정부, 지방정부, 농산업 주체 간의 새로운 협력모델이 창출되었다. 과거 중앙정부 주도의 상의하달식 사업추진체계에서 농산업주체가 사업을 구상하고, 지방정부가 도와주며 중앙정부는 자금과 컨설팅을 지원하는 쌍방향 업무협력 시스템이 구축되었다. 사업계획서 및 예산 신청 시 시도의 승인을 받아 요청하게 되므로 클러스터 사업을 매개로 지방농정 담당자와 농산업관계자의 교류도 촉진되었다. 아산 클러스터의 경우에는 회원농가, 교육주체, 판매주체 등 친환경 농산물 관련 주체들의 혁신활동이 획기적으로 제고되었다. 시범사업단을 추진한 주체들을 대상으로 한 연구조사[98]에서도 기존 사업과의 차별성을 평가하고 지역 농산업 발전에 기여할 수 있는 꼭 필요한 사업으로 인식하고 있는 것으로 나타났다.

5) 개선방안

정부가 산업정책을 추진하는 기본 목적은 해당 산업의 경쟁력을 제고하는 데 있다. 2005년 농림부가 도입한 지역농업 클러스터는 기존의 농업 생산을 중심으로 한 지원정책이 농업 경쟁력 향상에 한계가 있다는 점을 인식하고 산 · 학 · 연 · 관의 네트워크를 핵심으로 시너지 효과를 도모하는 데 역점을 두었다. 지역농업 클러스터 제도가 시행된 지 5년이 되는 시점에서 정부는 종합적인 관점에서 문제점을 분석 · 평가 · 시정해야 할 것이다.

지역농업 클러스터 정책은 제도설정이 잘못된 점과 운영이 잘못된 경우로 나누어 분석할 필요가 있다. 제도의 문제는 법령이나 지침, 방침의 문제로서 주로 클러스터에 대한 이해부족, 불분명한 정책목적, 정치적 영향력의 개입 등에서 비롯된다고 볼 수 있다.

첫째, 지역농업 클러스터의 추진방식이나 주체의 설정이 애매하므로 주체를 명확히 하고 법제화하는 것이 바람직하다. 지자체 주도형, 대학 · 연구소 주도형 등으로 분류하여 사업을 실제 추진할 주체로서 클러스터 사업단을 두었지만, 클러스터 사업단의 형태, 기능, 법적 책임한계 등이 규정되지 못하였다. 지역의 계획에 따라 자율적으로 선택할 수 있도록 하여 다양한 클러스터 모델을 개발하여 제시하였다는 점에서 성과적 측면으로도 이해할 수 있으나, 사업 관리의 혼란과 산업화와 시장화에 부적합한 사업 모델은 성과 도출에 한계가 있었다고 분석되기도 한다. 클러스터추진단은 클러스터의 개발, 활동, 혁신에 중추적인 역할을 수행하는 주체로서 조직, 의사결정 방식, 기능과 책임이 명확하게 설정되어야 한다.

시범사업단의 클러스터 형태는 지자체의 내부조직인 T/F형태에서부터 사업소, 영농회사, 협의회 등의 다양한 형태를 띠고 있다. 조직의 법적 특성, 구성, 기능 등이 명확하지 못하여 클러스터 사업단이 행정조직화되는 등의 문제가 발생할 수 있다. 이는 지식경제부에서 추진하고 있는 산업단지 혁신사업 등이 국가균형발전법에 근거하여 추진하는 데 비하여 지역농업 클러스터 제도가 법제화되지 못하고 하나의 예산사업으로 추진하고 있기 때문이라고 할 수 있다. 지역농업 클러스터를 광역식품 클러스터로 사업을 변경하여 확대하고 국가식품 클러스터로 추진하고 있으므로 식품산업진흥법을 개정하여 클러스터의 추진주체, 지원범위, 선정절차 등을 법제화하는 방안을 적극 검토할 필요가 있다.

둘째, 지원사업의 범위와 중점사업을 전환하여야 하며 외생적(外生的) 발전 관점에서 벗어나 내생적(內生的) 관점에서 접근하여야 한다. 지역농업의 경쟁력 향상에 영향을 미치는 요소는 매우 복잡하고 다양하지만, 클러스터 사업은 농산업을 중심으로 한 산 · 학 · 연 · 관의 네트워킹이 핵심적인 사업이다. 그러나 시범사업단의 사업비 지원내용은 생산기반정비 39.6%, 소프트웨어와 하드웨어의 산업화 및 마케팅이 39.6%인 데 비하여 클러스터 사업의 핵심이라 할 수 있는 혁신체계 및 네트워크의 구축과 활동에는 불과 17.8%가 지원되었다.

지역농업 클러스터 사업비 분석

(단위 : 백만 원)

구분	지원분야	예산(국고)				
		총계	합계(%)	소계(%)	사업단 평균	사업단 연평균
S/W	혁신체계 및 네트워킹	9,143	17.8	47.4	457	152
	생산기반관련 연구·개발	1,492	2.9	7.7	74	25
	산업화 및 마케팅	8,642	16.8	44.8	432	144
	소계	19,277	37.5	100	963	321
H/W	생산기반정비	20,319	39.6	63.3	1,016	339
	산업화 및 마케팅	11,744	22.8	36.6	587	195
	소계	32,063	62.4	100	1,603	534
합계		51,340	100	–	2,566	855

자료 : 농림부, 지역농업 클러스터 활성화를 위한 추진방안 연구보고서, 지역농업네트워크, 2007.

이러한 사업비 지원으로 인하여 지역농업 클러스터를 현장에서는 기존의 농림사업을 대체하는 개념으로 이해하게 되며, 다른 농림사업에 비해 보조비율이 높아 타 농림사업으로도 지원 가능한 시설에 지원되는 결과를 초래하여 경쟁을 왜곡시키고 형평성의 문제가 제기되었다. 또한 지자체가 사업주체인 경우 기존 농림사업과 동일한 방식으로 추진되어 타 농림사업과의 차별성도 없게 된다.

제도 도입 초기에 클러스터 지역의 산업기반을 형성하고 사업 참여의 동기를 유발하기 위한 인센티브 차원에서 생산시설의 지원이 불가피한 측면이 있을 수 있지만, 이는 대폭 축소되어야 하며 본질적인 클러스터 활동에 필요한 산학 공동연구, 네트워킹, 창업, 혁신활동 등을 촉진할 수 있는 사업을 적극 발굴하는 방식이 바람직할 것이다.

사업범위와 내용은 중앙정부에서 획일적으로 기준을 정해서는 안 되며 지역의 입지, 중심산업, 기반형성 정도, 클러스터 참여주체들의 희망 등을 고려하여 지역특성에 맞도록 지원할 필요성이 있다. 특정 산업만의 발전은 그 지역의 산업은 물론 전체의 발전을 이루기 어렵다는 내생적 지역발전 이론을 참고할 만하다.[99]

셋째, 사업기간이 획일적이며 단기적이므로 단계별 지원방식을 적용하여야 한다. 클러스터가 형성되고 발전하여 혁신을 창출하는 단계까지는 수십 년이 소요된다는 것을 해외 사례의 연구결과를 통해 알게 되었다. 현재 정부는 당초 3년간의 획일적 사업기간을 유지한 채 평가를 통하여 2년간 추가 인센티브 사업기간을 운영하고 있다. 정부는 클러스터를 통한 지역농업의 발전정책을 하나의 예산사업이라는 인식에서 벗어나 장기간 추진해야 할 정책으로 인식해야 하며, 이러한 인식 아래 정부가 선정한 클러스터뿐만 아니라 자생적인 클러스터에 대한 최소한의 혁신활동 지원은 소액의 예산으로도 사업효과가 클 것이므로 고려해 볼 만한 사업이다.

넷째, 클러스터의 핵심산업을 농업에서 식품으로 전환해야 한다. 지역농업 클러스터를 지역식품 클러스터로 전환하여 주도적 산업을 농업에서 농업과 식품으로 확대하여야 한다. 소비자와 시장에 직접 연결되는 식품분야의 기업이 농업을 원료산업으로 연계하여 농업을 제조업, 서비스업과 융·복합된 형태로 발전시켜야 한다. 이러한 점에서 정부가 2009년부터 지역농업 클러스터의 사업명칭을 광역식품 클러스터 사업으로 전환한 것은 바람직한 정책방향이라 하겠다.

다섯째, 사업 간 중복의 문제를 해결하고 농림사업과의 시너지 효과를 높이기 위한 조정시스템을 강화하여야 한다. 지역단위에서 포괄적 사업내용을 가진 농림수산식품부의 예산사업이 부서별로 이루어지고 있는 실정이어서 지역역량의 결집과 총괄적인 네트워킹에 장애가 되고 있다. 특히 향토산업 육성사업, 지역특화산업, 신활력사업은 사업내용과 방식이 지역농업 클러스터 사업과 유사하므로 빠른 시일 안에 통합 내지 조정하여야 한다. 우선 네 가지 사업에 대한 조정권한을 농림수산식품부의 한 사업부서에 두어 지역 농산업 종합발전계획과 같은 큰 틀에서 조정해 나가야 한다. 또한 정부가 추진하기로 계획하고 있는 국가식품 클러스터와의 효과적인 연계를 추구하여야 한다. 그러기 위해서는 농업과 식품의 산업연관 관계를 설정하고 전국 식품산업의 클러스터 매핑을 실시하여 국가중심(hub)과 지역거점(spoke)으로서의 역할 설정을 하여야 한다.

지역농업 클러스터 사업과 유사 사업 비교

	지역농업 클러스터 사업	농촌활력증진사업		
		향토산업 육성	신활력사업	지역특화사업
근거법령	균형위법, 농업기본법	균형위법, 농산어촌개발특별법	균형위법	균형위법
사업목적	산·학·연·관의 시너지 증대	향토자원 개발	낙후지역 지원	지역브랜드 개발
사업기간	3년	3년(매년 선정)	3년	3년
육성목표	'14까지 100개소	'13년까지 200개소	'13년까지 70개소	'13년까지 70개소
지원단가	9억 원	30억 원 이내	20~30억 원	20~30억 원
재원부담	국고 50%, 지방비 40%	국고 50%, 지방비 50%	국고 100%	국고 100%
지원대상	시·도지사, 시장·군수, 클러스터 사업단	농업인, 단체, 향토기업체, 연구단체 등	시장·군수	시장·군수
지원내용	시설·운영비	인건비 제외, 시설·장비 최소지원	향토자원 관련 포괄지원	시설·운영비
사업선정	농림부	농림부	균형위	시장·군수

자료 : 농림수산식품부 업무참고자료, 농림사업지침 등의 자료를 토대로 재구성.

여섯째, 폐쇄적 클러스터에서 개방형 클러스터로 육성해야 한다. 현재 추진 중인 클러스터는 대부분 지역에 기반을 둔 산·학·관·연의 사업과 네트워킹에 치중하고 있다. 물론 지리적 인접성은 클러스터 활동에 중요하지만 사업승인 당시의 클러스터 사업단 구성이 그대로 지속되는 경우가 대부분이어서 새로운 사업의 확장이나 기술도입이 어렵다. 특히, 우리나라의 경우 생산지역과 소비지역이 분리되어 있기 때문에 기술과 소비지 마케팅과 관련된 혁신활동은 한정된 지역 주체들끼리의 폐쇄적 활동으로는 한계가 있다. 따라서 클러스터 사업단을 처음 구성할 때와 발전과정에서 타 지역의 연관기업이나 연구기관들을 적극적으로 유치하여 개방적인 클러스터로 전환해야 할 필요가 있다. 예를 들어, 녹차, 전통주, 천일염 등은 하나의 시군단위로는 성공할 수 없기 때문에 소비지 연계가 필수적이다.

3. 광역식품 클러스터

1) 정책내용

농림부는 지역농업 클러스터의 유형에 따라 행정단위를 기준으로 기초 클러스터와 광역클러스터로 구분하고 있다. 광역클러스터는 사업의 행정주체가 시(市)나 군(郡)이 아닌 도(道)인 경우를 의미하였다. 그러나 실질적으로 현재까지 선정된 지역농업 클러스터 42개 중 2개 시군 이상을 대상으로 하는 광역적인 클러스터는 광역지자체가 직접 사업시행자인 곳이 2개, 2개 시군 이상이 포함된 5개 등 총 7개소에 불과하다.

광역 대상 지역농업 클러스터

복수시군(5)	경남양돈, 강원한우, 백두대간클러스터, 전남쌀, 경남쌀
광역지자체(2)	경북한우, 제주감귤

농림수산식품부는 2005년부터 실시해 오던 지역농업 클러스터를 2009년부터 '광역식품 클러스터'로 사업 명칭을 변경하고 2009년 4월 16일에 신규사업단으로 12개 사업단을 선정하였다.[100]

2009년 광역식품 클러스터 신규사업단

사업명	참여 지자체	유형	
팔당클린 식품클러스터	남양주 등 7개 시군	생산자단체	생산 · 유통
산우리 재래돼지클러스터	홍천 등 4개 시군	생산자단체	생산 · 유통
육품정 육우클러스터	충북도	생산자단체	생산 · 유통
서부충남 고품질 양돈클러스터	보령 등 3개 시군	생산자단체	생산 · 유통
청보리 활용 참예우클러스터	전북도	생산자단체	생산 · 유통
청보리 녹색산업클러스터	고창 등 3개 시군	생산자단체	가공 · 테마
녹색한우 명품화클러스터	무안 등 10개 시군	생산자단체	생산 · 유통
딸기 신산업클러스터	담양 등 2개 시군	연구소	생산 · 유통
감 고부가가치클러스터	청도 등 3개 시군	생산자단체	가공
청정 약용작물클러스터	안동 등 4개 시군	연구소	가공
제주 넙치클러스터	제주도	연구소	생산 · 유통
우리밀 산업화클러스터	광주시	생산자단체	생산 · 가공
12개 사업단			

자료 : 농림수산식품부 보도자료, 광역클러스터 신규사업단 12개소 확정, 2009. 4. 16.

도 단위 클러스터 4개, 복수 시군 단위 클러스터가 8개로서 모두 2개 시군 이상을 범위로 하고 있다. 사업단 선정은 사업계획의 적정성, 주체역량 및 운영시스템, 기반구축 정도 등의 평가기준에 따라 전문평가단에서 3단계 평가(서면, 현장, 공개)를 실시한 후 중앙 농업 혁신위원회의 심의를 거쳐 최종 선정하였다. 유형별로는 생산·유통형 8개, 가공형 2개, 가공·테마형 1개, 생산·가공형 1개 등으로 나눌 수 있다.

선정된 광역클러스터의 특징은 다음과 같다.

첫째, 광주의 밀 산업, 충북의 육우, 전북의 청보리와 같이 기존 사업단과 차별화되는 아이템을 가진 클러스터 사업단이 선정되었다.

둘째, 농림수산식품부 출범 이후 수산분야 사업단이 최초로 광역클러스터 사업단에 포함되었다는 점을 들 수 있다. 광역클러스터 신규사업단에 대해서는 3년간 지원을 원칙으로 하되, 매년 평가를 통해 사업비를 조정하고, 최대 2년간 추가 지원할 예정이다. 구체적인 지원 내용은 혁신체계 구축 및 네트워킹 지원, 산업화 및 마케팅 지원 등이다. 전체 예산 중 50%를 국고에서 지원하며, '09년도 국고예산은 총 50억원을 반영하였다.

2) 광역클러스터의 개념과 의의

클러스터의 핵심적 개념요소인 지리적 범위(地理的範圍)는 클러스터마다 다양하고 그 정의나 개념 정립에 대한 구체적인 이론적 연구는 많지 않다. 클러스터의 지리적 범위가 좁으면 참여자 간의 공식적·비공식적 네트워크 활동이 용이하여 암묵지의 교류가 활발해지는 장점이 있는 반면 새로운 기술이나 다양한 정보의 획득이 어려워지는 단점이 있을 것이다.

특정지역 중심의 혁신클러스터가 성공하기 위해서는 대학, 산업, 공공부문 등 지역 내 상이한 영역들 사이의 자원이 연결되는 영역 간 네트워크(inter-sectoral network)가 이루어져야 함은 물론, 그것이 궁극적으로 초지역적 네트워크(super-regional network)로 발전되어야 한다. 또한 네트워크 내부조정(intra-network coordination)의 주체가 명확히 설정되어야 하며, 유기적 네트워크(organic network)로서 스스로의 추동력을 가지고 혁신 효율성을 지속적으로 증진하는 방향으로 변화해야 한다.[101]

지역적으로 좁은 클러스터는 학습과 혁신에 필요한 다른 산업의 지식과 정보교류는 물론 다른 지역에 존재하는 연구기관들의 협력에 한계를 가져올 수 있다는 것을 의미한다. 클러스터의 활동이 산업적 측면에서 민간중심으로 이루어질 때 성공가능성이 높다는 것은 당연한 사실이지만 정책적인 지원측면에서 보면 행정단위가 두 개 이상 포함되면 재정의 분담, 지도감독의 이원화 등으로 효율적 정책추진이 어렵게 된다. 지역적 범위가 작은 협역클러스터는 중심산업이 분명하고 참여하는 산 · 학 · 관 · 연 주체들이 분명하게 되어 직접적인 사업 네트워크 형성과 활동이 비교적 용이해진다. 그러나 중장기적 측면에서 학습범위가 작아지고 교류 영역이 한정되어 학습 및 혁신효과가 떨어지게 될 가능성이 크다.

우리나라의 산업클러스터는 대부분 행정구역 중심의 공간적 범위로 구성되어 있으며 중앙정부 지원도 이러한 행정구역 기준으로 이루어지고 있다. 따라서 행정구역별로 구분된 시범단지 중심의 혁신클러스터의 문제점을 보완하고 권역 내 혁신자원의 광역적 이용을 촉진하기 위해서 지자체의 칸막이를 뛰어넘는 광역적 클러스터 형성이 필요하고 지역 산업지원도 클러스터 중심으로 전환하는 것을 적극 추진하는 것이 필요하다는 지적이 있다.[102]

식품클러스터의 경우에도 지역별 사업배분, 예산배분, 지도감독의 명확한 설정 등 행정적 편의에 따라 지역적으로 협소한 사업 중심으로 클러스터를 선정하는 경향이 있다. 사업범위도 농산업을 비롯해 지원 및 연관산업을 가능한 넓게 포함하는 것이 네트워크 형성과 혁신에 도움이 될 수 있으나, 대부분 농업생산 중심으로 협소하게 형성되고 있다.

광역과 협역 클러스터의 장단점을 비교하면 다음과 같다.

광역과 협역 클러스터의 비교

	협역클러스터	광역클러스터
형성 가능성	단기적으로 용이	중장기적 추진 필요
정책 영향	지방정부	중앙정부
네트워크 중점	사업네트워크	혁신네트워크
가치 중점	공동사업	학습 및 혁신
사업 중점	공동생산 및 판매	연구 및 수출

일본 식료산업클러스터 체계

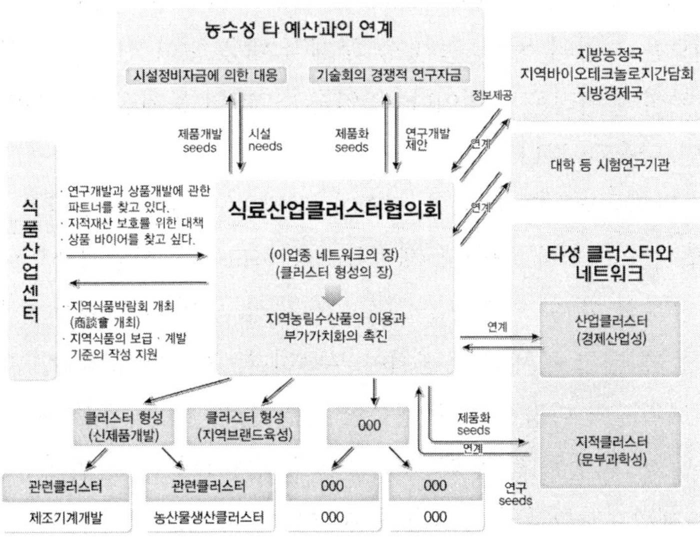

자료 : 김호 · 김태연 외, 사례연구를 통한 식품산업클러스터 조성방향, 농림부연구용역. 보고서, 2007.

일본의 경우 식료산업클러스터를 다른 지역의 클러스터와 폭넓은 네트워크를 추진하고 있는데 우리나라의 광역식품 클러스터 정책 추진에 참고할 필요가 있다.

3) 개선방안

우리나라 농업분야의 클러스터는 2005년도에 시작된 이후 5년 만에 광역식품 클러스터로 전환하여 확대 추진되고 있다. 이는 행정구역적인 측면이나 연관산업의 범위 측면에서 네트워킹 활동을 촉진하고 혁신을 도와줄 수 있다는 점에서 바람직하다고 볼 수 있다. 또한 클러스터의 중점산업을 농업에서 식품으로 전환하였다는 점에서 한층 더 산업적 시각으로 정책추진을 할 수 있게 되었다. 그러나 이러한 사업의 변경은 충분한 사전 연구나 공개적 논의 없이 이루어졌다. 그리고 2009년에 사업을 선정할 때에도 지역농업 클러스터에서의 사업전환 배경이나 새로운 사업의 목적, 절차 등 구체적 내용 없이 선정되어 정책의 상세한 분석이 어려운 실정이다. 광역클러스터의 문제점과 개선방안을 정리하면 다음과 같다.

첫째, 광역클러스터에 대한 명확한 정책수립 없이 시행되고 있다. 지역농업 클러스터에 대한 문제점을 보완하고 식품산업정책으로서의 역할을 충분히 할 수 있도록 클러스터의 목적, 범위, 네트워킹 중점, 지원분야 등에 대한 구체적인 정책이 부족하다. 광역클러스터가 가지고 있는 네트워크의 다양성, 연구기술의 범위 확대, 복수 행정기관 간 협력추진 방식 및 절차 등에 대한 구체적 정책을 전문가, 산업계, 지방정부 등 이해관계자들과의 논의를 통해 보완해 나가는 것이 바람직할 것이다.

둘째, 사업선정이 전체 농업과 식품산업의 현황과 집적 정도, 산업 간, 지역 간 연계 등 기본적 매핑 없이 이루어졌다.

예를 들어 양돈산업의 경우 기존의 경남클러스터, 보령, 홍천 등의 양돈산업이 전국적으로 어떤 연관관계에 있는지, 광주시의 우리밀 산업화가 향후 전국에서 가장 경쟁력이 있는 입지인지 등에 대한 조사 없이 시도의 신청에 따라 선정된 것이다. 이는 앞으로 전국적인 측면에서 네트워크의 중복이나 사업협력의 비효율을 초래할 가능성이 크다. 그러므로 우리나라 농업과 식품 전반에 대한 가치사슬을 파악하기 위한 푸드시스템 연구조사를 조속히 완료한 다음, 지방정부의 의지와 지역 정책적인 판단을 고려하여 클러스터를 선정하여 지원할 필요가 있다.

셋째, 광역클러스터가 갖는 장점을 살려나가는 조치들이 추가되어야 한다. 복수의 시군이 포함된 클러스터이기 때문에 지역 간 경쟁력 우위에 있는 산업을 중심으로 네트워킹이 될 수 있도록 지원해야 한다. 특히, 대학, 연구소 등은 협력과 경쟁이 효율적으로 연계되도록 하여야 한다. 참여기관의 효율적 지원이나 네트워킹 촉진, 공동 및 협력 연구의 알선 등을 위하여 사업위주의 클러스터 사업단을 폐지하고 민간 연구 및 기술협력 사업을 중심으로 하는 클러스터진흥원을 설립·지원하여야 한다. 클러스터진흥원은 지역농업 클러스터 초기에 농림부가 구상하였던 바와 같이 클러스터별로 매우 다양한 형태를 포용하는 정책이 되어야 할 것이다.

넷째, 기존의 지역농업 클러스터와 향후 조성될 국가식품 클러스터 등 타 정책과의 연계를 고려하여야 한다. 전국적인 푸드시스템과 각 클러스터의 지역적인 입지를 고려하여 국가식품 클러스터를 초광역권으로 하고 광역식품 클러스터를 광역권, 지역농업 클러스터를 협역클러스터로 다시 네트워킹하는 정책적 의지와 사업화가 필요하다.

다섯째, 중앙정부 차원에서 종합적이고 체계적으로 클러스터를 지원하고 지도하는 전문적인 추진조직의 설립이 필요하다. 이미 정부가 선정한 클러스터가 국가식품 클러스터 1개소, 광역 12개소, 지역농업 42개소 등 55개소이다.

정부가 선정한 클러스터를 효율적으로 지원하기 위해서는 전문가로 구성된 클러스터 지원기구를 설립해 클러스터에 대한 조사, 연구, 정책개발, 평가, 네트워킹 지원 등을 수행하여야 한다. 예를 들면 농수산물유통공사와 같은 기존 조직에 사업부서를 설치한 후 국가식품 클러스터의 형성이 가시화되는 시점에서 법적 근거를 갖는 별도의 전문기관을 창설하는 것이 효과적이다.

4. 국가식품 클러스터

1) 추진배경과 목적

세계 식품시장의 규모는 2004년 기준으로 약 4조 달러로 추정되고 앞으로도 지속적으로 성장할 것으로 전망된다. 이는 세계 자동차시장이나 정보통신시장(IT)보다 큰 규모이다. 세계적으로 글로벌 식품기업들은 과감한 연구 · 개발(R&D) 투자, 유통 네트워크, 브랜드 파워 등을 앞세워 세계시장을 공략하고 있으며 특히, 미래의 식품시장을 선점할 수 있는 연구 · 개발(R&D)분야에 집중 투자하고 있다. 이러한 여건하에서 미국의 나파밸리(Napa Valley), 네덜란드의 푸드밸리(Food Valley), 덴마크 · 스웨덴의 외레순 클러스터(Öresund Cluster), 일본의 식료산업 클러스터 등과 같이 선진국은 클러스터 조성을 통한 식품산업 육성에 주력하고 있다.

그러나 국내 식품기업은 규모가 영세하고 연구 · 개발 · 투자가 부족하여 글로벌 식품시장에서 지속적으로 성장하는 데 한계가 있다. 식품산업 발전과 식품기업의 역량을 강화하기 위해서는 국가에서 전략적으로 연구 · 개발 · 투자를 확대할 필요성이 있다. 국내 식품산업의 영세성과 낮은 기술력을 극복하고, 농업과 융복합 및 글로벌 식품산업을 선도할 획기적인 계기 마련이 필요한 시점이다. 특히, 식품산업의 잠재력을 성장엔진으로 확대 · 발전시켜 농업과의 동반성장을 도모한다는 정부의 새로운 농업정책방향과도 부합되는 것이다.

이러한 정책방향에 따라 문화와 식습관이 유사하고 인구가 밀집해 세계의 거대 식품시장으로 성장할 수 있는 동북아 시장을 선점하기 위한 정부의 전략 마련이 필요하다.

정부는 2007년 11월 27일 제1차 균형발전 정책보고회에서 '식품클러스터 조성 방향'을 결정하고 신규사업 추진에 공모한 지자체(5개)를 대상으로 평가기준에 따라 심의한 후 2007년 12월 17일 전라북도를 사업대상 지자체로 선정하였다. 당시의 평가기준은 사업계획의 적정성, 기반구축 정도, 성공가능성 등 19개 항목이었다. 이를 근거로 2008년 신규사업으로 국비 20억 원을 예산으로 확보하였으나, 한 · 미FTA 체결에 따른 국내보완대책으로 계상됨에 따라 한미FTA가 비준되지 못하여 결국 집행되지 못하였다.

2008년 3월 18일 농림수산식품부는 첫 대통령 업무보고서에 '국가식품 클러스터'조성 및 '08년 사업추진계획을 보고하였다.

국가균형발전위원회도 국가식품 클러스터를 초광역 개발권 중장기 프로젝트 검토대상으로 직접 예시하고 있다. 국제물류 · 비즈니스 · 신산업의 융합산업 벨트 구축이라는 목표 아래 서해안 신산업벨트의 핵

심사업으로 예시하고 있다.[103]

전라북도는 2008년 5월에서 12월까지 국가식품 클러스터 조성 기본계획정책연구를 한국산업연구원에 의뢰하여 수행하였다. 이 과정에서 산·학·관·연 전문가 세미나 개최(2회), 기본계획 수립 용역기관 협의(14회), 식품업체 의견수렴(25회), 세미나 및 학술대회 발표 및 의견수렴(4회)의 기회를 가졌다. 농림수산식품부는 연구용역을 바탕으로 국가식품 클러스터 기본구상안을 마련하고 2008년 12월 전라북도의 고창군, 김제시, 남원시, 부안군, 익산시, 정읍시 등 6개소의 입지 후보지를 추천받았다. 식품 및 클러스터 전문가, 식품업계 인사, 정부 측 인사 등 11명으로 구성된 농림수산식품부의 국가식품 클러스터 입지 선정위원회에서는 심사 끝에 익산시 왕궁면 일원을 클러스터 입지로 선정하였다. 국가식품 클러스터 입지 선정 기준은 인력공급 여건, 농업기반과의 연계 가능성, 교통 편리성, 개발 용이성, 지자체 추진의지, 지역주민의 추진의지 등이었다. 익산시는 모든 항목에서 고르게 높은 점수를 얻었으며, 특히 연구인력 유치 가능성, 교통여건, 지자체 추진의지 항목에서 좋은 점수를 획득하였다.

2) 국가식품 클러스터 기본구상[104]

(1) 비전(Vision), 목표 및 전략

국가식품 클러스터의 비전은 '2015년 동북아시아 식품시장의 허브(Oriental Food Centrum)로 육성'하는 것이다. 주요 목표는 2012년까지 100개 기업을 유치할 수 있는 식품산업단지를 조성하며, 현재 선진국의 40~60% 수준인 식품산업기술을 2015년까지 90% 수준으로 향상시키고 48,000명의 고용을 창출하겠다는 것이다.

국가식품 클러스터 주요 사업 내용

분야	인프라 조성(H/W)	운영 활성화 지원(S/W)
주요 사업	• 단지기반 조성 사업 • 핵심센터 건립 – 식품기능성평가센터, 식품포장기술지원센터, 식품품질안전지원센터, 국제 식문화연구소 • 식품전처리시스템 구축 • 공동 집배송 기반 구축 • 기업지원시설 건립 – 시험공장(pilot plant), 창업보육시설, 임대형 공장 • (가칭)국가식품 클러스터진흥원 구축	• 기업지원서비스 사업 – 컨설팅 지원 및 협업자금 지원 • 마케팅지원 사업 – 클러스터 브랜딩 개발 • 인적자원 개발사업 • 식품특화기술지원 사업 • 기능성 · 안전성 평가지원 사업 • 해외마케팅 지원사업 • 식품 감성 연구, 식문화연구지원 사업 – 국내외 식품에 대한 연구 및 정보 제공 • 해외 인증획득 지원

자료 : 농림수산식품부, 국가식품 클러스터 조성방안, 2008. 12을 토대로 재작성.

핵심가치는 식품 안전성 확보, 국내 농업과의 연계 및 국가발전의 신성장 동력화이다.

이러한 비전과 목표달성을 위한 전략으로는 첫째, 식품전문 국가산업단지를 조성하여 국내외 식품기업, 연구소 유치를 통해 식품 생산 · 가공 · 유통 · 수출의 일관체계를 구축하는 것이다.

둘째, 국내외 식품연구기관의 집적과 세계적 수준의 연구 지원을 통하여 글로벌 경쟁력을 가진 연구 · 개발(R&D)중심 클러스터로 육성하는 것이다.

셋째, 국가식품 클러스터와 지역식품 클러스터 간 연계 강화를 통하여 클러스터의 집적효과를 확산하는 것이다.

농림수산식품부는 2008년 12월 26일 식품 및 클러스터 전문가, 식품업계 인사, 전라북도 추천 인사 등 정부 및 민간 인사 11명으로 구성된 입지선정위원회의 심사를 거쳐 전라북도 익산시 왕궁면 일원 400ha를 부지로 결정하였다.

주요 사업은 크게 인프라 조성과 운영 활성화 지원으로 구분하여 14가지 사업을 제시하고 있다. 2009~2015년까지 단지 기반조성, 지원시설 건립, 클러스터 활성화 지원 등에 총 10,068억 원을 투입할 계획이다. 이 중 국가예산은 3,446억 원으로 계획하고 있다.

(2) 인프라 조성방안(H/W)

식품산업을 국가 기간산업으로 육성하고자 하는 정책적 의지를 반영하여 식품전문 클러스터를 국가 산업단지(國家産業團地)[105]로 조성하는 것을 계획하고 있다. 국가 산업단지 규모는 총 1,060ha며 2단계로 나누어 조성할 계획이다. 1단계는 단지구성에 필수적인 기반시설과 산업용지를 중심으로 약 400ha 규모로 조성하며, 2단계는 농업생산단지 및 국내농산물 전용 식품단지, 식품가공 무역단지 등 특성화 단지를 약 660ha 규모로 추가 조성할 계획이다.

식품산업 전문단지에는 국내외 100개 기업 및 민간 연구소 10개 이상을 유치하되, 식품 매출액 상위 기업이 입주하여 선도적인 역할을 수행하도록 할 계획이다. 또한 글로벌 연구수행 능력이 있는 국내외 대표적인 연구소와 우수한 연구인력을 유치할 계획이다. 특히, 식품 중에서도 기능성 식품, 발효식품, 유가공 및 육가공 식품 등과 같이 고부가가치화가 가능하거나 인삼류, 김치류, 면류 등과 같이 수출품목에 주력하는 기업을 우선적으로 유치할 계획이다.

입주기업에 대한 편의 제공과 생산성 향상을 위해 다양한 지원시설을 건립한다. 클러스터 전체 관리 및 기획을 위한 (가칭)국가식품 클러스터진흥원, 기능성 식품의 연구 · 개발을 위한 식품기능성평가센터,

식품품질안전지원센터와 함께 식품포장기술지원센터, 창업보육시설 등을 건립한다. 또한 신선편의식품 및 국산농산물 사용을 위한 대규모 전처리시설도 건립하며 한국식품연구원, 농촌진흥청 및 농수산물유통공사의 관련 기능을 이전하는 방안을 검토하고 있다.

국가식품 클러스터 용지 계획

<table>
<tr><td rowspan="4">산업용지(50%)
식품관련 기업 | 100개 업체
민간연구소(기관) | 10개 업체
* 외국인투자지역은 향후 별도 산정</td><td>기반시설용지(21%)
클러스터진흥원, 기능성평가센터,
포장기술지원센터, 품질안전지원센터 등</td></tr>
<tr><td>공공시설용지(20%)
도로, 공원, 녹지, 유수지,
폐수종말처리장 등</td></tr>
<tr><td>지원시설용지(5%)
주차장, 소방서, 변전소, 폐기물처리장 등</td></tr>
<tr><td>상업용지(4%)
식생활관련 용지, 금융 등</td></tr>
</table>

자료 : 농림수산식품부, 국가식품 클러스터 조성방안, 2008. 12, p. 4 내용을 토대로 재작성.

(3) 운영 활성화 방안(S/W)

국가식품 클러스터에 입주하는 식품기업에 대하여 정부는 식품 관련 연구·개발(R&D) 예산을 집중 지원할 계획이다. 이를 위해 현재 367억 원 수준에서 2012년에 1,500억 원 수준으로 증액될 것으로 예상되는 정부 연구 개발 예산의 일정 비율을 클러스터 입주기업에 지원하여 고부가가치분야에 중점을 두고 연구가 수행되도록 한다는 것이다. 또한 전북지역으로 이전하도록 계획되어 있는 한국식품연구원, 농촌진흥청 등 공공기관, 연구기관, 대학 간 통합시스템을 마련하여 연구·개발 협력을 강화하고 사업화할 수 있는 아이디어 창출과 사업 적용에 기여하도록 한다. 대학 및 연구기관은 전북 도내에 한정하지 않고, 타 시 · 도의 대학, 연구기관의 참여도 가능하도록 할 계획이다.

향후 설립될 수 있는 (가칭)국가식품 클러스터진흥원은 네덜란드 푸드밸리(Food Valley)의 와게닝겐대학 및 연구소들 간의 통합시스템(UR)과 같이 국가의 식품관련 연구 · 개발(R&D)에 관한 예산 확보 및 기획 · 조정 · 배분 역할을 수행한다는 계획이다. 식품 관련 전문인력 육성을 위한 식품 아카데미 과정도 운영한다.

효율성과 집적이익의 창출을 통해 식품산업의 경쟁력을 확보할 수 있도록 참여 기업과 기관들 간의 네트워크를 지원한다. 식품공급망의 효율성 제고를 통해 식품의 비용절감 및 안전 강화를 도모하며 국내 및 해외 연관 클러스터와 연계한 개방형 혁신시스템을 구축한다. 클러스터 내 기업과 연구소 · 대학 간 네트워킹을 강화할 수 있도록 연구 · 개발, 기업지원서비스 등 부문별로 프로그램을 마련하고 기업과 연구소 간, 연구소와 대학 간 컨소시엄을 구성하여 산 · 학 · 연 · 관 연계를 강화할 계획이다.

국가식품 클러스터를 통하여 식품 수출을 확대하기 위하여 전통식품, 기능성 식품 등 수출 가능성이 있는 품목에 대한 연구 · 개발 자금을 집중적으로 지원한다. 또한 단지 내 건립되는 전처리시설, 집배송시설, 시험공장(pilot plant), 식문화연구소 등을 적극 활용하여 안전한 고부가가치 식품의 수출을 촉진한다. 아울러 세계 식품시장 동향, 주요 수출국 시장 동향 등을 종합 분석하여 중소업체에 제공하는 등 수출에 필요한 정보 제공과 지원에도 적극 노력한다는 구상이다.

(4) 기대효과

정부는 국가식품 클러스터 조성에 따른 연구·개발(R&D) 투자 및 네트워크 효과를 통해 우리나라가 식품 강국으로 도약할 것으로 기대하고 있다. 영세성과 구조적 취약성을 가지고 있는 식품산업은 질적 고도화를 통해 글로벌 경쟁력을 제고하고 신시장 창출 및 확산을 통하여 수출이 확대될 것으로 예상한다. 농업은 국가식품 클러스터를 통하여 식품산업과의 융복합화가 촉진되고 고부가가치화가 진전되며, 안정적인 수요기반과 농어민의 소득 증대를 기대하고 있다. 소비자는 안전하고 품질 높은 먹을거리를 확보하여 삶의 질을 높일 수 있다는 것이다. 농림수산식품부는 클러스터의 구체적인 경제적 파급효과를 생산유발과 고용유발효과로 구분한다. 생산유발효과는 9조 9,000억 원, 고용유발 효과는 48,000여 명으로 추정하여 발표하였다.

국가식품 클러스터 정책의 유발효과

기대효과 구분		생산 유발효과(억 원)	고용 유발효과(명)
직접효과	혁신효과	45,927	20,903
	산업단지조성효과	26,126	11,180
간접효과		17,011	15,742
계		99,064	47,825

자료 : 농림수산식품부, 국가식품 클러스터 조성방안, 2008. 12, p. 4.

정부는 전라북도의 용역연구 결과를 그대로 인용하여 기대효과를 추정하고 있지만, 이는 구체적인 식품산업단지의 조성 규모, 정부의 투자 수준, 입주기업들의 기업활동 등이 계산되지 않은 상황에서 추정된 것이라고 보인다.

기본계획과 투자 규모가 결정되면 식품산업 조성에 따른 물류비 절감 등 생산성 향상효과 등을 측정하고 식품산업 전문단지에 입주하게 되는 식품 기업들의 생산 및 고용 증대효과는 타 지역의 생산 및 고용 감소효과에 기인하는 부분도 있다는 점 등을 고려하여 정확하게 추정하여 발표하는 것이 바람직하다.

(5) 향후 추진계획

국가식품 클러스터는 2008년도에 계획을 확정하고 기본 연구용역을 거쳐 2012년까지 식품산업단지 조성, 2015년까지 클러스터 형성을 목표로 하고 있다.

2009년에는 국가식품 클러스터 사업의 재정투입에 대한 예비타당성 조사(豫備妥當性調査)를 마친 후 단지에 대한 국가산업단지 지정과 건설계획을 수립한다. 클러스터의 운영 활성화와 관련하여 클러스터의 핵심적인 사업 아이템을 개발하고, 국내외 교류협력과 입주희망 기업을 대상으로 투자유치활동을 한다.

2010년에는 식품산업 전문단지에 대한 국가산업단지 승인신청과 함께 공사에 착공하여 2012년 말에 완공할 계획이다. 기업에 대한 투자유치활동과 홍보 및 교육 사업을 지속적으로 추진하며 전통식품, 기능성 식품 등 기술개발 지원 사업을 강화하는 한편, 입주대상 기업 등 참여기업에 대한 기업지원서비스 사업을 시작한다.

2011년에는 단지조성공사를 계속하며 단지 내 입주하게 될 공동 집배송시설, 전처리시설, 창업지원센터 등을 건립하며 해외의 식품관련 연구소와의 교류와 기업 및 연구소 유치를 지속 추진하게 된다.

2012년에는 클러스터 내 연구 및 지원시설 건축 등 단지가 준공되며 참여주체 간 네트워크 형성을 본격화한다. 국내외 식품에 대한 종합적 연구 분석 및 데이터베이스화도 추진한다.

2013년부터 2015년까지는 클러스터 네트워크 활동 지원, 기업생산 활동 및 연구활동, 기업지원시설 공동 이용, 산·학 연계 및 지역 연계, 타 클러스터와 연계활동 등 클러스터 형성을 위한 본격적인 사업을 실시하게 된다.

2009년 4월 농림수산식품부는 국가식품 클러스터 조성에 관한 사항, 국가식품 클러스터 기업 지원에 관한 사항, 국가식품 클러스터 기업 투자유치에 관한 사항, 행정지원체계 마련에 관한 사항 등을 심의하기 위하여 공동위원장 2인 및 당연직 위원을 포함하여 식품 단체 및 학계와 식품업계의 전문가 등 20인으로 국가식품 클러스터 추진위원회를 설치하고 실무를 총괄하는 추진단을 농림수산식품부 내에 설치하였다.

3) 국가식품 클러스터 정책의 특징과 추진방안

국가식품 클러스터 정책은 정부가 안전하고 품질 좋은 먹을거리를 공급할 수 있는 시스템을 갖추고 식품산업을 국제 경쟁력이 높은 신성장 동력으로 육성하는 매우 중요한 정책이다. 그러나 정책은 결정과정뿐만 아니라 목적이 바람직하고 실천 가능해야 하며 결정된 정책을 달성할 정책수단도 적합해야 한다. 국가식품 클러스터는 우리나라 전체 식품산업의 매핑이나 국가차원의 기본 연구용역도 없이 입지를 결정하고 식품산업단지 조성계획을 추진하게 되었다. 식품산업의 육성이 국가적으로 중요하고 시급한 정책이라는 정부의 판단 때문이라고 볼 수 있다.

그러므로 정책 추진과정에서 이미 결정된 사항들에 대한 문제점을 개선하면서 국민들에게 약속한 일정을 지키기 위해서는 정부가 클러스터와 식품산업에 대한 인식을 제고하고 전문가들과 식품업계 등 이해관계자들의 정책참여를 보장하여야 한다. 정부의 국가식품 클러스터 기본구상과 추진과정에서 나타난 정책의 특징과 문제점, 그리고 개선방안은 다음과 같다.

첫째, 정책결정이 정부 주도하에 이루어지고 있으며 산업계, 연구기관, 농업인 대표 등 이해관계자의 참여가 부족하였다. 당초 지역농업 클러스터 수준의 정책을 식품산업에 적용하기 위해 검토되었던 것이 식품산업에 대한 관심 증가 등 정책 분위기에 맞물려 1조 원에 달하는 재정 투입이 필요한 국가 규모의 식품산업클러스터 정책으로 전환되었다. 이 과정에서 클러스터의 중요한 구성주체들인 산업계와 연구기관은 물론 정부 내에서조차 충분한 검토나 논의가 없었던 것으로 보인다. 식품산업 전문단지의 성격, 클러스터의 핵심적 주체, 재정투입의 규모와 분담 등에 대해서는 향후 정책을 추진하는 과정에서 충분히 논의되어야 할 것으로 본다.

둘째, 국가식품 클러스터 정책의 주체와 역할 분담이 모호하다. 국가식품 클러스터는 입지가 전북 익산지역에 있을 뿐 범위는 우리나라와 동북아로 설정하고 있다. 그런데도 농림수산식품부가 아닌 전라북도가 기본계획에 대한 연구를 수행하였으며 이를 바탕으로 정부의 기본적인 정책구상을 수립하였다. 또한 2008년도와 2009년도 클러스터 사업비도 전북에 대한 지방보조금으로 편성되어 있다. 이는 식품클러스터를 정부의 식품산업정책의 중요한 정책으로 삼고 있는 상위의 식품산업 종합대책과도 배치되는 일이며 국가식품 클러스터를 전북이 주도하게 되면 타 지역의 협력 수준도 떨어뜨릴 우려가 있다. 국가식품 클러스터의 핵심적 주체는 국가식품인 농림수산식품부가 되어야 한다. 전북, 익산은 물론 전국의 지방자치단체와의 역할 분담도 명확하게 하는 것이 요청된다.

셋째, 국가식품 클러스터의 비전과 목표가 너무 이상적이어서 실현가능성이 낮다고 할 수 있다. 클러스터의 성공조건으로 정부의 명확한 정책의지와 일관성 있는 정책추진이 필요하다. 2015년까지 동북아 식품산업의 허브로 육성하기 위한 구체적인 목표나 정책수단의 검토가 미흡하다. 2012년까지 식품산업 전문단지 준공 등의 목표가 정책의 구체화과정이나 사업의 추진과정에서 지연되거나 변경될 가능성이 매우 높다. 실천 가능성이 낮은 과도한 정책의지는 정치적인 성격을 띤 사업으로 해석될 수 있다. 최소한 10년 이상이 소요되는 클러스터 정책의 특성을 감안할 때 무리한 목표 설정이다. 기본구상에서의 정책비전이나 목표는 강한 정책의지라고 볼 수 있다. 그런 만큼 향후 기본계획을 수립할 때에는 클러스터 추진위원회를 중심으로 산 · 학 · 연 · 관이 처음부터 정치적 · 기술적 · 경제적 실현가능성[106]을 함께 검토하여 정책의 실현가능성을 담보하여야 한다.

넷째, 클러스터 정책 목적의 실현을 위한 하위정책들인 각종 사업들의 체계화가 미흡하고 합목적적이지 못하다. 현재 학계에서 논의되고 있는 국내외 클러스터 이론은 주로 산업집적이 이루어진 이후 암묵지(暗默知)를 바탕으로 하는 산 · 학 · 연 · 관의 네트워킹과 학습이론이다. 국가식품 클러스터는 식품산업의 집적을 위한 기본적인 산업단지의 형상조차 갖추지 못한 상태에서 정부가 인위적으로 조성하고 이를 바탕으로 산 · 학 · 연 · 관의 네트워킹을 동시에 추진해야 하는 상황이다. 클러스터 이론보다는 우리나라 식품산업의 집적을 위한 현실적인 정책수단들의 검토와 구체화가 시급하다. 클러스터 형성과 발전을 위한 정책수단들도 식품산업의 생산조건, 수요조건, 연관산업의 형성 및 수준, 식품산업의 구조 등을 종합적으로 고려하면서 설계되어야 한다. 특히, 수요조건 측면에서 국내와 동남아 식품수요 동향을 분석하여야 하며 연관산업 측면에서 우리 농업의 조건과 발전방향을 연계하는 것이 중요하다. 식품산업 전문단지에 입주할 수 있는 기업들의 유치활동도 식품산업 전문단지의 주력 업종과 지원 및 연관산업의 업종을 먼저 구상한 후 이들에 대한 인센티브 방안을 결정하여 시작하는 것이 합리적이다.

다섯째, 우리나라 식품산업의 특수한 현실이나 정책여건에 대한 고려가 부족하다. 자본과 기술력을 앞세운 다국적 기업들이 우세를 선점하고 있는 세계 식품시장에서 식품강국으로 도약하겠다는 비전을 달성하기 위해서 한국적인 정책여건에 맞는 정책이 수립되고 집행되어야 한다. 정부 정책에 대한 의존도가 높은 농산물 생산 및 공급분야인 농업의 현실, 영세성과 낙후된 기술 수준인 식품산업의 구조, 환경변화에 민감하게 대응하는 까다로운 한국 소비자의 식습관, 중앙집권적 관료시스템과 지방정부의 낮은 역량 등이 감안되어야 한다.

익산 국가식품 클러스터는 정부가 식품산업을 단기간 내에 전략적으로 발전시킨다는 정책적 의지를 가지고 시작했다. 그러나 명확한 정책비전과 목표, 적절한 정책수단, 이해관계자의 적극적인 참여, 정책주체들의 환경변화에 대한 적응성과 추진능력 없이는 성공하기가 어렵다. 학계에서 연구된 이론과 국내외 클러스터 사례를 종합하여 한국 식품산업의 현실, 한국적 정책환경의 특수성, 한국의 식품클러스터 발전단계에 적합한 '한국형 식품클러스터 모델'을 설정하고 육성하는 것이 필요하다고 하겠다.

07

한국형 식품클러스터 **정책모델**

07 한국형 식품클러스터 정책모델

1. 식품클러스터 정책모델

1) 우리나라 클러스터 정책 환경의 특성

클러스터 정책은 정부의 식품산업정책의 하나로서 우리나라 정치체계의 정책과정을 통하여 수립 후 집행된다. 따라서 정책은 정책 환경의 종속변수(從屬變數)로서 정책 환경의 영향을 받으며 조정되어 간다. 식품클러스터 정책은 크게 우리나라 정치 및 행정적인 환경, 식품산업정책으로서의 정책 환경, 농업정책으로서의 정책적인 환경과 관련이 크다고 볼 수 있으며 이러한 정책 환경에 적합하고 환경변화에 적응할 수 있는 내용이어야 성공할 수 있을 것이다.

일반적으로 정책과정은 형성(形成), 결정(決定), 집행(執行), 평가(評價) 및 환류(還流)라는 다섯 가지 과정을 연속적으로 순환하게 된다. 각각의 정책과정은 각각의 정책 환경 속에서 적합하게 추진되어야 정책의 성과가 높아질 것이다.

정책과정의 개념 모형

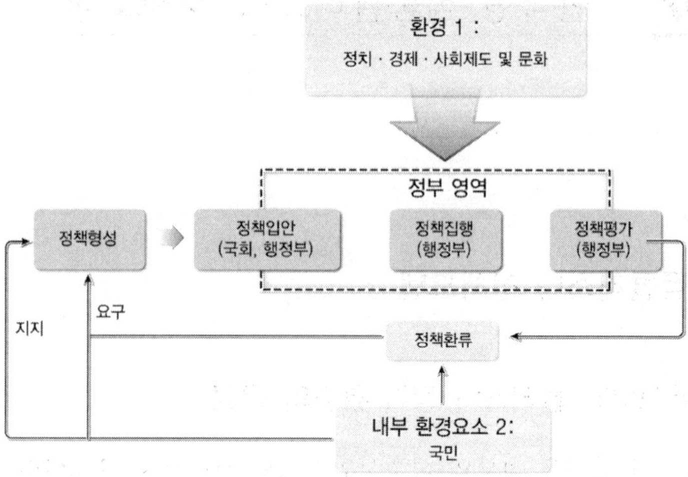

자료 : 김창욱 외, 시스템 사고에 입각한 정책설계 방안, p. 15.

우리나라의 정치 및 행정 환경의 특징은 중앙집권적 관료정치의 성격이 강하다는 점이다. 유교적 지배구조의 역사적 배경, 조선시대 중앙집권적 전통, 남북분단 상황과 산업화 과정에서의 하향식 개발 경험 등의 영향으로 국가권력이 국가식품에 집중되어 있으며 개인과 집단에 미치는 영향력과 통제가 강하다.[107]

정책형성부터 정책평가까지 법령, 재정, 인력 등에 대하여 주도적 위치에 있는 국가식품이 정책을 이끌어가고 있다. 클러스터 정책의 경우에도 중앙의 핵심적 주도 그룹에서 정책을 입안하고 이를 지방정부와 산업계를 대상으로 강력하게 추진하고 있는 특성을 보이고 있다. 지역적 입지를 가지고 지방정부가 중심적 역할을 해야 하는 클러스터 정책의 특성에도 불구하고 우리나라는 지방정부의 재정자립도가 낮고 지방 인력의 전문성이 부족하여 중앙에 의존하는 수밖에 없는 실정인 것이다.

우리나라 식품산업은 영세하고 기술수준이 낮아 구조적인 취약성을 가지고 있다. 최근 산업화와 소득증가의 결과로 가공식(加工食)과 외식(外食)의 비중이 높아지고 있지만 여전히 신선 농산물을 가정에서 직접 조리하는 형태의 전통적인 식습관의 비중이 높기 때문에 신선 농수산물의 생산과 유통이 중요하며 그동안 정부에서는 식품정책이 아닌 농업정책 속에서 농산물 유통과 가공을 다루어 왔다. 클러스터와 관련된 식품산업의 특징은 식품기업의 영세성과 산업적 상호 협력을 주도하는 이익단체의 부재, 국가와 민간의 연구 · 개발(R&D) 부족[108], 국내 원료(농산물)산업의 경쟁력 저위, 식품소비에 대한 소비자의 민감성 및 수요급변 등을 지적할 수 있다.

우리나라에 두드러진 정책 환경의 특징 중 하나는 식품산업과 농업과의 연계 필요성에 있다. 농업 · 농촌 · 식품산업기본법, 식품산업진흥법 등 식품정책의 기본법령에서 식품산업 진흥의 목적은 농업의 동반성장으로 규정하고 있다. 정부의 국가식품 클러스터 기본구상도 농업과의 연계를 주요한 목표로 설정하고 있다.

클러스터 이론이나 외국의 일반사례로 볼 때, 국내 농업은 식품산업 중 원료산업의 하나로 식품제조업, 외식업과 사업적 연관을 맺고 있는 분야는 클러스터 이론이나 외국의 사례와 비교해 매우 다른 정책적인 환경으로 보아야 한다.

이와 관련한 정책 환경 요소로는 클러스터 정책을 추진하는 데 있어서 농업인 단체의 참여, 클러스터 참여기업에게 국내 농업에 대한 우대를 요구하는 정치적 주장, 클러스터 재정지원에서의 농업연계 조건 부여, 클러스터 활동에 있어서의 농산물 생산자 단체의 입장 강화 등이 있다.

2) 한국형 식품클러스터 정책모델의 필요성과 의의

우리나라 클러스터는 선진 외국의 경우와 달리 지역적인 내생적 발전을 통한 산업집적 과정을 거치지 않고 정부가 의도적인 정책을 통하여 산업집적과 동시에 네트워킹을 통한 혁신효과를 도모하고 있다. 지역농업 클러스터 정책담당자들과 참여자들은 5년간의 시행과정을 거치며 자율적인 사업 시도를 통하여 농림사업과는 차별화된 네트워킹 효과를 학습하고 있는 것으로 볼 수 있다.

그러나 지역농업 클러스터는 농산업을 중심으로 하고 연관산업의 형식적인 참여가 대부분이어서 연관산업과의 네트워킹에 의한 자생적 혁신이나 네트워킹의 분화 등이 이루어지지 않고 있다.

광역클러스터와 국가식품 클러스터는 정책의 목표나 수단이 아직 구체화되어 있지 못한 상태에서 추진되고 있는 실정으로 조속한 구체화가 필요하다.

클러스터가 성공적으로 발전하기 위한 조건이나 요소는 다음과 같이 연구자나 사례분석에 따라 다양하게 주장되고 있다. 가장 중요한 것은 해당 클러스터가 처한 여러 가지 환경적인 요소와 정부의 정책목표라고 볼 수 있다.

산업클러스터 성공요소

연구자	유형	조건 또는 성공요소
마이클 포터	클러스터	생산요소, 수요요소, 지원 및 연관기관, 경쟁구조
박동	해외 클러스터	혁신네트워크의 구조, 개별 참여자들에 대한 인센티브 체계, 기술평가 및 기술이전, 신규창업
이철우, 이종호	클러스터	경제활동 국지화, 지역산업 전문화, 사회적 하부구조의 존재, 네트워크에 기반한 경쟁과 협력의 존재

연구자	유형	조건 또는 성공요소
복득규	국내산업 클러스터	구성주체 간 역할구분, 분업형 네트워크, 환경변화 대응 및 조직문화 공유
김정호	농업 클러스터	지리적 집적, 핵심주체, 산업·기술기반, 네트워크 구축, 정책의지
전라북도	네덜란드 푸드밸리	정부지원, 대학연구소 중심, 네트워크 전담기관, 글로벌 기업과의 제휴

우리나라 클러스터 정책 환경의 정책학적, 식품산업정책적, 농업정책적인 특성을 감안하고 선행연구와 해외 클러스터 사례의 시사점을 반영하여 볼 때 우리나라에 맞는 클러스터 정책의 필요성은 다음과 같다.

첫째, 우리나라의 클러스터 정책은 특정한 지역이나 기업들이 산업 발전단계에 따라 클러스터 정책을 요구한 것이 아니라 국가가 농업과 식품산업을 발전시키기 위한 정책수단으로 결정하여 추진하고 있다. 그러므로 정부가 산업과 대학·연구기관의 참여와 협력을 이끌어내는 주도적 역할을 적극적으로 할 수 있는 시스템이 필요하다.

선행연구나 해외 클러스터의 사례 분석에서는 민간기업중심, 지역중심의 내생적 클러스터 모델을 주장하고 있으며 정부주도의 클러스터 추진은 실패할 것이라며 경계하고 있다. 그러나 지방재정과 인력의 취약, 식품기업의 영세성과 분산, 농업분야의 국제경쟁력 열위 등의 여건에서 단기간에 혁신단계까지를 목표로 하고 있는 우리나라에서는 국가식품의 주도적 역할을 인정할 수밖에 없으며, 정부가 선도하지 않으면 오히려 실패할 가능성이 높다고 본다. 따라서 정부가 주도적인 역할을 수행하면서도 다른 주체들의 역할을 지원하여 클러스터의 장점을 살려나갈 수 있도록 하는 현실적 모델이 필요하다.

둘째, 식품산업정책과 농업정책이 조화되어 상승효과를 창출할 수 있는 정책이어야 한다. 기본적으로 식품산업정책은 자유시장 원칙을 기반으로 기업의 경쟁과 창의를 촉진해야 하며 정부는 시장의 경쟁원칙(rule)과 인프라 구축에 한정해야 한다. 그러나 국내 농업정책은 농업의 다원적 기능과 농업인의 소득지원을 목적으로 하는 공공정책적 성격이 강하기 때문에 식품산업정책과의 결합은 상호 상충되어 정책효과를 반감시킬 수 있다. 농업인들과 농업 생산단체가 클러스터에 참여하여 식품산업과 네트워크를 형성하면서 성장할 수 있도록 정부가 농업정책적 시각에서 지원해야 한다. 또한 농산물의 공급 중심적인 지원에서 벗어나 농산물의 수요 중심적인 정책으로 전환해야 한다.

셋째, 국가식품 클러스터는 일반적인 클러스터의 발전단계를 통합하여 압축적인 성장을 도모하여야 한다. 대부분의 해외 클러스터는 자생적으로 형성된 집적화된 산업지역을 기반으로 단계적으로 성장하여 왔지만 우리나라는 식품산업의 집적화와 네트워킹을 핵심으로 하는 클러스터화를 동시에 추구하여야 하는 특성이 있다. 여러 단계의 정책을 동시에 수행해 나가는 압축적인 정책을 택하여 단기적인 성공 전략을 추진하여야만 정치적 변화를 극복할 수 있을 뿐 아니라 민간기업들에게 정부의 의지와 클러스터 형성에 대한 확신을 주어 참여를 유도할 수 있을 것이다.

넷째, 정책 초기에 네트워킹의 구체화와 책임 있는 네트워크 형성 및 관리자를 인위적으로 지정하여 강력한 역할을 부여하는 것이 필요하다. 광역식품 클러스터나 국가식품 클러스터는 정부가 수립한 정책과 재정투입에 의하여 주도되는 사업이다. 횡적인 사업 협력문화가 미흡한 우리나라의 특성을 고려하여 연구나 행정네트워크는 물론 사업네트워크도 초기에는 형성주체를 명확히 하고 구체적인 지원수단을 부여하여 추진하는 것이 바람직하다.

결국 한국형 클러스터 정책모델은 정부가 강한 정책의지와 정교한 정책수단을 가지고 주도적인 역할을 하면서 단기적 압축 성장을 지향하는 통합적인 모델이라고 할 수 있다. 일반적인 산업클러스터와 한국형 식품클러스터를 비교하여 요약하면 다음과 같다.

한국형 식품클러스터 정책의 특징

	산업클러스터 정책	한국형 클러스터 정책
핵심가치	혁신, 경쟁력	생산성 향상, 농업발전, 혁신
주체	민간주도(정부지원)	정부주도(민간참여)
핵심요소	네트워킹, 혁신	산업집적, 네트워킹, 협력과 경쟁
접근법	국가 외생적	국가 내생적
발전단계	혁신	집적, 성숙, 혁신
발전모델	단계적 성장형	단계통합적 압축성장형

2. 한국형 식품클러스터 정책모델의 정립방안

1) 정부 선도형 산·학·관·연 협력 모델

산·학·관·연 연계와 정부의 역할

클러스터 정책의 실패는 처음에 구상한 정책의 목표를 달성하지 못하고 정책의 투입비용에 비하여 성과가 낮다는 것을 의미한다. 클러스터 정책의 성공적인 추진은 세 주체가 각각 기능과 역할을 수행하면서 연계활동을 구축할 수 있는가에 달려 있다고 볼 수 있다. 이러한 기능과 역할이 조화롭게 균형을 이루지 못하면 사업의 중도 포기·축소·지연, 식품산업 전문단지 조성의 지연, 참여기업 및 기관의 입주 미흡, 네트워킹 형성 미흡 등이 나타나고 결국 정책의 실패로 이어지게 될 것이다.

해외 클러스터의 실패요인을 다음과 같이 4분류로 나눠볼 수 있다. 지역의 현실과 유리된 정책의 추진, 연계나 네트워크에 대한 기대나 환상, 정책담당 공공부문의 능력 부족, 클러스터에만 의존하는 지역정책 등인데 이 중에서 공공부문은 정치적 고려로 인한 정책의 왜곡현상, 민간-공공협력 또는 파트너십 실패, 정책담당자의 능력 부족, 정부 부처 간·중앙-지방정부 간 정책조정의 실패, 정책의 지속성, 일관성 부재 등을 실패의 주된 요인으로 꼽을 수 있다. 정부는 공공 부문뿐만 아니라 대학 및 연구 기관, 산업분야의 활동과 이들 간의 협력활동에도 영향을 미치게 된다. 따라서 국가식품 클러스터에서 정부의 역할과 그 수준을 설정하는 것은 매우 중요하다고 할 수 있다.[109]

해외 클러스터 정책의 유형별 실패 사례

대분류	세분류
지역현실과 유리된 정책	지역실정을 고려하지 않은 위로부터의 획일적·표준적 정책
	지역의 수용능력을 고려하지 못한 정책, 첨단산업에 대한 환상
네트워크 구축 실패	지역 내부연계에 대한 지나친 집착
	산·학·연·관에 대한 환상과 대학 및 연구소에 대한 지나친 집착
	물리적 집적이 기능적 연계를 이루리라는 환상
공공부문의 실패	정치적 고려로 인한 정책의 왜곡(political lock-in)
	민간·공공 협력 혹은 파트너십의 실패
	정책 담당자인 공공부문의 능력 부족(특히 지방정부의 경우)
	정부 부처 간, 국가식품과 지방정부 간 정책조정의 실패
	정책의 지속성, 일관성 부족 문제
클러스터 정책에만 의존	거시경제적 정책요소를 간과함
	사회통합적 정책요소를 간과함

자료 : 강현수 외, 클러스터 정책에 있어서 정부정책 개입의 방향, 2004, p. 10.

혁신을 창출하는 클러스터에 있어서 산·학·관의 관계와 역할에 대하여 Etzkowitz가 혁신과 관련한 대학, 산업, 정부 간의 역할관계를 기준으로 3가지 모델을 제시하고 가장 바람직한 모델로서 '3중 나선형 모델(triple helix)'을 주장하고 있다.[110]

첫째, '국가 통제형 모델(statist model)'로서 정부가 대학과 산업에 대한 영향력을 가지고 두 주체 간의 관계를 지도하는 형태이다. 중앙의 계획과 조정 시스템을 통하여 각 기능을 조정하게 된다. 과거 소련이나 동구권에서 나타나며 국가통제형의 약한 형태는 라틴 아메리카와 노르웨이 등 일부 유럽 국가에서 찾을 수 있다. 프랑스는 전통적으로 이러한 모델의 전형을 보여주고 있으나 점차 중앙에서 지역으로 권한을 이관하고 있다. 중국에서와 같이 대학 연구기관이 국가의 통제 아래 있고 국영기업의 비중이 높은 상황에서는 정부 선도형 triple helix 형태가 형성될 수밖에 없을 것이다.[111]

둘째, 자유 방임형(laissez-faire)은 각 주체가 각각 독립적으로 벽을 쌓고 있으며 각 주체 간의 관계는 매우 제한되어 있는 형태이다. 이러한 모델은 스웨덴과 미국이 대표적이다. 최근에는 국가 통제형 모델을 개선하기 위한 처방으로 이 모델이 주창되기도 한다.

셋째, 3중 나선형 모델(triple helix)은 각 기관 간 기능 중복이 일부 일어나면서 지식기반을 창출하고 다른 주체의 기능을 수행하기도 하며 새로운 복합기능을 하는 기관이 생성되기도 하는 모델이다. 각 기관 내부에서도 상호 협력을 위한 시스템으로 전환한다.

혁신 시스템의 산 · 학 · 관 관계 모형

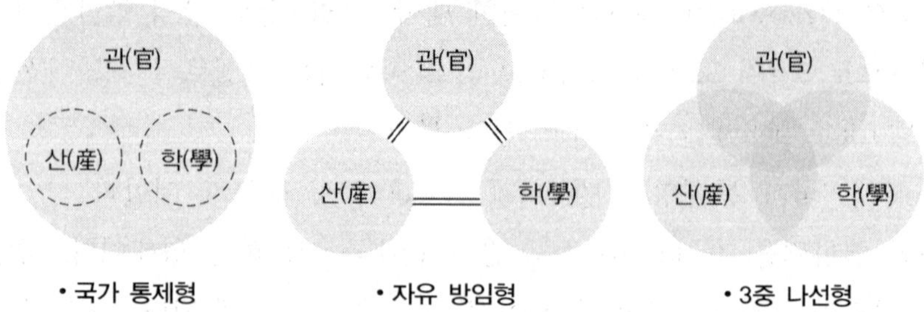

자료 : Etzkowitz & Leydesdorff, The dynamics of innovation : from National Systems and "Mode 2" to a Triple Helix of university–industry–government relations, pp. 111–112.

Etzkowitz는 대부분의 국가가 모델의 수준에 관계없이 triple helix 모델과 같은 혁신 시스템을 갖추기 위해 노력하고 있으며 혁신을 창출하는 환경을 실현하는 것이 공통적 목표라고 하고 있다. Porter도 국가 경쟁력 향상에 있어 국가의 역할은 직접적인 후원자나 자유 방임적 태도는 옳지 않으며 조정자와 협력자적인 역할이 적합하다고 하면서 기본원칙은 변화를 자극하고 국내 경쟁을 촉진하며 혁신하는 것이라고 강조하고 있다. 국가는 경쟁자들 간의 명확한 협력 기준, 지속적 투자 유인책, 규제완화 등이 정부가 노력해야 할 사항들이다.[112]

산업의 혁신과 클러스터 발전을 위한 주체 간의 역할은 산 · 학 · 관의 유기적인 네트워크와 활성화된 상호작용이 이상적인 형태라고 볼 수 있다. 그러나 현실은 해당 국가의 정책 환경, 산 · 학 · 관 세 주체의 능력과 태도, 해당 산업의 특성에 따라 세 주체 간 역할관계가 형성된다고 할 수 있다. 미국이나 네덜란드의 경우처럼 산업과 대학이 자생적으로 발전한 나라에서는 국가 통제형 모델은 나타나기 어려우며 자유 방임형의 정책을 취하더라도 협력적 연계가 자생적으로 형성될 것이다. 식품기업들이 영세하여 기술 도입이나 혁신에는 관심이나 여력이 없고 대학이나 연구기관은 자체 연구나 학생들의 교육에만 주력하고 있는 상황이라면 이상적인 'triple helix이론'은 실현되기 어려운 괴리된 모델이 될 것이다.

우리나라 식품클러스터 정책의 형성과정과 정책추진 환경을 볼 때 우리나라는 Etzkowitz의 모델 중에서 정부 선도형이라고 볼 수 있다. 이런 상황에서 정부가 택할 수 있는 정책은 정부가 주도적으로 식품산업 진흥을 위한 제도와 재정지원 등을 통하여 대학과 산업을 인위적으로 연계하고 협력하도록 하는 한편, 대학과 산업이 자발적 협력을 할 수 있는 능력과 태도를 갖도록 각 주체의 발전을 도모하는 일이라고 할 수 있다.[113]

최근 우리나라는 대학에 산학협력단을 구성하거나 대학기업의 창업과 운영을 유도하고 있으며 각 대학에 실용적 산업을 적용하고 연구비를 지원하거나 기업 임직원을 대상으로 기술이나 경영교육을 지원하는 사업을 진행하고 있다. 정부는 통제가 아닌 직·간접적 금융지원, 재단 설립 등과 같은 조치를 통하여 혁신적인 환경을 촉진할 수 있다. 결국 우리나라에 적합한 모델은 우리나라의 현실과 국가식품 클러스터 정책의 목표를 고려하여 정부가 대학 및 연구기관과 산업이 발전되도록 지원하고 두 기관 간의 발전적 연계가 형성될 수 있도록 선량한 조정자, 후원자의 역할을 적극적이고 주도적으로 하는 형태, 즉 '정부 선도형 산·학·관 협력모델'이라고 본다.

정부 선도형 산 · 학 · 관 · 연 협력모델

한국의 전통적인 정치행태와 현재의 중앙집권적 정책 환경에서 정부가 정책을 먼저 입안하고 결정한 국가식품 클러스터 정책의 경우에는 정부가 처음부터 끝까지 책임감을 가지고 '정부 선도형 산 · 학 · 관 협력모델'에 따른 역할을 수행해야 성공가능성을 높일 수 있다.

국가식품기관으로서 농림수산식품부는 국가식품 클러스터를 구상하여 국가정책으로 결정하였다. 또한 식품산업정책뿐만 아니라 국가산업정책의 큰 틀에서 일관성 있고 조화로운 클러스터 육성방안을 수립 · 실행하는 주체이다. 클러스터는 이미 존재하고 있는 클러스터가 성장하거나 파생될 경우 성공가능성이 높다. 이에 반해 국가식품 클러스터의 경우 국가식품이 식품클러스터의 구축방안을 결정한 후 공모를 통하여 인위적이고 의도적으로 입지를 결정하여 추진하고 있다는 문제점이 있다.

이러한 문제점을 극복하기 위해서는 국가식품이 우리나라 특성에 맞는 정책을 수립하고 지방정부와 함께 산업계와 대학 · 연구기관의 협력을 획득하면서 강력하게 집행해 나가야 할 것으로 보인다.

정부가 수행해야 할 구체적인 과제는 클러스터 발전에 대한 명확한 비전 및 정책수립, 클러스터 추진기관의 설립, 산업집적의 조성 및 지원, 연구 · 개발에 대한 지원 및 증진, 참여기업에 대한 정책적 지원과 네트워킹의 형성 및 활동 지원 등을 들 수 있다. 정부는 정부가 수행할 과제를 정확하게 설정하고 정부기관 간 역할을 명확하게 하여 일관성 있게 추진하여야 한다. 농림수산식품부는 전체 정책의 수립, 각종 추진기관의 설립, 총괄적인 집행 등의 역할을 하며, 전라북도와 익산시는 식품산업단지의 조성과 물류인프라를 구축하는 방향으로 역할 분담을 하여야 할 것이다.

정부기관 간의 역할 분담은 농림수산식품부를 중심으로 정책추진을 위한 행정 네트워크를 형성하고 클러스터에 대한 지식과 강한 추진의지와 실행권한을 가진 구체적인 추진조직을 설치하여 실행에 옮기는 것이 중요하다. 국가식품 클러스터의 추진조직은 클러스터의 단계, 주체별 역할에 따라 명확하면서도 유연한 형태로 구성하는 것이 바람직하다.

농림수산식품부에 클러스터 육성방안을 총괄 집행하는 국가식품 클러스터 정책추진위원회와 사무국 역할을 할 클러스터추진단의 설치가 필요하다. 추진위원회는 농림수산식품부, 지식경제부, 국토해양부, 행정안전부의 국장급, 전북, 익산시, 농촌경제연구원, 한국식품연구원 등 공공기관 대표들로 구성하며 기능은 마스터플랜, 부처연계사업, 재정지원 등 관련정책과 중요사업을 심의 · 결정한다. 위원회의 사무국 역할과 정책추진을 집행할 상설조직으로 클러스터 추진 T/F를 두어야 한다.

이에 필요한 인력을 농림수산식품부, 농촌진흥청, 농수산물유통공사, 한국식품연구원, 한국농촌경제연구원, 전라북도, 익산시 등에서 파견받아 운영해야 전문성과 집행력을 확보할 수 있을 것이다. 클러스터 이론과 기업현실에 정통한 국내외 전문가를 사무국에 자문단으로 두는 것도 좋은 방법이 될 것이다. 추진단에서는 위원회 심의결정 안건에 대한 작성 및 검토, 전북 및 익산시와의 협력, 전문가 자문, 참여기업 선정 및 유치, 타 부처 및 식품 타 부서 연계사업 발굴 등의 업무를 수행할 수 있다.

익산시는 클러스터 식품산업단지가 입지하고 클러스터 활동의 중심지가 되는 행정주체이다. 국가식품 클러스터이지만 식품산업 전문단지가 실제 입지하고 있어 사업을 시행하는 데 따르는 각종 행정조치들은 익산시에서 관장하는 경우가 많을 것이므로 참여 기업과 기관 입장에서는 현실적이고 직접적인 법적 · 행정적 권한을 가진 주체이다. 물리적인 식품산업단지 조성과 주변 도로 등 인프라 조성은 익산시가 주도적으로 추진해야 할 업무라고 할 수 있다.

또한 100개 기업이 입주할 수 있는 국가식품 클러스터는 익산시의 전체 경제에 직간접적으로 절대적인 영향을 주게 되므로 익산시는 클러스터의 성공을 가장 절실하게 희망하고 적극적으로 추진할 의지를 갖고 있을 것이다. 따라서 익산시는 농림수산식품부와 별도로 클러스터 추진단을 구성하여 운영하는 것이 효율적으로 보인다. 추진단은 익산시의 식품, 산업, 건축 등 담당 공무원, 전라북도, 민간 전문가 등으로 구성되어야 한다. 농림수산식품부에서 결정된 익산시 추진사업과 익산시가 별도로 추진해야 할 업무를 수행하게 될 것이다. 특히 현장에서 제기된 여러 문제점을 농림수산식품부에 전달하고 각 중앙부처에 해당되는 사업을 해결할 수 있도록 요청하는 역할도 중요할 것이다. 참여기업의 선정 및 입주는 농림수산식품부에서 해야 할 역할이지만, 실제로는 익산시도 중요한 보조역할을 수행해야 할 것이다.

전라북도는 익산 식품산업 전문단지의 물류인프라 구축과 익산시의 행정적 지원 역할에 주력하여야 한다. 국가식품 클러스터의 정책적인 주체는 국가식품이며, 입지적 주체는 익산시가 되기 때문에 전라북도의 역할에는 한계가 있을 것으로 보인다. 또한 전라북도가 별도의 역할을 강력히 수행하면 정부 전체의 의사결정과 집행라인이 길어지게 되며, 전북 이외 지역의 협력 의지가 저하되는 등의 단점이 부각될 우려가 있다. 전라북도는 익산시에 대한 재정 및 행정지원을 충실하게 하고 전북지역의 산업정책 및 사업을 국가식품 클러스터에 연계하는 등의 역할을 수행할 수 있을 것이다.

국가식품 클러스터와 관련하여 가장 중요한 역할을 수행할 조직으로 (가칭)국가식품 클러스터 개발협의회를 정부 주도로 설치하는 것이 요청된다. 정부의 추진조직과는 역할과 구성원 등에서 구별되어야 한다. 클러스터 개발단계에서 산업계, 학계, 연구기관과 정부기관이 정책의 협의, 클러스터 발전방향, 참여기업의 선정, 네트워킹 활동지원 등을 총괄적으로 협의하는 산·학·관·연의 모임이지만 산업단지가 완성되고 본격적인 클러스터 활동이 전개되는 성숙단계에서는 (가칭)국가식품 클러스터진흥원으로 공식 조직화될 수 있는 조직이다.

Porter는 클러스터 성공을 위해서는 훌륭한 클러스터 추진위원회가 필요하다고 강조한다. 성공한 클러스터 추진위원회의 공통점은 경쟁력에 대한 상호 이해와 경쟁우위 확보를 위한 클러스터의 역할에 대한 공감, 장애제거와 클러스터 발전을 저해하는 요건완화에 대한 관심, 특정국가 또는 경계 내의 모든 클러스터를 포괄하는 구조, 적절한 클러스터의 경계, 클러스터 회원 및 관계기관의 광범위한 참여, 민간부문의 리더십, 실행중심주의, 제도화 등을 제시하고 있다.[114] 일본의 식료산업 클러스터협의회는 식품제조업을 중심으로 농업, 가공업, 식품유통업 등으로 구성하고 대학·연구기관이 기술제공과 지도를 담당하고 행정기관이 정책적인 지원을 하는 체계를 가지고 있어 좋은 참고 자료가 될 만하다.

이와 같은 논의를 종합하여 우리나라 실정에 맞는 국가식품 클러스터 개발협의회의 참여 주체의 역할을 설정해 보면 다음과 같다.

국가식품 클러스터 개발협의회 참여주체 및 역할

	참여주체	역할
정부 기관 (官)	농림수산식품부 (농촌진흥청)	• 클러스터 정책에 대한 설명 및 여론수렴 • 식품산업대책(연구 · 개발 계획 등) 정보제공
	전라북도	• 물류(도로, 항만 등) 인프라 구축 • 국가식품-익산시 행정 협조
	익산시	• 식품산업 전문단지 조성 • 클러스터 현장 정책 추진
대학 (學)	전북지역, 전국 식품 관련학과	• 식품관련 연구 및 개발 • 창업보육사업, 지역기술혁신사업, 기업의 현장애로 기술해소 등 산업화 연계 기능 • 기업 인력의 재교육, 주문형 인력공급
연구 기관 (硏)	한식연, 농경연, ARPC 등 정부 출연 연구소	• 연(硏) · 연(硏), 산(産) · 연(硏) 교류 활성화 • 연구네트워크 총괄 • 국책연구 총괄
	민간	• 정부출연 연구소와 협력연구 강화
기업 (産)	식품제조기업 등 협회	• 식품산업 동향 및 투자방향 설정 • 사업네트워크 형성 • 산(産) · 학(學), 산(産) · 연(硏) 연계 활성화
	농협, 외식, 유통판매업 등 연관기업협회	• 농업과의 연계사업 • 농산물 원료, 외식산업 공급 및 수요파악 • 대-중소벤처기업 연계 • 산(産) · 산(産) 연계
	금융 등 지원기관	• 투자 유치, 자금융자, 컨설팅 등
	농수산물유통공사 등 공기업	• 식품기업에 대한 정부 지원 실행 • 산 · 관 연계

정책 추진 초기에는 농림수산식품부에서 구성과 운영을 주도하여 클러스터의 개발 방향과 각 주체의 역할 등 모든 사항에 대하여 논의하고 결정하는 역할을 하는 것이 바람직하다. 산 · 학 · 연 · 관의 대표자가 참여하여야 하며 농림수산식품부와 식품기업을 대표하는 식품공업협회 회장 등 민간위원이 공동위원장을 맡아 최상위의 네트워크로

서 역할을 수행하여야 한다. 협의회에서 논의된 여러 가지 정보가 각 분야의 네트워크를 통하여 전파되고 수렴되어야 하며 향후 국가식품 클러스터진흥원의 이사회 조직으로 발전하여야 한다. 따라서 정부정책의 결정과 이의 집행을 주안점으로 두는 행정 네트워크로서의 국가식품 클러스터 정책추진위원회가 다르기 때문에 두 조직을 명확히 분리하여 운영하는 것이 바람직하다.

국가식품 클러스터 추진조직은 클러스터가 발전하면 그 기능과 성격에 맞게 단계별로 적절하게 변화할 수 있어야 한다. 조성단계에서는 관계 부처 간 협의, 산업단지 조성, 재정계획 수립 및 확보, 참여기업 유치 등 공공적인 성격이 강하므로 정부조직에 민간의 참여를 조화시켜 추진조직을 구축하고 운영하는 것이 효과적이다. 따라서 정부와 지자체 소속의 클러스터 추진위원회와 사업추진단의 구성과 역할이 중요할 것이다. 클러스터 개발협의회는 정책 자문역할을 하는 것이 필요할 것으로 보인다.

성숙단계는 지속적인 정부정책의 뒷받침 속에서 민간기업과 연구기관의 네트워크 형성을 통하여 클러스터의 본질적인 상호작용이 일어날 수 있도록 하는 시기이다. 정부와 민간의 중간성격인 공기관형태의 상설조직으로 제도화하는 방안이 필요하다. 따라서 정부 소속의 추진위원회와 추진단은 지원 성격 조직으로 축소하고 국가식품 클러스터 개발협의회를 (가칭)국가식품 클러스터진흥원으로 법제화하여 공적조직으로 상설화하여야 할 것이다.

혁신단계에서는 참여기업과 관련기업, 기관들의 자율적 · 경쟁적 협력형태가 보장되어야 한다. 그러므로 제도화된 상설조직은 축소되어야 하며 다양한 민간 자율적 협력체의 활동을 조장 · 지원하는 조직들이 필요하다. 따라서 국가식품 클러스터진흥원은 민간 협력활동을 지원하는 창의적이고 유연한 업무와 단지관리 수준의 업무를 수행하는 것이 바람직하다.

한국형 클러스터 모델에서 정부 선도형 산·학·관 협력모델은 외국의 사례와 가장 큰 차이가 난다. 대부분의 선행연구에서 정부가 주도적인 역할을 하는 클러스터는 실패가능성이 높다고 지적하는 이유를 충분히 인식하여야 한다. 우리나라의 정책 환경, 단기간 추진 필요성 등의 현실적인 이유로 정부가 앞서서 선도(先導)하더라도 이에 따른 여러 부작용을 줄이고 예방할 수 있도록 산업과 대학 등 다른 주체들을 지원하고 조정하여 협력을 이끌어낼 수 있도록 선도(善導)하는 것이 바람직하다. 정부 선도형에서 명확히 해야 할 점은 정부는 각 주체들이 각자의 역할을 하도록 정책을 주도하는 것이며, 대학, 연구기관, 사업자들이 해야 할 영역까지 간섭하여 자율성을 저해하면 안 된다는 점이다.

2) 1-3-3 네트워크 모델

한국형 클러스터 네트워크

클러스터 참여주체들의 자발적이고 활발한 네트워크 활동은 식품클러스터의 본질적인 특성이며 성공을 좌우하는 핵심적 요소이다. 네트워크의 형성과 활동 주체들은 식품클러스터의 구성요소 또는 참여자라 할 수 있는데 매우 다양한 형태로 파악할 수 있다.

특정지역 중심의 혁신클러스터는 대학, 산업, 공공부문 등 지역 내의 상이한 영역들 사이의 자원이 연결되는 영역 간 네트워크(inter-sectoral network)가 이루어져야 함은 물론, 그것이 궁극적으로 초지역적 네트워크(super-regional network)로 발전되어야 한다. 이를 위해서는 네트워크 내부조정(intra-network coordination)의 주체가 명확히 설정되어야 하며, 유기적 네트워크로서 스스로의 추동력을 가지고 혁신 효율성을 지속적으로 증진하는 방향으로 변화해야 한다.[115]

이러한 클러스터 주체들이 상호 공식적 또는 비공식적인 활동을 통하여 수많은 네트워크를 구성하고 활성화하도록 특성에 따라 유형을 나누어 접근하는 것이 바람직하다. 우리나라의 실정에 맞는 한국형 식품클러스터의 네트워크로서 '1-3-3 클러스터 네트워크'는 클러스터에서의 기능과 역할, 조직성격 등을 기준으로 총괄 네트워크(總括 Network) 1개, 동종 네트워크(同種 Network) 3개, 이종 네트워크(異種 Network) 또는 파생 네트워크(派生 Network) 3개 등 총 7개 유형으로 대표된다.

동종 네트워크는 첫째, 민간 사업자들 간의 사업 네트워크로서 식품제조업을 중심으로 농업, 유통업, 판매업 등 전후방산업과 금융, 교육, 부동산, 식품기계 및 장치 설비업 등 지원산업이 포함된다.

둘째, 연구기관 간의 연구 네트워크로서 우리나라의 식품산업의 정책, 경영, 기술 등을 연구하는 정부출연연구소, 대학, 민간기업연구소 등이 포함된다.

셋째, 행정기관들 간의 정책 네트워크로서 입법부, 농림수산식품부, 지식경제부 등 중앙 행정기관과, 전라북도, 익산시 등 지방자치단체들이 포함된다. 이러한 동종 네트워크들은 비교적 그 역할과 기능이 분명하여 구체적인 조직형태로 구성되고 공식적인 활동을 통하여 운영될 수 있다.

이종 네트워크는 3개의 동종 네트워크에 속한 참여자들이 이종 간에 형성한 네트워크들로서 연계형태에 따라 산 · 연(産 · 硏) 네트워크, 산 · 관(産 · 官) 네트워크, 관 · 연(官 · 硏) 네트워크로서 유형화할 수 있다. 그러나 매우 성격이 다양하여 공식적 조직보다는 비공식적인 형태로 구성되고 활동도 다양하게 나타날 것으로 보인다.

1차적으로 3개의 동종 네트워크를 연계하면서 2차적으로 3개 유형의 이종(파생) 네트워크들을 포함한 전체적인 네트워크를 총괄하는 통합적인 네트워크를 형성해야 하는데 이를 유형화하여 요약하면 다음과 같다.

식품클러스터 참여자와 네트워크 유형

	사업자	연구기관	행정기관
사업자	사업 네트워크	산·학 네트워크	산·관 네트워크
연구기관	산·학 네트워크	연구 네트워크	관·연 네트워크
행정기관	산·관 네트워크	관·연 네트워크	정책 네트워크

사업 네트워크

사업(비즈니스) 네트워크는 식품클러스터에 직간접적으로 참여하는 기업들이 기업경영에 필요한 지식, 정보를 교류하는 장이며 공동 또는 협력적 사업을 수행하는 실천적인 시스템이다.

식품관련 업종은 사업의 형태, 범위, 성격 등에 따라 매우 다양하여 형식적이고 명확하게 업종을 구분하기는 쉽지 않다. 한국산업 표준분류에 따른 식품제조업에 속한 업종은 다음과 같다.

식품표준 분류상 식품제조업

중분류	소분류
도축, 육류 가공 및 저장 처리업(101)	도축업(1011, 1011), 육류 가공 및 저장 처리업(1012), 가금류 가공 및 저장 처리업(10121), 기타 육류 가공 및 저장 처리업(10129)
수산물 가공 및 저장 처리업(102)	수산동물 가공 및 저장 처리업(1021), 수산동물 훈제, 조리 및 유사 조제식품 제조업(10211), 수산동물 건조 및 염장품 제조업(10212), 수산동물 냉동품 제조업(10213), 기타 수산동물 가공 및 저장 처리업(10219), 수산식물 가공 및 저장 처리업(1022, 10220)
과실, 채소 가공 및 저장업(103)	과실, 채소 가공 및 저장 처리업(1030), 과실 및 채소 절임식품 제조업(10301), 기타 과실·채소 가공 및 저장 처리업(10309)
동물성 및 식물성 유지 제조업(104)	동물성 및 식물성 유지 제조업(1040), 동물성 유지 제조업(10401), 식물성 유지 제조업(10402), 식용 정제유 및 가공유 제조업(10403)
낙농제품 및 식용빙과류 제조업(105)	낙농제품 및 식용빙과류 제조업(1050), 액상시유 및 기타 낙농제품 제조업(10501), 아이스크림 및 기타 식용빙과류 제조업(10502)
곡물가공품, 전분 및 전분 제품제조업(106)	곡물 가공품 제조업(1061), 곡물 도정업(10611), 곡물 제분업(10612), 제과용 혼합분말 및 반죽 제조업(10613), 기타 곡물가공품 제조업(10619), 전분제품 및 당류 제조업(1062, 10620)
기타 식품제조업(107)	떡, 빵 및 과자류 제조업(1071), 떡류 제조업(10711), 빵류 제조업(10712), 코코아 제품 및 과자류 제조업(10713), 설탕 제조업(1072, 10720), 면류, 마카로니 및 유사식품 제조업(1073, 10730), 조미료 및 식품 첨가물 제조업(1074), 식초, 발효 및 화학조미료 제조업(10741), 천연 및 혼합조제 조미료 제조업(10742), 장류 제조업(10743), 기타 식품 첨가물 제조업(10749), 기타 식료품 제조업(1079), 커피 가공업(10791), 차류 가공업(10792), 수프 및 균질화식품 제조업(10793), 두부 및 유사식품 제조업(10794), 인삼식품 제조업(10795), 건강보조용 액화식품 제조업(10796), 건강기능식품 제조업(10797), 도시락 및 식사용 조리식품 제조업(10798), 그 외 기타 식료품 제조업(10799)
동물용 사료제조업(108)	동물용 사료 및 조제식품 제조업(1080, 10800)

자료 : 통계청, 제9차 한국표준산업분류 2007년 12월 28일 고시(2008년 2월 1일 시행).

상호 상업적인 거래관계에 중점을 두고 산업연관표를 통해 클러스터를 분석한 연구결과[116]를 토대로 분류하면 식품제조업을 중심으로 연관산업, 지원산업 등 3개 사업분야로 나누어 파악할 수 있다. 연관산업은 농축수산업, 포장업, 금속제조업, 유통업, 판매업, 수출업 등 식품제조업의 전후방 산업 성격의 업종과 저장, 운송업 등 서비스 업종이 포함된다고 볼 수 있다. 금융, 컨설팅, 교육 등의 업종은 일반적으로 지원기관이라는 명칭으로 분류되고 있으나 이는 활동의 목적이 영리적이면 지원산업으로 보고 공공적이면 정부활동의 범위에 속하는 것으로 보는 것이 합당하다.

식료품 제조산업클러스터의 구성체계

핵심부문	연관부문
국수, 라면 및 유사식품 제조업	〈1차 연관부문〉
비알코올성 음료 및 얼음 제조업	기타 유리제품 제조업
수산물 가공 및 저장 처리업	설탕 제조업
발효주 제조업	전분 및 당류 제조업
담배 제조업	채소가공 및 저장 처리업
코코아 제품 및 설탕과자 제조업	소매업
조미료 및 식품 첨가물 제조업	금속가구 제조업
빵류 및 곡분과자 제조업	동식물성 유지 제조업
맥아 및 맥주 제조업	부동산 임대업
증류주 및 합성주 제조업	부동산 공급업
낙농제품 및 아이스크림 제조업	비누, 화장품 제조업
도축고기 가공 및 저장 처리업	
기타 식료품 제조업	
곡물 가공품 제조업	〈2차 연관부문〉
금속파스너, 철선조립제품 제조업	냉각, 가스 발생기 제조업

핵심부문	연관부문
기타 조립금속제품 제조업	기타 일반 목적용 기계제조업
모조, 장식용품 제조업	창고
플라스틱 제품 제조업	기타 고무제품 제조업
기타 목제품 제조업	세탁업
코르크 가공품 및 조물제품 제조업	위생서비스
원유정제 처리업	사무 및 회화용품 제조업
석유정제물 제처리업	그 외 기타 제품 제조업
기타 종이 및 판지 제품 제조업	
유·무연탄 광업	

자료 : 정병순·박래현, 한국의 산업클러스터에 관한 실증연구, p. 34의 표를 일부 수정.

사업 네트워크는 사업자 간에 경영활동에 필요한 연구, 기술 등의 정보 교류와 사업협력을 목적으로 이루어진다. 기업 간의 사업협력은 상업적인 거래가 기본이겠으나 국지시장의 확보, 경제적인 보완, 세계 시장에서의 경쟁우위 확보 등 전략적인 협력형태도 있다. 구체적인 협력형태에는 라이선싱, 프랜차이징, 합작투자, 공동 연구 및 개발, 공동 마케팅 등이 있다.[117] 또한 공급망 관리시스템(SCM : Supply Chain Management)을 적용하여 공급, 물류, 수요 등 3대 부문과의 협력을 중심으로 공동사업 수행, 제품독점 공급 및 판매망 협력, 제품 및 기술 공동개발, 제품 공동발표회, 인력교류, 주문자 상표생산(OEM) 및 외주 공동계약, 공동 브랜드, 특허 상호 공유 등을 협력적 사업방식으로 파악할 수도 있다.[118]

사업 네트워크는 기업들의 사업분야와 기업 간의 협력, 경쟁관계에 따라 공식적·비공식적인 방식으로 형성되고 활동하게 될 것이다. 우리나라 기업문화의 특성으로 보이 수직적 계열회를 통한 사업협력은 활발하나 수평적 협력은 원활하지 못할 것으로 보인다. 식품분야의 협력에 대한 연구조사는 없으나 일반 산업분야의 경우 기업 또는 산업간 협력은 지역, 기술 수준, 입지형태에 따라 다르다. 그러나 지역 내의 타 기업과의 공동기술 및 연구 · 개발이나 산 · 학 · 연 · 관 협력사업의 경험이 산업입지에 관계없이 20% 수준에 불과[119]할 정도로 취약하다. 그러므로 정부는 이러한 활동을 의도적으로 촉진할 수 있도록 지원해야 한다. 정부는 우선 선도적인 네트워킹 형성 주체를 시범적으로 지정하여 세미나 개최, 공동연구 및 협력사업 등을 정책자금과 연계하여 지원하는 방안이 필요하다.

선도적으로 네트워킹 형성을 주도할 기관으로는 식품업계를 대표하는 식품공업협회, 음식업중앙회, 외식산업협회와 같은 동종 기업들의 협회 조직들이 있다. 이러한 조직들은 소속기업들이 다양한 분야에서 여러 가지 형태의 정보교류와 사업협력을 할 수 있는 네트워킹을 형성하고 촉진할 수 있도록 공식적인 회의, 세미나, 사업발표회는 물론 비공식적인 연찬회, 조찬강연회, 동호회 등의 활동을 지원하는 것도 도움이 될 것이다. 또한 대학, 연구기관, 공기업 등과의 협력을 위해 분화된 파생네트워크도 산업 쪽에서 주도하는 것이 바람직하다. 정부는 국가식품 클러스터 정책을 계기로 식품산업의 동종 네트워크를 통합적인 관점에서 활성화하도록 식품관련 협회들을 구성원으로 하는 (가칭) 식품산업연합회(食品産業聯合會)의 설립을 유도하는 방안도 검토할 만하다.

연구 네트워크

산업클러스터가 상호 학습과 혁신을 통하여 발전할 수 있는 것은 새로운 기술, 지식, 정보를 획득할 뿐만 아니라 자기분야에 적용할 수 기회를 제공하기 때문이다. 이러한 새로운 지식의 원천은 연구이며 식품산업에서도 예외가 될 수 없을 것이다. 식품분야의 연구는 식품안전성, 영양 및 기능성, 향미 및 외관, 저장 및 유통기술, 제조 및 가공기술, 정보화와 인증 및 표시 등 매우 광범위하고 다양하다. 정부에서도 최근 식품관련 연구의 중요성을 인식하고 예산을 증액하고 있다. 그러나 전체 식품분야의 연구 · 개발(R&D) 투자실적은 2003년 기준으로 전체 제조업의 1.7%에 불과하다.

우리나라 식품산업 연구 · 개발 정책의 문제점으로는 국가 차원의 식품분야 중장기 기술개발 종합계획이 없고 투자액이 부족하며 식품기업의 연구 개발도 미국, 일본 등 선진국 대비 12~15% 수준이고, 공공연구기관이 부족하고 선진국과 핵심기술의 격차가 심화되고 있으며, 공공 · 민간의 효율적인 교류 · 협력체계가 미비하고, 식품 연구 · 개발 플랫폼이 없어 총괄적인 조정기능이 미흡하다는 점 등을 지적[120]할 수 있다.

그러나 보다 큰 문제점은 연구재원과 인력들을 식품산업 발전과 실질적으로 연계하여 활용할 수 있는 시스템이 부족하다는 데 있다. 그러므로 식품클러스터 정책추진과 병행하여 식품산업의 연구가 보다 실용적으로 추진되고 이를 기업들이 충분히 활용하도록 하는 것이 중요하다. 이를 위해 식품산업의 연구 · 개발 체계를 재정립하고 국내의 연구기관들이 상호 경쟁과 협력할 수 있도록 연구 네트워크를 활성화한 필요가 있다.

식품클러스터의 연구 네트워크는 정부의 전체적인 식품산업 연구·개발 정책의 틀 속에서 설정되는 것이 매우 중요하다. 정부가 클러스터 정책을 위한 연구 네트워크에 너무 비중을 둘 경우에는 국가 전체의 기존 식품연구체계가 흔들리게 되고 네트워크에 참여하지 못하는 연구기관들과의 갈등이 유발되는 한편, 클러스터의 연구 네트워크가 국가 전체의 식품 연구체계와 분리될 경우에는 네트워크에 대한 참여와 활동이 위축될 수 있다. 따라서 정부는 국가식품 클러스터의 연구 네트워크를 국가식품 연구·개발 체계 내에서 산업 실용화 연구를 담당하는 조직으로 특화하는 방향으로 검토해 볼 만하다.

연구 네트워크는 1차적으로 농림수산식품부 농림기술관리센터(農林技術管理센터, ARPC), 농촌진흥청, 한국식품개발원, 전북생물산업진흥원 등 정부 및 공공 연구기관, 각 대학의 식품관련 학과, 민간기업의 연구소, 해외 연구기관 등을 참여 대상기관으로 볼 수 있다. 우리나라의 식품관련 연구기관은 공공기관 35개(중앙 8, 지자체 27), 민간 146개 등 전국 181개 기관에 달하며 연구원 수는 전국 3,644명(중앙 1,155, 지자체 312, 민간 2,177)인 것으로 추정된다.[121] 연구 네트워크의 목적은 연구정보의 교류, 연구시설의 공동사용, 공동 또는 협력연구 사업의 수행, 연구 인력의 교류 등이 될 것이다.

정부는 연구 네트워크의 다양성을 위한 분화를 촉진하되 통합적인 관점에서 방향을 설정하고 조정하는 네트워크 조정자를 지정하여 운영하는 것이 바람직하다. 재정이나 법령에 의한 정부가 직접적으로 지도·감독하는 기관인 농림기술관리센터(ARPC), 농촌진흥청 및 소속 연구원, 한국식품연구원, 전북생물산업진흥원 등 공공 연구소는 농림수산식품부에 식품연구기관 협의회를 구성하여 운영함으로써 정부 식품연구의 장기방향, 국책연구사업의 시책추진, 각 네트워크 형성 및 촉진방안 등을 논의하여야 한다.

대학의 식품관련 학과는 전국 식품대학장 협의회 또는 식품관련 학회 등에서 한 기관을 네트워크 조정자로 선정하여 상호 교류를 촉진하여야 하며, 민간기업의 연구소들은 연구소장 협의회 등의 구성을 유도하여야 한다.

연구네트워크를 총괄하며 산-연, 산-학, 학-연, 관-연, 관-학 등 각 분야별 파생적인 네트워크를 유도할 기관으로는 정부의 정책을 행정적으로 시행하기 쉽고 안정적인 조직이라는 측면에서 농촌진흥청이나 정부출연기관인 한국식품연구원이 적절할 것으로 판단된다.

정책 네트워크

식품클러스터 정책의 추진과정에서 정부는 정책의 의제형성, 정책결정, 정책수단의 선택, 평가 등 행정적인 업무처리 이외에도 사업대상의 선정, 예산승인 및 조정을 통한 사업계획의 지도, 교육 및 컨설팅, 연계사업의 지원 등 민간분야에도 매우 중요한 기능과 역할을 수행하고 있다.

그러나 국가 정책은 여러 정책영역에서 행정기관뿐만 아니라 다양한 정책수행 기관들에 의하여 복잡한 과정을 통해 이루어진다. 식품클러스터와 관련된 정책 기관들은 행정부, 입법부, 지방자치단체는 물론 농업과 식품산업관련 협회, 단체까지 포함되며 정책에 영향을 미치게 된다. 클러스터라는 정책에 관여되는 여러 기관들은 상호 지식과 정보를 교환하면서 각자 또는 공동으로 협력 또는 경쟁하면서 정책과정을 수행하게 된다. 이러한 과정은 법령에 따른 공식적이고 행정적인 정책과정으로 이해하는 것보다는 유기적 네트워크에 의한 복합적인 정책과정으로 인식하는 것이 바람직하다. 새로운 거버넌스 형태도 적합하다.

Jordan & Schbert는 정책 네트워크는 정책행위자, 정책행위자의 연계와 경계로 이루어져 있으며 주로 공공부문 및 민간조직의 행위자들로 구성되는 비교적 안정적인 세트의 행위자를 포함하고 있다고 설명한다. 또한 하나의 정책 네트워크의 경계는 공식기관들에 의하여 결정되는 것이 아니라 기능적 적합성과 구조적인 틀에 의존하는 상호인지의 과정으로 결정된다고 주장하고 있다.[122]

장원석은 우리의 시대상황이 '거버먼트(government, 政府)의 시대'가 아닌 '거버넌스(governance, 協治)시대'라고 주장하면서, 농정분야에서도 합의를 바탕으로 한 통일되고 일관된 농정을 추진할 수 있는 거버넌스형의 새로운 농정체계를 구축할 필요성이 있다고 지적하고 있다. 클러스터의 경우 산 · 학 · 관 · 연의 네트워킹이 핵심이라는 점에서 이를 적극적으로 활용해야 한다.[123]

클러스터 정책이 실패하는 요인의 하나는 공공부문의 능력 부족이 될 수 있기 때문에 정책을 추진하는 공공부문 내부 주체들 간의 정책조정 및 정책들 사이의 유기적인 연계가 필요하다.[124]

식품클러스터 정책과 관련한 1차적 동종 네트워크 참여자로는 농림수산식품부를 비롯한 중앙부처, 전라북도와 익산시 등 지방자치단체와 농수산물유통공사, 농촌경제연구원, 산업연구원 등 공공기관이 될 수 있다. 농림수산식품부는 정책추진과 관련한 1차적인 참여기관일 뿐만 아니라 거버넌스 정신을 살리고 정책과정에 대한 이해관계자의 참여를 확대하여야 한다. 대상으로는 국회, 언론, 농업인 단체, 소비자 단체 등이 있다.

농림수산식품부는 대외적으로 국토해양부(산업단지 관련), 지식경제부(중소기업 지원), 기획재정부(재정 관련), 교육과학기술부(대학 지원)

등과의 수평적 협력과 함께 국무회의(클러스터 정책 결정), 국회 농림수산식품 상임위원회(법제 및 예산), 국가균형발전위원회, 국가미래기획위원회, 각 지방자치단체 등과 수직적 협력관계를 형성하여 클러스터 정책에 대한 정보교류와 사업협력을 이루어낼 수 있다.

농림수산식품부 대내적으로는 식품산업담당 부서를 중심으로 식량, 축산, 수산, 원예, 수출부서와 공식 · 비공식적 네트워크를 형성함으로써 부처 내 정책의 중복을 방지하고 사업연계를 도모할 수 있다. 농림수산식품부는 또한 전라북도와 익산시가 지역에 기반을 둔 정책 및 사업을 자체적으로 추진하기 위한 행정적인 자원을 획득하고 시책추진을 용이하게 할 수 있도록 별도의 네트워크 활동을 권장하고 지원하는 것도 필요하다.

정책 네트워크에 대한 총괄적인 추진 조직으로는 위에서 상술한 농림수산식품부의 국가식품 클러스터 정책추진위원회 및 추진단이 적절하다. 클러스터 정책과 관련한 세미나, 연구, 공청회, 연찬회 등을 실시하여 네트워킹 활동을 수행하도록 한다. 정책 네트워크는 공식적인 조직일 뿐만 아니라 비공식적 모임, 회의 등 교류를 포함한다는 점에서 국가식품 클러스터 개발추진위원회나 정부의 클러스터 추진단과는 다르다.

통합 네트워크와 사이버(Cyber) 네트워크

식품클러스터는 3개 유형의 동종 네트워크와 3개의 이종(파생) 네트워크를 중심으로 수많은 네트워크가 분화되고 활성화될 때 클러스터 참여기관 간의 명시지와 암묵지의 상호작용이 활발해지고 학습과 혁신효과가 발생하여 자생적 발전을 이루어나갈 것이다. 정부는 정책 조기에 이러한 네트워킹을 의도적으로 형성하고 행정적 · 재정적 · 제도적 지원을 통하여 촉진하여야 한다. 네트워크 유형별로 성격에 적절한 중추적 선도기관을 정하여 통합적인 관점에서 추진하는 것이 효과적이라고 할 수 있다.

식품클러스터의 통합 네트워크는 정부의 전체적인 식품산업정책 체계하에서 적절한 위치설정이 필요하며 그 기능과 활동범위를 명확하게 할 필요가 있다. 그렇지 못할 경우에는 식품산업정책과 식품클러스터 정책의 관계와 범위가 불분명하게 되어 하위정책 집행기관들과 이해관계자들의 갈등을 유발할 수 있다.

총괄적인 통합 네트워크의 구상과 설계는 농림수산식품부에 의하여 주도되어야 할 것이며 식품산업단지 조성 이전까지는 (가칭)국가식품클러스터 개발협의회에서 한국식품연구원 등의 협조를 받아 구체적 활동을 시행하는 것이 용이할 것이다. 우선 푸드시스템을 파악하여 참여 대상 업종, 기관 등을 선정한 후 현존하는 네트워크와 형성되어야 할 네트워크를 목록화하여야 한다. 네트워크 유형별로 다양한 네트워크를 개발하고 이의 형성과 활동을 체계적으로 지원할 수 있는 주도기관, 즉 네트워커를 선정하여 네트워크 형성과 활동에 따른 비용을 정부가 일부 지원하는 것이 바람직하다.

1-3-3 네트워크 형성 및 추진방향

우리나라의 식품클러스터가 정부 주도의 정책으로 추진되더라도 결국은 이에 참여하는 기업, 기관 등이 어느 수준으로 자발적인 협력과 경쟁관계를 형성하느냐에 따라 성공이 좌우될 것이다. 식품클러스터의 네트워크는 정부, 클러스터 개발협의회 등 리더그룹들이 전문가적 시각에서 창의적인 아이디어를 구상하고 조직과 사람들에 대한 관계를 형성하는 노력에 의하여 실질적인 성과가 달성될 수 있다. 식품클러스터의 네트워크 형성 및 촉진에 관한 추진방향을 정리해 보면 다음과 같다.

첫째, 우리나라 푸드시스템에 대한 조사·분석을 선행하여 네트워크에 참여할 수 있는 기업, 기관 등을 선별하는 것이다. 식품관련 전문가들의 창의적인 상상력과 사례분석을 통하여 구체화하는 것이 필요하다.

둘째, 네트워크는 유연한 조직으로 운영하는 것이 바람직하므로 별도의 공식적인 기관이나 기구를 새롭게 설립하는 것은 가능한 지양해야 한다. 동종 간 네트워크는 이미 존재하는 공식기관이나 협회를 활용하되, 다양한 파생클러스터를 촉진하기 위해서는 네트워크 브로커 또는 핵심 네트워커로써 중간자적인 새로운 조직활동을 유도하는 것이 적절하다. 이러한 네트워크 브로커는 새로운 네트워크를 개발하여 형성을 유도하고 활동을 촉진하는 역할을 수행하게 되는데 동종 네트워크 간에 위치하는 공기업, 정부 출연기관 등이 담당하는 것이 좋다. 이탈리아 에밀리아-로마냐 클러스터의 예에서 ASTER, Centuria-RIT와 같은 기관 설립도 고려하여야 한다.

셋째, 정책 추진 초기에는 정부 주도하에 네트워크 형성을 촉진하여야 하며 이에 대한 정부지원이 이루어져야 한다. 다만 정부지원은 연구 및 정보 교류활동, 세미나 등 소프트웨어적인 비용에 한정하되 네트워크 형성자(네트워커)가 자율적으로 집행할 수 있도록 함으로써 적은 예산으로도 파급효과가 크도록 하면 좋을 것이다.

넷째, 폐쇄적 네트워킹을 지양하고 개방적인 네트워킹을 유도한다. 따라서 식품클러스터라는 인위적 범위 내에서 완결성을 확보하는 노력보다는 연구·개발이나 생산체계 내에서 일정한 임계규모 확보를 위해 클러스터 간의 공간적·기능적 연계를 모색하고 보완적 요소를 채워나가는 것이 필요하다.[125] 또한 지리적 클러스터의 한계를 보완할 수 있는 사이버(가상) 클러스터 이론[126]을 활용하여 우리나라 전체 식품산업을 네트워크화하는 것을 장기적 목표로 추구할 필요가 있다. 이상의 논의를 바탕으로 한국형 식품클러스터 정책모델에서 1-3-3 네트워크에 관한 유형과 특징 등을 종합적으로 재정리해 보면 다음과 같다.

1-3-3 네트워크의 구성과 특징

유형	네트워크	목적	참여자	주도기관
통합	통합	클러스터 발전	정부, 기업, 연구기관	(가칭)개발협의회, (가칭)클러스터진흥원
동종	정책	정책조정	식품부, 농촌진흥청, 전라북도, 익산시, 관계부처, 공기업	식품부, 정책추진위원회
	연구	연구협력	대학, 공공연구기관, 민간연구소	(가칭)식품연구재단
	사업	사업협력	식품업, 연관산업, 지원산업	(가칭)식품산업연합회, 농협중앙회
파생	산관	사업지원	정부, 공기업, 기업	농수산물유통공사
	산연	기술이전	대학, 연구기관, 기업	(가칭)식품연구재단
	관연	연구지원	정부, 공기업, 출연연구기관	한국식품연구원

3) 압축 성장형 모델(단계 통합형 모델)

한국형 식품클러스터는 단계 통합적 모델을 통하여 압축적인 성장·발전을 도모하여야 한다. 일반적으로 산업클러스터는 형성에서 학습, 혁신단계로 발전하고 있으며 여러 가지 요인에 따라 그 시간과 단계가 다양한 양상을 보이게 된다. 산업클러스터의 유형 및 발전단계를 결정하는 핵심요소는 국지화(局地化), 네트워킹, 착근성(着根性), 제도적 집약, 집단학습, 혁신시너지 등이며 이러한 핵심요소들이 클러스터에 어떻게 형성되어 있느냐를 기준으로 클러스터를 단순집적지, 산업클러스터, 혁신클러스터의 세 가지로 구분하기도 한다.

산업클러스터의 유형과 발전단계

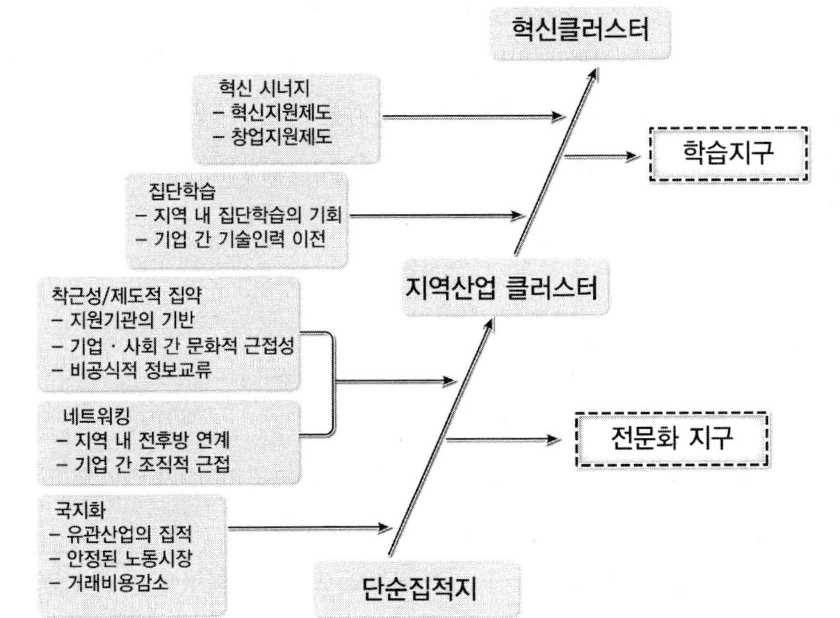

자료 : 김정호 외, 지역농업 클러스터 발전방안, 한국농촌경제연구원, 2005.

단순집적지가 지역산업군집으로 발전하기 위해서는 유관산업이 집적되는 국지화(localization)와 동시에 기업 간의 조직적 근접성 등 네트워킹(networking)이 형성되어 있어야 한다. 이와 함께 지원서비스의 발달, 기업-사회 간 문화적 근접성, 비공식적 정보교류 등 착근성

(embededness)과 제도적 집약(institutional thickness)이 이루어져야 한다. 이러한 발전과정에서 단순집적지는 전문화지구로의 발전을 거쳐 산업클러스터로 성장하는 것이다. 산업클러스터가 혁신클러스터로 발전하기 위해서는 지역 내 경제주체 간에 새로운 기술과 혁신에 대한 집단학습(collective learning)과 함께 집단학습을 통해 형성된 잠재적 혁신능력을 실질적인 수익으로 전환할 수 있는 혁신 시너지(innovative synergy)체계가 구축되어야 한다고 할 수 있다.[127]

Porter는 "정부는 이미 기반을 잡은 클러스터나 부상 중인 클러스터를 강화해야지 새로운 클러스터를 세우려는 전략을 구사해서는 안 된다"[128]라고 단언하고 있다. 그러나 우리나라는 소비자의 식품소비에 대한 요구 변화, 낙후된 식품산업의 수준, 농업의 새로운 발전동력의 필요성 등 현실적이고 정치적인 결정에 따라 2012년까지 국가식품산업단지를 조성하고 2015년까지 네트워크 활성화를 통하여 국가식품 클러스터를 어느 정도 완료한다는 정책 목표를 수립하였다.

따라서 우리나라는 클러스터 이론이나 해외의 사례에서 찾아보기 어려운 식품클러스터 발전모델을 설정하여 단기간에 식품산업의 집적과 클러스터화를 완성해야 하는 상황인 것이다.

정부가 강한 정책의지를 가지고 재정확보 등 추진력을 확보한다면 식품산업단지 조성과 같은 인프라 구축은 가능하겠지만 클러스터의 핵심요소인 네트워크 구축과 자생적 분화에 의한 활성화는 정교한 정책 설계와 추진이 따르지 않으면 매우 어려울 것으로 보인다.

클러스터의 발전단계에 따른 정책적인 지원은 클러스터의 구성요소 중 핵심 구성체계를 형성하도록 하는 것이 가장 중요하다. 핵심 구성체계는 크게 두 가지로 나눌 수 있다. 산업집적을 위한 생산시스템을 조성하는 것과 산·학·관의 상호 교류를 통한 사업기회의 창출 등 혁신을 활성화시키는 것으로 볼 수 있다. 이를 보다 구체화하면 형성준비단계, 기반조성단계, 발생단계, 성장단계, 외연적(外延的) 확대단계 등 다섯 가지 단계로 나누어 접근할 수 있다.[129]

이러한 단계적 접근은 단계별 정책의 성격에 따른 적절한 정책수단을 선택하는 데 중요하며 특히 단계 통합적인 모델을 추진해야 하는 우리나라의 경우 적절한 정책조합을 가능하게 할 수 있다.[130] 식품산업단지 조성 등이 추가되어야 하며 국가식품 차원의 정책 설계단계에 있는 점 등 우리나라의 클러스터 정책 특성을 감안하여 형성단계, 성숙단계, 혁신단계 등 세 단계로 나누어볼 필요성이 있다.

형성단계 : 클러스터 개발과 식품산업단지 조성

형성단계는 클러스터 정책결정 시부터 식품산업단지 조성 및 입주까지의 기간을 말한다. 클러스터 개발에 대한 정책결정 및 집행과 식품산업 전문단지 조성을 통한 식품산업 관련 기업, 기관의 물리적 집적을 추진하는 단계이다. 정책의 비전과 목표를 명확하게 하고 이해관계자의 폭넓은 참여과정을 거쳐 정부정책을 구체적으로 결정해야 참여 기관과 기업들에게 신뢰를 줄 수 있고 정책의 일관성을 확보할 수 있다. 특히 식품산업단지의 조성일정과 입주기업에 대한 인센티브를 최대한 정확하고 상세하게 제시하는 일은 산업단지의 입주 결정 및 준비, 네트워크 형성, 참여의지, 제고에 기여하는 핵심적 사항이다. 또한 특성화, 주력업종의 결정, 연관산업과 지원기관, 입주기업에 대한 지원, 클러스터의 관리 및 운영 등에 관한 충분한 논의가 있어야 한다.

식품산업단지 조성업무는 단지개발과 교통, 운송 등 물적 인프라를 구축하는 것으로서 정부의 차질 없는 재정투입이 관건이 된다. 난시의 기반조성과 함께 클러스터 개발협의회의 논의를 통하여 입주기관, 업체의 성격 및 규모에 따라 개략적 단지설계를 한 후 최종적인 단지조성공사를 추진하면서 기업과 기관들의 입주가 진행될 것이다.

형성단계에서는 정부의 정책결정과 재정투입 등 업무의 대부분이 행정적인 성격이므로 농림수산식품부를 중심으로 한 국가식품 클러스터 정책추진위원회와 국가식품 클러스터 정책 네트워크의 역할이 클 것으로 보인다.

성숙단계 : 사업 및 네트워크 활성화

성숙단계는 식품산업단지의 입주 초기부터 입주기업들의 정상적인 기업활동이 이루어지는 기간으로 입주기업들에 대한 사업지원과 초기적인 네트워크 활동을 통해 산업집적의 물리적 효과를 달성하는 단계이다. 참여기업들은 새로운 사업환경에 적응하면서 사업을 확장 · 발전시켜 나가고, 연구기관과 지원기관들은 입주기업들과의 관계를 형성하면서 다양한 협력관계를 모색하고 사업화하는 데 주력할 것이다.

정부는 식품산업정책의 틀에서 클러스터 참여기업에 대한 적절한 인센티브를 부여하여 개별기업들이 식품산업단지 내에서 정상적인 경영성과를 내도록 지원하는 것이 중요하다. 농수산물유통공사 등 지원기관을 통하여 컨설팅, 정책자금 지원 등 식품 기업들에 대한 구체적인 사업지원을 실시하여야 한다.

클러스터개발협의회를 공기업 형태의 (가칭)국가식품 클러스터진흥원으로 제도화하여 식품산업단지의 관리, 입주기업에 대한 사업지원, 산 · 학 · 관의 구체적인 네트워크 형성 및 활동 등을 지원해야 한다. 제도적 기반을 갖춘 클러스터진흥원이 전문적인 인력을 확보하여 자율적 성장을 하도록 유도하여야 한다. 1-3-3 네트워크 유형에 따라 동종 및 이종 네트워크 총괄기관들이 본격적인 활동을 전개하며 참여주체들 간에 다양한 네트워크 형성을 위한 접촉이 이루어지게 된다. 네트워커들은 세미나, 사업설명회, 연구발표회 등을 개최하여 다양한 네트워크를 개발하고 지원한다. 식품기업들은 개별적으로 또는 상호 협력하여 공동구매 및 판매를 통한 물류비 절감, 경영능력 향상을 위한 상호 벤치마킹 활동, 전반적인 수요창출을 위한 수출촉진 및 홍보 등을 실시하게 될 것이다.

성숙단계에서는 정부의 역할 대신 국가식품 클러스터진흥원의 능력과 성과가 매우 중요하게 된다. 동종 네트워크의 활동이 활성화되는 것이 핵심적인 요소라고 볼 수 있다. 이를 통하여 클러스터 입주기업과 기관들은 클러스터에 참여한 효과를 실감할 수 있어야 한다. 이러한 성과를 바탕으로 국내외 기업과 연구기관들의 참여와 새로운 창업을 모색할 수 있다.

혁신단계 : 자생적 학습과 혁신

혁신단계는 식품산업단지 입주기업들이 정상적인 경영활동을 할 수 있는 시기 이후의 기간으로 참여 주체 간 협력과 경쟁을 이룰 수 있는 환경이 조성되어 네트워크에 의한 학습과 혁신효과가 달성되는 단계이다.

생산요소, 수요요소 등 경쟁우위를 위한 조건들이 참여주체 간의 자율적인 노력에 의하여 달성되기 때문에 정부의 역할은 한계를 갖게 된다. 기업과 연구기관들이 산-산 협력과 산-연 협력을 중심으로 생산성 향상, 새로운 사업기회 창출 등을 지향하는 것이 중요하다. 정부는 규제 완화, 인프라 구축, 연구자금 지원 등에 노력하고 클러스터진흥원은 민간부문의 자율적인 네트워킹 활동을 지원하고 촉진하는 역할에 충실함으로써 민간의 창의와 경쟁을 기반으로 하는 성장전략이 필요한 단계이다. 연구시스템과 생산시스템을 중심으로 각종 파생적인 네트워크의 형성과 확산이 강화되어야 하며 정책적인 노력을 통해서 대규모 연구·개발에 대한 협력이 가능하도록 지원하는 것도 중요하다.[131]

정부 주도의 정책 추진기관은 폐지되어야 하며 국가식품 클러스터 진흥원도 식품산업단지의 물리적인 관리를 수행하는 기관으로 조직과 역할을 축소할 수 있다. 연구·개발이나 산업이전, 네트워크의 개발 및 활동 등도 민간과의 공동출자회사를 설립하거나 민간부문이 사업화할 수 있도록 하는 것이 중요하다.

통합적 추진

일반적으로 산업클러스터가 형성되어 혁신단계로 발전하기 위해서는 수십 년이 소요된다. 우리나라처럼 형성에서 혁신단계에 이르는 기간인 10년 안에 달성하기 위해서는 각 단계를 동시에 추진하는 단계통합적인 방법을 채택할 수밖에 없다. 그러나 단계별 특성에 맞는 정책이 생략되어서는 안 되며 단계별 특성을 반영한 적절한 정책조합(政策組合, policy mix)을 통해 조화롭게 설계하고 추진하는 것이 중요하다.

정부나 식품클러스터 추진기관들이 단계통합적인 모델을 통한 정책을 추진할 때는 각 하위정책들이나 단위사업들이 어떠한 목적을 가지고 어떤 방법으로 집행되어야 하는지를 명확하게 인식하는 것이 사업간 상충이나 중복을 방지하는 데 매우 중요하다. 따라서 국가식품 클러스터에 대한 마스터플랜을 수립하고 각 단계별, 사업별, 추진기관별 역할과 집행방법 등을 담은 업무 매뉴얼을 만들어 담당자들을 충분히 교육시키는 것이 바람직하다.

식품클러스터 발전단계별 특징과 주요 과제를 정리하면 다음과 같다.

식품클러스터 발전 3단계 특징 요소

특성	형성단계	성숙단계	혁신단계
핵심가치	집적효과	네트워크 효과	학습·혁신 효과
역동성	신규진입 활발, 퇴진 없음	신규진입, 퇴진 없음	진입 및 퇴진
핵심네트워크	행정네트워크	연구네트워크, 사업네트워크	파생네트워크
주도 주체	정부	공기업	민간
주요 과제	클러스터 개발, 식품단지 조성, 연구네트워크 형성	사업지원, 네트워크 형성 및 지원	창업네트워크 활성화, 혁신 지원
성공요인	정부의 정책의지	정부 지원 및 참여자 협력	경쟁과 협력

4) 국내농업 연계형 모델

식품클러스터가 국제적 경쟁력을 가지고 중장기적으로 발전하기 위해서는 국내의 농수산물 생산분야가 경쟁력을 가지고 값싸고 품질 좋은 농수산물을 공급하여야 한다. 능력 있는 국내공급자들과의 유연한 관계 없이는 기업들이 기술과정에서 계속 뒤떨어지게 되며 새로운 제품 부문을 만족시키기 위해 요구되는 투입물에 대한 부족을 겪게 될 것이다.[132]

우리나라 식품클러스터는 농어업과의 연계를 정책 목적의 하나로 설정하고 추진하여야 한다. 우리나라 농산업은 식품산업과 가장 밀접한 연관성이 있고, 정책수요자인 국민이 농업과의 연계를 강하게 요구하고 있기 때문이다.

첫째, 효율성 측면에서 농업과의 연계 시스템을 구축하여야 한다. 우리나라의 식습관은 아직 가정식 위주의 전통이 많이 남아 있어 신선 농축수산물이 최종 소비자의 가정에서 직접 소비되는 비중이 높을 뿐만 아니라 식품의 주된 생산원료도 농축수산물이기 때문에 국내 농업과의 연계는 필수적인 요소이며 효율적인 시스템의 구축이 요구된다.

또한 이탈리아 에밀리아-로마냐 식품클러스터 사례처럼 반가공형태의 식품수요가 많은 시장의 특성을 살려 가정식과 외식산업의 수요에 대응하는 식재료산업이 발전되어야 한다. 다만, 국내 농업생산분야는 국제 가격경쟁력이 매우 낮기 때문에 수요특정적인 농축산물 원료로 특화시켜 나가야 저렴한 수입 농산물과 경쟁할 수 있다. 이를 위해서는 식품기업과 농산업 경영체가 상호 협력적인 사업을 구축할 수 있는 다양한 네트워킹을 형성하여 식품산업분야의 자본, 기술, 전문인력, 수요대응능력 등이 농산업분야의 저렴한 인건비, 지역특화적 장점과 결합되도록 하여야 한다.

정부는 식품기업과 농산업이 상호 경쟁과 협력을 통해 연계가 활성화되도록 지원해 나가는 한편, 농업경쟁력 강화, 원산지 표시, 국내 농축산물의 안전성 확보 등 연계 기반을 강화하는 데도 주력하여야 할 것이다. 농산업 경영자는 식품기업들의 수요에 부응하는 원료를 적기에 안정적으로 공급하는 시스템을 확보하는 것이 중요하며 수입농산물에 대한 가격적 열위를 안전성, 고품질, 지역 특화(지리적 표시제품 등) 등 고품질적인 요소와 물류적 이점으로 극복해 나가는 것이 중요하다.

둘째, 농업정책적 측면에서 농업과의 연계정책을 강화해야 한다. 식품산업에 대한 정부의 투자는 농업과의 동반성장을 도모하는 방향으로 추진될 때 국민적 공감을 획득할 수 있다. 그러나 국내 농업과의 연계정책이 식품산업의 경쟁과 효율성을 저해하지 않아야 한다. 이러한 목적 달성을 위해서는 직접적 보조형태의 지원은 농업인을 대상으로 하여야 하며 식품기업에는 네트워킹 형성이나 연계 협력사업 등을 통해 간접적으로 지원하여야 한다.

농업과의 연계정책과 관련하여 중요한 역할은 농협중앙회(農協中央會)와 품목 및 단위농협을 통해 이뤄질 수 있다.

농협중앙회는 지역조합 1,095조합, 품목조합 82개 등 총 1,177개 단위조합과 224만 명의 농업인 조합원을 가지고 있다. 2008년도 실적기준으로 농업경제와 축산경제 사업 규모가 총 12조 4,761억 원[133]에 이르고 있는 것으로 볼 때 우리나라 푸드시스템상에서 가장 규모가 크고 중요한 역할을 수행하고 있는 기관이다.

대형소매점, 공판장 등 농축산물 유통회사, 목우촌, NH식품분사 등 식품 가공 및 판매는 물론 농협식품안전연구원 등의 연구기관도 보유하고 있다는 점에서 우리나라 식품클러스터에서 농산물 생산업, 식품기업[134]의 직접적 역할을 수행할 뿐 아니라 농업과 식품산업과의 연결고리를 형성할 수 있는 최적기관이다.

농협중앙회는 식품클러스터 정책에 적극 참여하여야 할 뿐 아니라 식품기업과의 협력적 관계를 모색하고 다양한 협력사업을 개발하여 직접 시행하거나 회원조합들을 지원하는 것도 필요하다고 본다.

식품클러스터와 관련한 농협의 역할로는 식품제조업 및 외식기업 수요에 대응한 안전하고 품질 높은 농축산물의 공급, 식품기업과의 협력적 사업의 전개, 사업협력 네트워크 활동에의 적극적인 참여, 식품산업과 농업과의 연계정책 등 식품클러스터 정책에 대한 정책개발 및 건의 등을 꼽을 수 있겠다. 정부의 국가식품 클러스터 기본구상이나 기본 연구용역에서도 이러한 농협조직의 기능이나 역할은 고려하지 않고 있으며, 국가식품 클러스터 추진위원회에 농협중앙회와 회원조합의 대표나 농업인 대표가 참여하지 않음으로써 클러스터의 추진과 운영에 많은 어려움을 가져올 수 있다. 농협중앙회와 각 단위조합은 조합원의 생산물에 대한 수요창출과 사업기회 확충을 위해 식품산업 전략인 클러스터 정책에 적극 참여하여야 한다. 정책담당자는 농협을 식품클러스터의 핵심적인 파트너로 인식하여 정책수립, 네트워크 활동, 기관설립 등에서 중요한 역할을 할 수 있도록 지원하고 유도하는 것이 바람직하다.

3. 한국형 식품클러스터 추진전략

1) 한국형 식품클러스터의 기본방향

우리나라가 세계일류의 식품산업 국가가 되기 위해서는 식품에 대한 활발한 연구, 효율적이고 혁신적인 기업활동, 전후방 및 지원산업의 형성, 국민들의 합리적인 식품 소비활동 등을 통하여 식품산업 전반의 균형적인 발전을 이루어야 하며 식품산업에 대한 법제, 인프라 구축 등 국가의 식품정책이 뒷받침되어야 한다.

식품클러스터를 형성하고 발전시키는 것이 식품산업 발전을 위한 효율적이고 강력한 정책이다. Porter는 한국정부가 국가경쟁력 향상을 위하여 정부의 역할을 재정립해야 한다고 지적하면서 경제적 의사결정권의 민간기관으로 분산, 기업들이 경쟁할 수 있는 도전적인 환경조성, 세계적인 수준의 제품 및 환경표준의 제정 등과 함께 산업클러스터의 형성과 심화정책을 제안하고 있다.[135]

정부는 한국 실정에 맞는 클러스터 모델을 설정하고 일반 산업단지의 혁신정책과 지역농업 클러스터 추진에서 얻은 경험을 바탕으로 국가식품 클러스터를 성공적으로 추진하여야 한다. 한국산업 표준분류표에 따른 클러스터를 조사한 결과, 37개의 산업클러스터가 있는 것으로 나타났다. 식료품제조업은 클러스터로서의 연관성이 가장 확실한 산업으로 나타났다.[136] 식료품제조업은 각 기업 상호 간의 상대적인 중요도가 크고 국수, 라면 및 유사식품 제조업부터 수산물 가공 및 저장 처리업, 도축 및 가공저장 처리업, 그리고 발효주 제조업 등 24개 업종이 긴밀하게 연관되어 있다. 또한 연관업종으로 설탕 제조업, 소매업, 부동산임대업, 금속가구 제조업 등은 물론 냉각, 가스발생기 제조업, 창고업 등까지 포함되어 있으므로 산업적 협력범위가 넓고 파급효과도 크다고 볼 수 있다.

정부는 식품클러스터 정책을 통하여 농업과 식품산업의 발전을 도모하고 국가경제와 국민의 삶의 질을 향상시킨다는 명확한 정책의지를 바탕으로 산 · 학 · 관 · 연의 참여와 노력을 이끌어내야 한다. 이러한 정책 목표는 우리나라 실정에 부합하는 한국형 식품클러스터 정책모델을 통하여 달성할 수 있을 것이다.

국민적 공감대 형성

국가식품 클러스터 정책은 특정한 지역적 입지를 기반으로 정부의 대규모 재정투자[137], 다수의 기업과 기관들의 신설과 이전, 농업에 대한 영향, 국민 먹을거리의 안전과 품질 등과 관련이 깊고 지역 및 국가 경제에 미치는 효과도 크다. 수많은 이해당사자가 관련되어 있는 정책의 성공적 추진을 위해서는 정책의 목표, 정책수단 등에 대하여 정치 · 경제 · 사회적인 국민적 공감대가 필요하다. 이는 정책대상 집단과의 충분한 '소통(疏通)'을 통하여 이루어질 수 있다. '소통'은 이해관계자들의 의견을 수렴하여 정책의 추진력과 수용도를 높이는 것으로 정책 추진 기관 내의 소통과 정책수혜자 등 이해관계자와의 소통으로 나누어 추진될 수 있다.[138]

국민적 합의가 필요한 주요 사항은 클러스터 조성에 대한 기본방향, 조성규모 및 재정투입 규모, 각종 기관의 설립, 타 지역식품산업 및 클러스터와의 관계, 농업과의 동반성장 방안, 전북 및 익산시의 역할 등이다. 특히, 특정지역에 입지하는 식품산업단지를 중심으로 우리나라 전체의 식품산업발전 정책이 집중될 수 있다는 점에서 충분한 공감대가 형성되지 않을 경우 정치적 변화에 따라 재정투입의 축소, 각 기관 설립과 이전의 차질, 전국적 네트워크의 한계, 국내외 입주 대상 기업들의 참여부족 등의 난관에 봉착하여 지역수준의 식품단지로 축소되거나 사업이 중단될 수도 있을 것이다.

국민적 공감대를 획득하는 주요 방안으로는 첫째, 식품산업 발전을 위한 클러스터의 당위성과 성공에 대하여 국가식품이 확신을 가져야 한다. 이러한 확신을 바탕으로 정교하게 정책을 입안하고 재정투입, 법제마련 등의 조치를 일관성 있게 취해야 한다.

둘째, 국가식품 클러스터는 전북 익산 지역에 입지하지만 국가적인 정책사업이라는 점을 강조하여야 하며 국가식품이 국가사업 성격으로 주도하여야 한다. 전북이나 익산이 주도하게 될 때에는 타 지역의 협력부족과 국회의 법령제정, 예산확보 과정에서 정치성이 개입되어 위축될 가능성이 크다.

셋째, 클러스터의 직접적 관계자인 식품업계의 적극적 참여를 확보하여야 한다. 연구기관이나 정부는 식품업계의 발전을 지원하는 역할을 할 뿐이므로 식품공업협회, 음식업중앙회, 외식산업협회 등 식품산업 이익단체들과 충분한 소통을 이루고 정책과정에 대한 참여를 확대하여야 한다.

넷째, 농업인들의 지지를 획득하여야 한다. 농림수산식품부를 통하여 재정투자가 이루어지기 때문에 농업인들은 농업에 대한 재정이 상대적으로 줄어드는 것으로 인식할 수 있다. 농업과의 구체적인 연계방안과 함께 농협의 적극적인 참여를 보장하는 것이 바람직하다.

마지막으로 국가식품 클러스터의 정책추진 과정을 단계마다 성실하게 국민에게 설명하고 홍보하여야 한다. 정책추진의 기대효과는 물론 문제점과 부작용도 정확하게 알림으로써 국민적 공감대를 획득할 수 있을 것이다.

국민적 공감대 형성을 위한 구체적 활동은 농림수산식품부가 클러스터 정책추진위원회를 통하여 총괄적인 계획과 전략을 수립하여 시행하여야 하며, 실제 집행은 (가칭)클러스터 개발협의회가 주도하는 것이 이해당사자와의 소통을 원활하게 할 수 있다.

통합적 국가정책

식품클러스터 정책은 국가 전체의 목표 아래 다른 정책과 조화를 이루며 통합적인 관점에서 추진하여야 한다. 생산요소, 수요요소, 경쟁구조, 연관산업 등 구성요소가 다양하기 때문에 클러스터 정책은 산업단지, 연구 · 개발, 농업생산 및 유통, 식품안전, 지역식품산업에 관한 정책 등 다양한 정책들과 복잡하게 연관되어 있다.

따라서 중앙부처 간 상호 긴밀한 협의와 협력을 통하여 정책을 설계하고 집행하는 것이 중복적인 사업을 방지하고 일관성 있게 추진할 수 있는 방법이다.[139] 국가식품산업단지의 조성(국토해양부), 공공기관 이전(행정안전부), 식품산업(농림수산식품부, 보건복지부, 중소기업청), 대학 및 연구기관(교육과학기술부) 등의 업무가 혼합되어 있는 점을 감안할 때 농림수산식품부는 국가균형발전위원회나 미래기획위원회와 같은 범부처적 기구의 정책 어젠다로 삼아 관계부처의 협력을 확보하도록 노력하여야 할 것이다.

국가정책으로서 농업정책과의 조화로운 통합도 필요하다. 농축산물에 대한 규격, 기준, 표시 등이 식품업의 현실과 수요에 맞는 방향으로 개선되어야 한다. 아울러 정부가 많은 예산을 투입하여 지원하고 있는 농·축·수산물유통센터(APC, RPC, LPC, SPC 등) 등 각종 가공 및 유통시설과 운영지원은 식품산업의 수요를 기반으로 식품기업과 효율적 사업관계를 형성할 수 있어야 한다.

기존 농업인을 중심으로 이루어진 산지의 농수축산물의 전처리 산업이나 소규모 식품제조업 등은 식품산업정책적인 시각으로 전환하여 시행하여야 한다. 수요자 중심적 시각에서 새롭게 시행되고 있는 산지-소비지 협력사업은 시장수요 변화에 대응할 수 있는 적절한 정책으로 크게 확대되어야 할 것이다. 또한 농협 등 생산자 단체나 정부지원의 대규모 농업회사 등의 저장, 유통, 가공처리 시설을 식품산업단지 안에 입주하도록 유도하여 농업과의 연계를 강화하고 식품산업의 원료 획득을 용이하게 하는 것이 바람직한 대책이다.

식품관련 연구지원 정책은 클러스터 형성 및 발전에 막대한 영향을 주는 분야이다. 정부는 적절한 연구과제의 선정과 수행에 대한 결정을 클러스터 네트워크와 연계하여 추진함으로써 연구지원의 실용성을 제고하고 클러스터 활동을 촉진할 수 있다. 국가 전체의 식품관련 재정을 클러스터에 어느 정도 연계하여 사용할지를 충분히 검토하여 적절한 수준과 방법을 모색하여야 할 것이다.

농촌정책은 지역의 역사, 자원, 지리적 입지 등 특성에 맞는 내발적 발전모델을 추구하는 것과 식품클러스터의 경우에도 지역의 특화된 농수축산물이나 전통식품을 기반으로 하는 것이 바람직하다. 농촌지역의 새로운 사업기회 창출을 통한 농업부문의 경쟁력 제고와 산업적 다양성 확충을 통하여 농업, 농촌의 지속 가능성을 유지할 수 있는 농업부문의 자원순환 네트워크의 구축 필요성도 제기되고 있다.[140]

다양한 자원순환 네트워크에 접목하면 식품클러스터 정책을 미래지향적 클러스터로 발전시킬 수 있는 하나의 방안이 될 것이다. 파르마지역의 풍부한 지역식품업체들이 정부의 지원을 받아 자발적인 산·학·연 네트워크를 구축해 세계적인 클러스터로 인정받은 이탈리아의 에밀리아-로마냐 식품클러스터도 농촌정책과 연계하여 성공한 좋은 사례이다. 우리나라의 신활력사업, 지역특화사업, 지역농업 클러스터, 농공단지 지원사업 등의 경우는 지방자치단체와 지역주민의 수요가 높은 사업이니만큼 식품클러스터 정책과 연계하면 파급효과가 클 것이다.

광역식품 클러스터는 지역개발정책의 성격을 강화하여 추진하는 것이 보다 큰 성과를 이룰 수 있을 것으로 판단된다. 그러나 국가 전체를 대상으로 하는 국가식품 클러스터는 국가식품 차원에서 직접 지역정책과 연계하는 것보다 집적지역이라는 측면을 활용하여 농촌지역 개발사업과 연계할 수 있을 것이다.

개방형 클러스터

광역식품 클러스터나 국가식품 클러스터 정책이 특정 지역을 기반으로 산업집적을 통한 클러스터화를 추구하더라도 지역적·정책적인 폐쇄성의 단점이 부각되지 않도록 개방적인 클러스터 정책을 추구하여야 한다.

지리적으로 한정되어 있는 클러스터가 경계해야 할 점[141]은 다음과 같다.

첫째, 지역 내에서 완결형 클러스터를 추구하지만 현실적으로는 지역역량의 결여와 인센티브 부족 등으로 한계가 있다.

둘째, 다양한 외부 혁신주체와의 의사소통 결여로 외부로부터의 급격한 기술변화와 상품변화에 둔감할 수 있다.

셋째, 지역경제의 집중으로 지역 인플레(localized inflation)와 과열현상(over-heating)을 초래하여 비용이 증가할 수 있고 소득 불균형을 초래할 수 있다. 예를 들어, 익산 지역의 클러스터화는 그 지역 일대의 지가와 주택가격, 인건비, 원자재 가격 그리고 사회적 비용 등을 증가시킬 수 있어 클러스터 형성으로 얻어지는 물류비 등의 비용감소 효과보다 오히려 비용증가 효과가 커질 수도 있다.

넷째, 기존 기업들의 이전이 현실적으로 어려우며, 특히 푸드시스템상에서 영향력이 큰 대기업의 유치가 어렵다. 클러스터 지역으로의 입주는 기존 식품기업으로는 상권, 수송시스템 등 많은 경영여건의 변화를 수반하기 때문에 실제 입주는 매우 어려운 일이다.

지리적 클러스터가 갖는 여러 가지 장점을 살리면서도 단점을 보완할 수 있는 개방형 클러스터를 추구하기 위해서는 정책추진체계를 개방적으로 구축하고 폭넓은 의견을 반영하면서 정책과 사업을 추진하여야 한다. 지역을 기반으로 하는 외부 지향적 클러스터는 지역성장 규모를 넘어 성장하기 때문에 생산성이 떨어지는 기업이나 산업의 노동자들을 흡수하는 등 지역성장과 번영에 기여할 수 있다.[142] 클러스터 정책추진위원회 등 여러 기관의 구성에 클러스터지역의 기관이나 사회적 지위가 높은 인사가 다수를 차지하지 않도록 하며 국내외의 전문가, 이해관계자가 의견을 제시할 수 있어야 한다.

또한 다른 지역과 다른 업종 클러스터와의 연계를 통하여 활발한 협력활동을 전개하여야 한다. 국내적으로 동종업종에서 이미 활동하고 있거나 준비 중인 지역농업 및 광역식품 클러스터가 54개에 달하고 있다. 그러므로 상호 정보교환, 사례전파, 공동연구 등의 협력을 추진하고 국가식품 클러스터는 식품산업의 중심 클러스터로서 역할을 하여야 한다. 다른 업종에서 식품산업과 관련이 있는 대덕연구단지 등 연구클러스터 등과도 협력적 연계가 바람직하다.

클러스터가 갖는 지리적 한계를 가장 효율적으로 보완하고 극복할 수 있는 방안 중의 하나가 사이버 네트워크망을 구축하는 일이다. 최근 '가상(假想)클러스터'의 적용을 주장하고 있는 연구들은 가상클러스터의 장점은 지리적 경계에 구애받지 않으며(lack of geographical boundaries), 인터넷 네트워크를 기반으로 함으로써 거래비용과 탐색비용의 감소효과가 크고, 다량의 지식 및 정보를 다수의 구성원 상호 간에 손쉽게 교환할 수 있어 정보장벽이 없으며(absence of information barriers), 유연한 조직형태(fluid form)를 갖는 가상기업의 활동을 가능하게 함으로써 급변하는 경영환경에 효과적으로 대응할 수 있다는 점 등을 들고 있다.[143]

농림수산식품부는 기존 식품클러스터에 대한 여러 정보와 통계, 연구, 사업지원 등을 포함하여 식품산업활동 전반에 걸친 D/B구축을 우선적으로 추진하고 이를 국가식품 클러스터 추진과 병행하는 '사이버 식품클러스터'를 검토해 볼 필요성이 있다.

그리고 식품클러스터 정책의 추진체계를 개방적으로 구축하고 관련 기관의 운영도 다양한 시각과 주장들이 반영될 수 있도록 하여야 한다. 참여 기관과 기업들이 개방적인 운영 및 경영활동을 하도록 유도하는 것도 중요하다. 기업의 개방형 혁신에 따라 클러스터 전체의 혁신성과 간의 관계가 차이가 날 수 있으므로 클러스터 특성에 맞는 맞춤형의 개방형 혁신강화 정책과 기업전략의 개발이 요구된다.

고객 만족 지향

식품클러스터 정책의 핵심요소 중의 하나는 '수요요소'로 식품의 구매자와 소비자인 고객의 만족에 있다. 우리나라의 산업클러스터나 식품클러스터 연구는 정부의 정책에서 가장 소홀하게 다루어지고 있는 분야[144]이지만 가장 중요한 분야라고 볼 수 있다.

광역식품 및 국가식품 클러스터의 고객은 1차적으로 판매업, 유통업, 수출업 등이 되겠지만 결국 푸드시스템상 마지막 단계인 국내외 식품 소비자가 된다. 최근 먹을거리 산업은 공급초과상태에 따라 수요자 시장이 형성되어 있어 민감하고 까다로운 소비자들의 수요변화에 큰 영향을 받을 수밖에 없다. 따라서 클러스터 정책은 국내외 소비자와 고객들의 수요를 정확하게 파악하여 그 변화에 적응하는 고객 중심의 클러스터로 발전할 수 있어야 한다.

클러스터를 '산·학·연·관(産·學·硏·官) 네트워크'가 아닌 '산·관·연·소(産·官·硏·消) 네트워크'로 인식하는 발상전환이 요구된다.

소비자는 사업자에게 식품안전의 기준, 가격조정, 제품정보 등에 관하여 다양한 주장을 할 수 있으며 이러한 요구는 식품기업의 사업에 직접적인 영향을 줄 수 있다. 정부와 연구기관도 식품안전에 대한 연구 및 기준설정, 소비자 보호정책의 강화, 식품 검역 등 다양한 분야에서 관련이 있을 수 있다. 또한 소비자들은 합리적 소비생활을 통하여 식품산업의 건전한 발전을 유도할 수 있으며 식품 사고 시에 보여주는 소비자의 행동은 식품기업들의 존망을 좌우할 수도 있다. 소비자와 다른 구성요소와의 관계를 다음과 같이 분석하여 접근함으로써 클러스터 네트워크 및 참여 기업들이 소비자에 대한 적극적 협력관계를 형성해 나가는 데 도움이 될 수 있다.

식품클러스터와 고객의 관계요소

	사업자	정부	연구기관
소비자의 요구	• 안전한 제품 • 저렴한 가격 • 제품정보 공개	• 안전기준 강화 • 식품정보 공개 • 소비자보호 강화 • 식품표시제 강화	• 유전자조작식품 등 연구 • 예방적 연구
소비자에 대한 요청	• 합리적 소비	• 정책의 신뢰	• 연구 신뢰

고객 중심의 클러스터 발전을 위해서는 클러스터 정책추진위원회, 클러스터개발협의회 등 정책추진 체계에 소비자 대표를 참여시키고, 소비자의 요구를 체계적으로 모니터링하고 연구 · 분석할 수 있는 상설조직을 설치 · 운영하여야 한다. 소비자단체, 무역협회 등 고객관련 조직들을 식품클러스터의 네트워크 구성자로 인식하여 적극적인 참여를 유도하여야 할 것이다.

한국형 정책모델의 전략적 추진

한국형 정책모델을 기본으로 육성방안을 강구하여 전략적으로 추진할 수 있는 방안 및 전략을 살펴보면, 푸드시스템 분석과 매핑, 네트워크가 공통적으로 제시되어 있으며 연구지원 강화, 지방정부 역할 강조,

우수 클러스터의 육성, 제도적 기반, 정책과 비전 등이 다음과 같이 다양하게 제안되고 있음을 알 수 있다.

산업클러스터 육성방안 비교

연구자	유형	성공방안
홍형득	혁신	매핑, 선택과 집중(우수클러스터), 네트워크 강화, 대학 · 연구기관이 핵심주체, 지방정부 중심
홍형기	산업 단지	기업 간 네트워크 및 산 · 학 · 연 · 관계 활성화, 법적 · 제도적 기반구축
복득규	국내 산업	매핑, 스타클러스터 육성, 클러스터 브랜딩, 국제화와 연계강화, 대학/연구소 역할 제고
박삼옥	혁신	제도적 기반정비, 지역발전계획, 공공기관 이전 연계, 세계 및 지역클러스터와의 연계, 학습지역 형성
박동	국내 혁신	매핑, 산 · 학 · 연 · 관계 강화(산학협력대학 유성), 공공기관 이전연계, 기업 간 협력강화, 기업지원서비스 강화
농림 기술 관리센터	국내 기술 혁신	기존 클러스터 현황분석, 지역의 내생적 역량 및 정책수용능력 향상, 민-관 간 실질적 협력관계, 중앙 · 지방 간 기능 분담, 일관적인 추진의지와 비전 제시
김정호	농업	집적화 및 시스템화, 혁신역량 강화, 네트워크 구축 및 강화, 지원서비스 강화
전라 북도	식품	네트워크 현실가능성, 가치사슬의 효율적 연계의 체계화, 각 기능의 구체화
본 연구	식품	정책 및 추진체계의 확립, 산업집적 및 지원, 네트워크 구축 및 지원

식품클러스터 정책은 우리나라에서 성공적으로 추진될 수 있는 한국형 클러스터에 맞도록 설계되고 집행되어야 한다. 우선 한국 실정에 맞는 식품클러스터에 대한 종합적인 마스터플랜을 전문가와 이해당사자의 참여를 통해 수립한 후 이를 실행할 수 있는 육성방안, 과제, 전략 등을 구체화하는 것이 중요하다. 이러한 마스터플랜을 바탕으로 분

야별, 단계별 특성에 맞게 핵심적인 과제를 선정하고 추진기관을 선정하여 일관성 있게 실천해 나가야 한다.

4. 주요 과제와 추진전략

1) 정책 및 추진체계의 확립

국가식품 클러스터 정책은 우리나라 식품산업을 동북아 식품산업의 허브로 발전시킨다는 전략적 목표를 가지고 추진하고 있다. 그러나 우리나라는 규모화된 식품산업단지의 형성도 되어 있지 않고, 소규모 지역농업 클러스터 사업 이외에는 구체적인 식품클러스터 정책을 추진한 경험도 없는 실정이다. 따라서 정부는 국가식품 클러스터 정책 중에서 가장 우선순위를 두어 추진할 과제로서 초기단계인 클러스터의 형성부터 혁신까지를 고려한 장기적이고 종합적인 육성방안, 즉 국가식품 클러스터에 관한 마스터플랜(Master Plan)을 수립해야 한다.

마스터플랜 수립은 정부의 식품산업 종합대책의 틀 속에서 기존 연구용역의 결과를 기초로 단계별 · 분야별 · 주체별 발전계획과 구체적 실천계획을 수정하여야 한다. 클러스터 정책의 내용은 클러스터 정책의 비전과 목표, 주요한 정책수단, 추진기관 및 역할, 추진일정, 성과점검 및 평가 등의 체계하에 산업단지조성 및 입지기반 구축계획, 참여업체 확보계획, 7개 유형의 다양한 네트워크 형성 및 촉진계획, 창업 및 협업촉진계획, 혁신발전계획 등이 필수적으로 포함되어야 한다. 식품산업과 농업의 연계방안과 전북 및 익산의 자체적인 지역식품을 중심으로 하는 지역 혁신계획도 동시에 수립하는 것이 바람직하다.

농림수산식품부는 국가식품 클러스터 개발협의회를 통하여 클러스터 형성 및 발전에 대한 다양한 어젠다를 발굴하고 이를 검토한 후 국가식품 클러스터 정책추진위원회의 논의를 거쳐 결정한다. 일본의 식료산업클러스터의 추진흐름도는 정책의 형성에서 집행까지의 절차를 체계적으로 정하고 있는데 특히 문제해결을 위한 그룹형성을 강조하고 있어 참고할 필요가 있다.

정책의 비전과 목표는 정부의 의지를 표명하고 클러스터의 방향성을 제시하는 역할을 하기 때문에 중장기적인 관점에서 제시하는 것이 바람직하다. 그러나 추진과정에서 변경되거나 달성할 수 없는 것으로 결정되지 않도록 유의해야 한다. 정책수단은 목표달성을 위한 하위정책적인 성격을 가지며 산업단지 조성, 네트워크 형성 및 지원, 연구활동 강화, 참여기업의 지원방안 등 분야별로 구체적인 사업을 포함하여 수립하는 것이 좋다.

현실적으로 성공할 수 있는 식품클러스터를 설계하기 위해서 식품산업 관련 기업과 연관기관들을 구체적으로 파악하고 현존하거나 성장 잠재성이 있는 관련 클러스터를 조사하여 상호 연관성을 확인하는 클러스터 매핑(cluster mapping) 작업이 필수적인 선행조건이다. 우선 식품클러스터의 참여 업종과 기관들을 파악하는 것이 중요한데 마이클 포터가 제시한 클러스터의 구성요소를 파악하는 단계[145]를 활용하고 선행연구들을 고려하여 우리나라 식품산업 실정에 맞도록 적용하여 실행하여야 한다.

최근 유럽연합(EU)이 각 회원국들의 지역별 · 업종별 클러스터에 대한 매핑을 실시하고 클러스터 관리기관 등 관련 자료를 데이터베이스화하고 있어 우리나라에도 도움이 될 것으로 보이며[146] 이러한 작업과정은 크게 식품유통망(食品流通網, food chain)의 작성, 기업선정 및 매핑의 설계, 기업활동의 조사, 연관성 확인, 참여업종 및 기관의 선정 등 다섯 단계로 나누어 단계적으로 진행할 수 있을 것이다.

식품클러스터 참여 대상의 선정 절차

단계	주요 작업 내용
1단계 (food chain 작성)	• 핵심산업(식품제조업) 선정 • 이론적 푸드체인 설정
2단계 (조사설계)	• 핵심산업 대표기업을 선정(식품제조업, 외식기업, 식품수출 기업 등) • 조사설계(기업 간, 산·학·연·관 연관관계 도출 목적)
3단계 (경제활동조사)	• 원료구입, 판매, 자금조달, 기술, 컨설팅 등 전후방, 수평적 기업활동을 조사
4단계 (산·학·관·연 관계의 확인)	• 산·학·관·연 연관관계를 확인 • 관계의 구성과 관계의 중요성을 계수화
5단계 (참여업종/기관 결정)	• 참여업종 및 기관 종류를 결정 • 네트워크 필요성 및 가능성 판단 • 업종별, 기관별 참여규모 및 필요시설 등을 종합

이러한 과정을 통하여 구성요소를 파악하고 핵심업종, 연관업종과 관련기관을 파악[147]하는 일은 클러스터의 범위, 지리적 입지, 활동의 특성, 참여기업과 기관, 네트워킹 전략 등을 결정하는 데 가장 중요한 작업으로 볼 수 있다. 또한 매우 창의적이고 직관적인 구상을 통하여 설계하고 산업연관표나 산업기준분류 등을 참고하되 각 분야의 전문가가 심도 있는 논의를 거쳐 수행하여야 한다. 성과만을 달성하기 위하여 또는 산업단지 입주기업을 확보하기 위하여 정확한 기준 없이 기업이나 기관들을 입주시키고 참여시키면 클러스터의 네트워크나 혁신활동에 중대한 악영향을 초래할 수 있다.

농산업과 식품제조업을 중심으로 연관산업을 포함한 우리나라 식품

클러스터의 개략적 연관성을 보여주는 식품클러스터의 가치사슬에 대한 구상의 예를 들면 다음과 같은 모양이 될 것이다.

식품클러스터 가치사슬 구상(예)

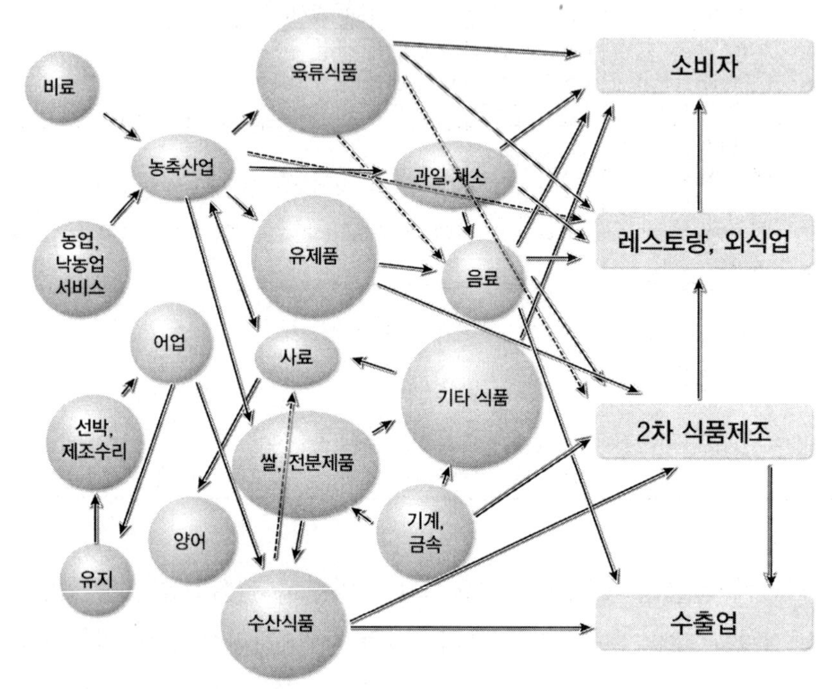

식품클러스터 정책의 하위정책으로 구성되는 정책수단들은 크게 법령 및 제도의 마련, 조직의 정비, 재정의 확보 등의 분야로 나누어 수립하여야 하며, 추진단계별로 매년 중간점검과 평가를 실시하고 그 결과를 반영하면서 적절하게 조정되어야 한다.

국가식품 클러스터 정책 추진은 많은 재정의 투입, 산업단지 조성 등에 따르는 국가계획의 변경, 외국인 투자촉진 등 수많은 법령 및 규정과 관련되어 있다. 또한 형성에서 혁신단계까지 클러스터가 어느 정도 자생적인 성장과 발전을 이루기까지는 최소한 10여 년이 소요되어 정부와 지방자치단체장의 교체 등 정치적 여건변화에 정책방향도 변경될 가능성이 높다. 이러한 행정적 · 정치적 특성을 고려하여 (가칭) 식품산업클러스터촉진법을 별도로 제정하거나 식품산업진흥법에 그 내용을 포함하여 개정하는 것이 일관성 있는 정책추진을 위해서 바람직하다.

추진조직의 경우 핵심적인 추진기관으로 초기단계의 국가식품 클러스터개발협의회는 산업계의 주도하에 학계, 연구기관, 농업인 대표 등이 참여하여 활성화될 수 있어야 한다. 협의회에서 산 · 학 · 연 · 관의 상호 의존적 협력관계가 형성되고 생산적인 방식으로 운영되어야 클러스터가 발전할 수 있다는 바로미터가 될 것이다. 그러한 성공을 바탕으로 제도화된 상설조직으로 (가칭)국가식품 클러스터진흥원을 설립하는 것이 적절한 절차가 될 것이다.

클러스터는 자율적 네트워킹이 생명이기 때문에 권한이 크고 획일화된 추진조직은 오히려 발전을 저해할 수 있다. 정부주도형의 특징을 갖는 우리나라의 경우에도 초기에 강력한 활동을 한 후 단계적으로 민간주도형으로 전환하여야 한다. 우리나라의 행정적인 여건상 한번 설립된 공적인 조직은 조직원들이 조직의 이익이나 확장에 노력하는 경향이 있으며 그 기능이나 규모를 축소하기가 매우 어렵다.

따라서 클러스터 정책수단을 집행하는 수많은 새로운 사업들은 새로운 조직을 만들기보다는 기존 조직의 기능과 역할을 활용하여 추진해야 한다. 예를 들어 식품연구의 총괄 및 네트워크 지원은 한국식품연구원이나 농촌진흥청, 참여 기업에 대한 지원이나 네트워킹 지원은 농수산물유통공사에서 수행하고 필요할 경우 국가식품 클러스터 단지 내에 지역사무소를 두면 효율적인 방식이 될 수 있다. 식품산업 전문단지의 교통, 상하수도, 쓰레기 처리 등 물리적 단지관리 업무는 지역적 행정업무 성격이 강하므로 익산시에서 직접 관리하거나 관리사무소를 두는 것이 효율적이다.

국가식품 클러스터 정책에 소요되는 재정은 크게 식품산업단지 조성에 따르는 비용과 네트워크 활동을 지원하는 비용으로 보아야 하며, 일반적인 식품산업 진흥을 위한 예산과 연계는 하되 명확하게 구분하여야 한다. 식품산업단지 조성은 식품산업 발전을 위한 국가적 산업인프라라는 측면에서 과감하고 신속한 투자가 필요하다.

식품산업단지에 입주할 가능성이 있는 국내외 기업들은 기존의 여러 경영상의 기득권을 포기하더라도 새로운 입지에서의 활동이 유리하다는 확신이 있어야 입주를 결정하게 될 것이다. 산업단지의 저렴한 분양단가, 전기 · 교통 · 상하수도 등 물적 인프라의 완비가 필요하다. 여러 가지 국가기관이나 관리기관의 설립과 운영비용은 최소화하여야 하며 기업들을 위한 시설 투자에 치중하여야 한다. 소프트웨어적 비용은 식품산업단지 조성 이전부터 충분히 확보하여 네트워킹 형성과 활동을 지원하는 것이 바람직하다. 세미나 개최, 공동연구발표회, 협력사업박람회 등 수많은 형태의 사업이 창의적으로 지원되면 작은 예산으로 큰 성과를 낼 수 있다. 이러한 역할은 공적인 기관이 수행하는 것보다는 민간 자율적인 조직들이 네트워킹을 구성하여 추진하는 것이 효과적이며, 정부는 이들 기관의 활동지원을 위해서 소규모 예산이라도 자율성을 부여하여 과감하게 지원하는 것이 효율적이다.

효율적이고 체계적인 지원

국가식품 클러스터는 국내 식품산업의 중심으로 익산 산업단지 내에 입주하는 기업뿐만 아니라 우리나라 식품관련 제조업, 가공업, 유통업, 판매업, 수출에 관여하는 모든 기업들의 생산성을 향상시키고 혁신을 유도하는 역할을 수행하여야 한다. 이러한 식품산업의 거점(hub) 클러스터로서 식품산업단지는 제품, 공정, 서비스 등의 창출과 재생에 관한 활동들이 용이하여 생산성 제고와 혁신 잠재력이 확보되도록 조성하여야 한다.

식품산업 전문단지의 조성은 물리적인 단지조성과 참여 대상 기업과 기관들의 입주를 통하여 완료된다. 물리적 조성은 부지의 확보, 국가산업단지 승인, 개발계획 수립, 토목공사 등을 통하여 이루어지게 되는데 중요한 것은 차질 없는 일정추진과 입지적 유리성을 확보할 수 있는 인프라의 조성이다. 산업단지 자체의 효율적 배치, 교통, 전기, 상하수도 등 인프라는 물론 주변 교통망, 정주시설 등도 고려하여야 한다.

참여대상 식품기업과 관계기관 등의 입주는 정부의 클러스터 정책에 대한 의지와 정책의 신뢰성에 가장 크게 영향을 받게 될 것이며 물리적 유리성과 사업적 유리성이 함께 작용하게 된다. 입주기업에 대한 지원뿐만 아니라 일정기간의 조세감면, 이전이나 신설에 따른 시설비용의 장기 융자, 외국인 투자유치 등의 인센티브 방안이 구체적으로 제시되어야 하며 이를 근거로 입주유치활동을 전개하여야 한다. 우선 푸드체인상에서 영향력이 큰 대표적 식품기업과 대표적 연구기관을 입주하도록 하여야 하며 해외직접투자를 활발히 전개하고 있는 외국 식품업체들도 시범적으로 유치할 필요성이 있다.

국가식품 클러스터가 국제 경쟁력을 확보하고 우리나라 식품 수출을 주도하기 위해서는 정부가 구상하고 있는 바와 같이 국제적인 해외 식품 기업이나 연구기관을 유치하는 것이 중요하다. 해외 연구기관을 유치하는 방법으로 산업단지의 개발이익을 이용하거나 공공자금의 지원 등이 있으나 국내 연구 및 생산 주체가 우선 네트워크를 구축하고 해외 기업 및 연구기관과 지속적인 네트워크를 형성하는 것이 필요하다.[148]

대기업이 클러스터 정책에 적극적으로 참여하게 되면 산 · 학 · 연 · 관 및 중소기업 간 협력의 성과가 대기업의 영향력 아래 놓이게 되어 부정적인 효과를 발생할 수 있는 측면이 있다. 그러나 각종 자원을 동원할 수 있으며 인프라 구축이나 클러스터 형성에 기여할 수 있으므로 대 · 중소기업의 협력사업과 클러스터 사업을 연계하는 방안을 모색하는 것이 적절할 것이다.[149]

국내 농업과의 연계를 활성화하고 원활한 원료수급뿐만 아니라 식품 자체 사업으로도 규모와 영향력이 큰 농협조직을 유치하는 것도 매우 중요한 일이다. 농협을 통하여 농업정책에서 지원되고 있는 각종 농축산물 가공, 저장 및 유통시설을 설치하고 농수산물유통센터(물류센터, 도매시장 등)를 외곽에 배치하는 것도 클러스터 활성화에 도움이 될 것이다.

식품체계 개편 및 클러스터와의 연계

클러스터 형성과 발전을 위해서 식품관련 연구와 이를 중심으로 하는 산 · 학 · 관 · 연의 네트워크 구축이 필수적이며 핵심과제라는 점은 많은 연구에서 주장되고 있다.[150] 그동안 식품산업에 대한 정부의 연구 · 개발 노력은 미미하였다. 농촌진흥청도 농업 생산분야의 연구에 집중해 왔다. 연구 · 개발 지원의 부족을 해결하는 것보다 더 중요한 것은 연구 · 개발이 식품산업의 실질적인 경쟁력 제고와 식품기업들에게 활용될 수 있도록 하는 것이다. 국가식품 클러스터의 연구체계나 연구 네트워크를 중심으로 지역농업 및 광역식품 클러스터, 각 지방 농업연구기관들을 통합적으로 체계화할 수 있는 방안의 검토가 필요하다. 공공기관의 이전도 국가식품 클러스터의 정책과 연계하여 고려하는 것이 좋다.

우리나라의 대표적인 산업클러스터들이라고 할 수 있는 산업단지들의 경우에도 연구 · 개발은 수도권이나 모기업에 의존하고 생산기능과 낮은 단계의 연구기능만 지방의 산업단지에서 수행하는 형태로 생산기능과 연구 · 개발 기능이 분리되어 있어 혁신체제 구축에 어려움을 겪고 있다.[151] 식품클러스터 발전을 위한 연구관련 사업은 농림수산식품부의 식품연구체계 개편과 함께 큰 틀에서 설정되어야 할 것이다. 클러스터와 연계하여 추진할 연구 · 개발 정책으로 다음과 같은 과제를 검토할 수 있다.

첫째, 농촌진흥청의 기능과 역할을 식품분야 연구 및 네트워킹 기관으로 확대할 필요성이 있다. 농촌진흥청은 그동안 농업생산분야의 전문 연구 및 지도인력을 축적하고 전국에 걸친 네트워킹 조직을 가지고 있으므로 농축산물을 이용한 가공 · 처리 기술분야의 인력을 보강하면 전국적인 식품클러스터 네트워킹 지원 조직으로 발전할 수 있다. 이탈리아 사례에서 보았듯이 지역 농업과 지역 토착적인 식품을 기반으로 하는 클러스터는 국내 농업과의 연계를 제고하고 지역 내생적 발전을 유도할 수 있는 바람직한 방향이다.

둘째, 농림수산식품부에서 지원하는 식품관련 연구사업은 연구과제의 선정에서 연구수행 인력의 구성, 연구결과물의 활용에 이르기까지

산 · 학 · 관 · 연의 네트워킹 구성을 통해 추진해야 한다. 익산 클러스터 개발협의회나 광역식품 클러스터에는 일정 비율의 연구비를 할애하여 지원해야 한다. 이러한 사업비의 지원은 자생적인 클러스터의 형성과 활동에 도움이 될 뿐만 아니라 연구결과의 실용도를 획기적으로 제고시킬 수 있다.

셋째, 식품연구를 클러스터 차원에서 총괄할 수 있는 (가칭)식품연구협의회를 신설하여야 한다. 식품에 대한 연구는 클러스터의 성패를 좌우하는 핵심사항이며 전문적인 분야일 뿐 아니라 학교, 정부출연 연구기관, 민간연구소 등 많은 기관이 관련되어 있다. 어느 기관이 주도하여도 우리나라 식품연구의 주도권을 형성하게 될 것이라는 인식으로 연구기관 간의 상호 협력이 매우 어려울 것으로 예상된다. 정부 정책의 체계적 수행을 위해서 국가연구조직은 조직통합이나 체계적인 정책조정 시스템이 필요하지만 대학과 민간 연구기관은 자율적인 경쟁과 협력방식을 조장하여야 한다. 클러스터 정책과 재정지원을 명분으로 정부가 연구분야 등에 과도하게 개입하는 것은 연구의 자율성을 훼손하여 경쟁력을 저하시키는 일이 될 것이다. 따라서 정부는 연구기관들이 자율적 협력방식을 취해 나갈 수 있도록 보장하면서 실용가능성이 높은 연구비와 네트워크 활동을 적절하게 지원할 수 있는 섬세한 정책을 구사하여야 한다. 그런 만큼 형식적이고 제도화된 조직보다는 연구기관협의회와 같이 유연하고 비상설적인 조직을 설립하도록 유도하는 것이 바람직하다.

넷째, 식품산업의 업종별 협회들에 대한 연구비 지원을 검토해 볼 만하다. 식품공업협회, 외식산업협회 등 업종별 자생조직은 회원들이 공동으로 활용할 수 있는 공통적인 연구나 상호 사업협력을 추진할 수 있는 네트워킹이 가능한 단체들이다. 이들이 자체적인 연구사업을 할 경우 정부가 일정 비율의 연구비를 지원하게 되면 연구과정에서 네트워킹을 촉진할 수 있고 연구결과를 회원 모두가 활용할 수 있게 된다.

핵심 네트워커(Networker) 육성 및 지원

클러스터가 경쟁력을 갖추고 경쟁우위를 점하기 위해서는 클러스터 내의 상호작용이 원활하게 이루어지도록 하는 시스템을 확보하여야 한다. 이것이 클러스터 정책이 과거의 단순한 산업단지 정책이나 산업 집적화 정책과 다른 점이다. '클러스터 정책은 클러스터 발전에 장애가 되는 요소를 제거하고 클러스터 주체들 간의 네트워크를 형성하는 등의 정책'[152]이라고 할 만큼 네트워크는 핵심적인 정책이다. 네트워크를 통한 상호작용은 기업, 기관과 그 구성원들의 공식 · 비공식적인 다양한 형태의 접촉을 통하여 수행된다.

산 · 학 · 연 · 관의 주체들 간에 유연하고 다양한 형태의 네트워크를 정책적인 사업이나 제도를 통해 추진하는 일은 현실적으로 매우 어렵고, 형식적인 사업으로 변질될 가능성이 크다. 실제 현실에서 연계나 네트워크는 각 주체들 간의 이해관계의 복잡한 관계 속에서 형성, 작동, 발전되고 있으므로 당위에 입각하여 연계나 네트워크 형성 정책을 추진하는 것은 실패할 확률이 매우 높으며 산 · 학 · 연 · 관계도 필요성은 주장되지만 쉽게 이루어지는 일이 아니다.[153]

우리나라 클러스터 정책담당자들은 산 · 학 · 연 · 관의 네트워크가 혁신주체들을 물리적으로 연계하는 조직과 기관들을 설립하고 이에 대한 재정지원을 하면 된다는 식의 사고를 하기가 쉽다. 이러한 의도적이고 인위적인 연계는 자생적인 기능을 발휘하기 어렵고 조직이나 기관운영에 치중할 우려가 있으며 형식적인 네트워크 회원보십이나 재정지출을 위한 모임을 하는 등의 부작용을 초래하기 쉽다. 따라서 네트워크의 형성 및 활동을 지원하는 정책은 식품클러스터 주체 간의 이해관계, 공통적인 관심사, 조직과 구성원 등의 성향까지도 고려하여 주도면밀하게 설계되고 추진되어야 한다. 한국형 식품클러스터의 네트워크인 1-3-3 네트워크를 중심으로 다음과 같은 정책과제를 전략적으로 추진해야 한다.

첫째, 뚜렷한 정책 목적을 가진 대표적인 네트워크를 선정하여 그 형성과 활동을 적극 지원하여야 한다. 한국형 모델에서 제시한 1-3-3 모델을 대표하는 7개의 네트워크는 그 기능과 영향력이 커서 식품산업과 식품클러스터를 주도할 수 있다.

둘째, 식품 네트워커(Food Networker) 육성 및 지원사업을 추진한다. 식품클러스터와 관련된 네트워크에 직접 참여하여 핵심적 역할을 하거나(key actor) 직접 참여하지는 않되 다양한 네트워크를 개발하여 형성을 유도하며 이의 활동을 지원하는 기관을 네트워커 또는 네트워크 브로커[154]라고 정의하고자 한다.

예를 들어 농림수산식품부는 7개의 대표적 네트워크에 대한 네트워커이며, 정부출연 공기업이나 연구기관들은 정부사업을 매개로 하는 중요한 네트워커일 수 있다. 또한 농기계협동조합이 식품제조용 냉각기 연구네트워크를 형성하는 네트워커가 될 수 있듯이 다양한 식품관련 협회나 법인들도 참여할 수 있을 것이다.

1-3-3 네트워크 유형에 따라 네트워크를 파악하고 핵심적인 네트워커를 구상해 보면 다음과 같이 명확하게 인식할 수 있다.

식품클러스터 네트워크와 네트워커

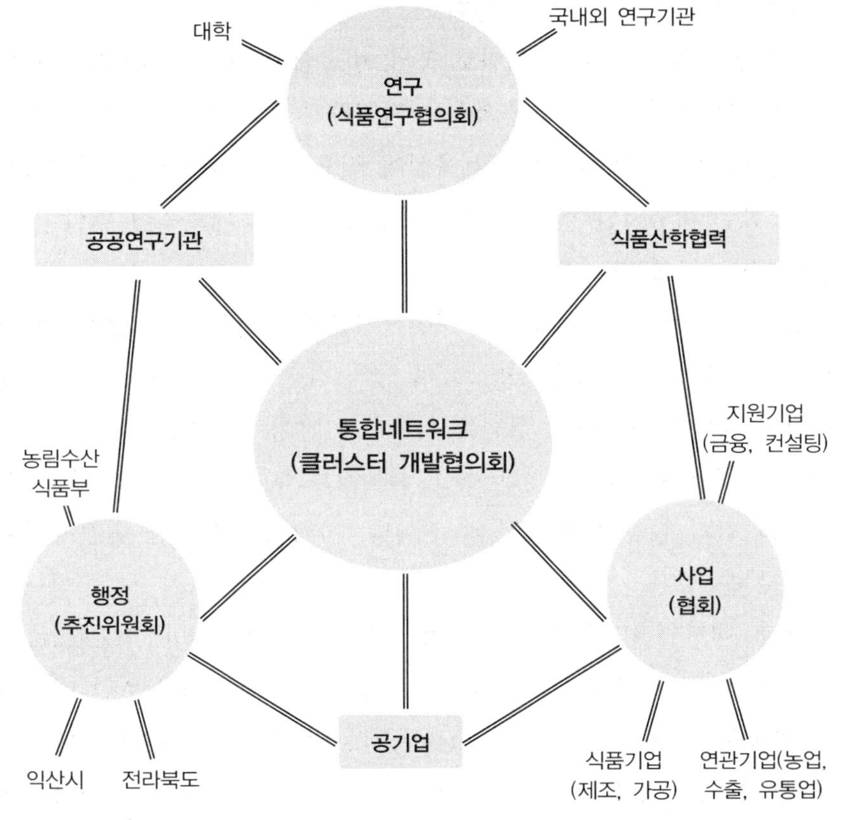

이러한 접근은 클러스터의 구성체계를 생산 시스템, 연구 · 개발 시스템, 산업지원 시스템으로 구분하고 정부는 이를 지원하는 역할로 보는 연구와는 다르게 공공부문을 네트워크의 한 축으로 보는 Ezkowitz의 triple helix 이론에 가까운 시각이다. 우리나라 식품클러스터가 정부의 역할에 크게 의존하고 있는 점을 고려할 때 핵심적인 네트워커로 시 정부 재정을 집행하는 정부출연 연구기관, 정부 예산사업을 지도하

는 공기업, 연구를 사업에 적용하는 산학협력사업단 등이 매우 중요한 역할을 할 수 있을 것으로 본다.

분야별, 업종별, 특정사업별로 공식, 비공식적으로 수없이 많은 네트워크의 생성과 활동을 효율적으로 지원하기 위해서는 네트워크에 대한 전문적인 기관이나 조직의 육성이 필요하다. 기존 또는 클러스터 관련 정부 재정지원사업과 연계한다면 효과적인 네트워커 역할이 가능할 것으로 보인다.

농림수산식품부가 네트워커 지원사업을 예산사업으로 신설하여 네트워커에 대한 자격기준, 승인, 교육 등의 지침을 마련하고 네트워커를 통하여 네트워크에 대한 지원을 시행하는 방식이다. 네트워커는 농촌진흥청, 한국식품연구원 등 공공조직과 식품관련 대학, 민간연구소, 각 업종별 협회 등은 물론 민간의 컨설팅, 지역개발회사 등 민간조직이 포함될 수 있다.

셋째, 네트워크만을 위한 네트워크 활동을 경계하여야 한다. 식품클러스터 정책을 정부가 시행하게 되면 정부지원의 수혜를 위한 네트워크 활동이 증가할 것으로 예상된다. 활동의 목적이 명확하고 내용이 구체적인 네트워크로 정부 지원을 한정하여야 한다. 나머지 클러스터는 네트워커를 통하여 일반적인 활동을 소규모로 지원함으로써 부작용을 최소화할 수 있다.

참고문헌

1 표준국어대사전, 1999 ; 네이버 백과사전.

2 네이버 백과사전.

3 식품저널, 식품유통연감, 2006, pp. 66–68, 91–94, 355–357.

4 류지성, 정책학, 대영문화사, 2007, p. 66.

5 이정희, 식품산업정책의 방향과 과제, 농정연구(19, 가을), 2006, pp. 59–78.

6 Martinez, S. W., The U.S Food Marketing System : The Recent Development 1997–2006, USDA ERS, 2007, p. 2.

7 Department of Environment, Food and Agriculture(DEFRA), U.K, Review of food chain initiatives, 2007, p. 29.

8 최지현 외, 식품산업과 농업의 연계성 제고방향, 한국농촌경제연구원, 2007.

9 황수철, 농업과 식품산업의 연계강화를 위한 세부프로그램 비교연구 및 개발, 농림부 용역보고서, 사단법인 농정연구센터, 2005.

10 한국보건산업연구원, 소비자중심의 식품안전관리체계 구축방안, 2004.

11 강경선 외, 식품안전행정 체계화 및 효율화 방안, 농림수산식품부 연구용역보고서, 2008.

12 Porter, M., On competition, 1997(김경묵 외 역, 경쟁론, 세종연구원, 2001).

13 OECD, Boosting Innovation : The Cluster Approach, Paris, 1999 ; OECD, Innovative Clusters : Drivers of National Innovation Systems, Paris, 2001 ; OECD, Competitive Regional Clusters : National Policy Approaches, Paris, 2007.

14 박동 · 이종선 · 정준호 등, 세계의 지역혁신체계, 국가균형발전위원회 엮음, 한울아카데미, 2004.

15 이종호 · 이철우, 집적과 클러스터 : 개념과 유형 그리고 관련이론에 대한 비판적 검토, 한국경제지리학회지 제3호, 2008, pp. 302–318.

16 복득규 외, 신입글러스터 발전전략, 삼성경제연구소, 2002.

17 복득규 외, 한국산업과 지역의 생존전략–클러스터, 삼성경제연구소, 2003.
18 박래현, 한국의 산업클러스터에 관한 실증연구, 한국경제지리학회지 10(1), 2007.
19 손병석 외, 국내 신선물류클러스터의 구축방안, 한국항만경제학회지 23(1), 2007. 3.
20 김정호, 지역농업 클러스터의 가능성과 과제, 농업경영정책연구, 31(3), 한국농업정책학회, 2004. 9 ; 김정호 외, 지역농업 클러스터 발전방안, 한국농촌경제연구원, 2005.
21 김호 · 김태연 외, 사례연구를 통한 식품산업클러스터 조성방향, 농림부연구용역보고서, 2007.
22 전라북도, 국가식품 클러스터 조성 기본계획 수립 연구용역보고서, 산업연구원, 2008.
23 이계임 외 7인, 식품관련 법체계 개편을 위한 기초연구, 한국농촌경제연구원, 2008.
24 농림수산식품부, 식품산업 발전 종합대책, 2008. 11.
25 농림수산식품부, 장태평 장관 취임사, 2008.
26 국무총리실 외 관계부처 합동, 식품안전 종합대책, 2008. 7. 11.
27 나병헌, 우리나라 식품안전관리의 효율적 운영방안, 한양대학교 석사학위논문, 2006 ; 농림수산식품부, 식품 안전관리 개선방안, 2009.
28 나카시마 야스히로 저, 이병오 외 역, 식품안전의 경제학, 강원대학교출판부, 2004, p. 57.
29 김준 · 배민식, 선진국형 식품안전관리체계 마련방안, 국회입법조사처 현안보고서, 제15호(2008. 12. 12), 대한민국 국회, 2008, p. 8.
30 식품음료신문, 김성민 식품산업정책단장 인터뷰, 2008. 10. 6.
31 농림수산식품부, 식품산업 발전 종합대책, 2008. 11.
32 김병조 · 육주희 · 원혜영, 식품산업육성 정책방향연구, 농림부 용역보고서, 한국외식정보(주), 2007, pp. 14–15.
33 농림수산식품부, 식품산업 발전 종합대책, 2008. 11.
34 농림수산식품부, 식품산업 발전 종합대책, 2008. 11, p. 42.
35 이정희, 한국 푸드시스템의 현황과 발전과제–농업과 식품산업 연계 중심, 한국식품유통연구 24(4), 2007.
36 이용선 외 10인, 식품정책의 방향과 과제, 한국농촌경제연구원, 2008.
37 한국외식정보, 2007; 이용선 외 10인, 2008.
38 남궁근, 정책학, 법문사, 2008.
39 정병순 · 박래현, 한국의 산업클러스터에 관한 실증연구, 한국경제지리학회지 10(1), 2007.
40 남궁근, 정책학, 법문사, 2008, p. 106.
41 농림수산식품부, 식품산업 발전 종합대책, 2008. 11, p. 9.

42 식품산업진흥법 제1조(목적).

43 남궁근, 정책학, 법문사, 2008, pp. 107–112.

44 나카시마 야스히로 저, 이병오 외 역, 식품안전의 경제학, 강원대학교출판부, 2004, pp. 197–204.

45 이계임 외 7인, 식품관련 법체계 개편을 위한 기초연구, 한국농촌경제연구원, 2008.

46 강경선, 식품안전행정 체계화 및 효율화 방안, 농림수산식품부 연구용역보고서, 2008.

47 나카시마 야스히로 저, 이병오 외 역, 식품안전의 경제학, 강원대학교출판부, 2004, pp. 169–174.

48 곽노성, 식품안전행정체계 개편방안, 식품과학과 산업, 2006년 6월호.

49 강경선, 식품안전행정 체계화 및 효율화 방안, 농림수산식품부 연구용역보고서, 2008.

50 문휘창, 마이클포터의 국가경쟁우위, 21세기북스, 2009, pp. 129–212.

51 성진근, 애그리비즈니스론, 농수축산신문, 2006, p. 104.

52 월간식당, 한식 세계화 선포식–김성민 식품산업단장 인터뷰, 한식 세계화특별기획, 2008. 11.

53 이정희, 한국 푸드시스템의 현황과 발전과제, 한국식품유통연구, 24(4), 2007, pp. 105–130.

54 이정희, 한국 푸드시스템의 현황과 발전과제, 한국식품유통연구, 24(4), 2007, pp. 105–130, p. 122.

55 최지현 외, 식품산업과 농업의 연계성 제고방향, 한국농촌경제연구원, 2007.

56 Porter, M., Location, Competition and Development : Local Cluster in a Global Economy, Economic Development Quarterly, 2000, pp. 15–33.

57 이용선 외 10인, 식품정책의 방향과 과제, 한국농촌경제연구원, 2008.

58 김정호 외, 지역농업 클러스터 발전방안, 한국농촌경제연구원, 2005.

59 OECD, Competitive Regional Clusters : National Policy Approaches, Paris, 2007.

60 Porter, M., On competition, 1997(김경묵 외 역, 경쟁론, 세종연구원, 2001, pp. 240, 258).

61 OECD, Innovative Clusters : Drivers of National Innovation Systems, Paris, 2001.

62 농림부, 지역농업 클러스터 보도자료, 2004. 9. 20.

63 삼성경제연구소, CEO Information, 2002.

64 김정호 외, 지역농업 클러스터 발전방안, 한국농촌경제연구원, 2005.

65 전라북도, 국가식품 클러스터 조성 기본계획 수립 연구용역보고서, 산업연구원, 2008.

66 정병순 · 박래현, 한국의 산업클러스터에 관한 실증연구, 한국경제지리학회지 10(1), 2007.

67 농림부, 식품산업종합대책, 2008. 11. 13.
68 남기범, 클러스터 정책실패의 교훈, 한국경제지리학회지, 7(3), 2004, pp. 407-432.
69 이경태, 산업정책의 이론과 현실, 산업연구원, 2003, p. 5.
70 OECD, Boosting Innovation : The Cluster Approach, Paris, 1999b, p. 420.
71 류지성, 정책학, 대영문화사, 2007, pp. 234-245.
72 Porter. M., On competition, 1997(김경묵 외 역, 경쟁론, 세종연구원, 2001, pp. 19, 205).
73 최숙희, 정부정책 성공의 충분조건 : 소통, 삼성경제연구소 CEO Information, 제683호, 2008.
74 김호 · 김태연 외, 사례연구를 통한 식품산업클러스터 조성방향, 농림부연구용역보고서, 2007, p. 20.
75 전라북도, 국가식품 클러스터 조성 기본 계획 수립 연구용역보고서, 산업연구원, 2008, pp. 51-58.
76 전라북도, 국가식품 클러스터 조성 기본 계획 수립 연구용역보고서, 산업연구원, 2008, p. 60.
77 김호 · 김태연 외, 사례연구를 통한 식품산업클러스터 조성방향, 농림부연구용역보고서, 2007, p. 40.
78 전라북도, 국가식품 클러스터 조성 기본 계획 수립 연구용역보고서, 산업연구원, 2008, pp. 61-64.
79 김율성, 덴마크 외레순 푸드 클러스터 운영의 시사점, 부산발전연구원 월드포커스(167), 2008, p. 54.
80 김호 · 김태연 외, 사례연구를 통한 식품산업클러스터 조성방향, 농림부연구용역보고서, 2007, p. 47.
81 전라북도, 국가식품 클러스터 조성 기본 계획 수립 연구용역보고서, 산업연구원, 2008, p. 37.
82 김호 · 김태연 외, 사례연구를 통한 식품산업클러스터 조성방향, 2007, p. 77.
83 전라북도, 국가식품 클러스터 조성 기본 계획 수립 연구용역보고서, 산업연구원, 2008, p. 42.
84 경북지역의 지역혁신체제 구축과 지역전략 산업 육성방안, (재)경북테크노파크, 2005, p. 263.
85 김인중 외, 산업입지, 한국산업단지공단, 2006, p. 39.
86 경북지역의 지역혁신체제 구축과 지역전략산업 육성방안, (재)경북테크노파크, 2003, pp. 263-277.
87 Claudia Degli Esposti, Innovation Strategy and Regional Innovation Systems;

The Agro-food system in Emilia-Romagna, Head of the Regional marketing Unit, 2007.

88 EU Commission 홈페이지.

89 농림부, 지역농업 기술혁신클러스터 육성 및 지원방안 연구, 농림기술관리센터, 2005, p. 19.

90 김호 · 김태연 외, 사례연구를 통한 식품산업클러스터 조성방향, 농림부연구용역보고서, 2007, pp. 31-32.

91 장혜진, 이탈리아의 지역 음식문화에 관한 고찰, 한국조리학회지 제9권 제4호, 2003, pp. 203-220.

92 성경륭, 국가균형발전의 비전과 과제, 국가균형발전위원회, 2003. 5.

93 대통령직 인수위 업무보고, 농림부, 2008. 1. 4, p. 11.

94 김정호 외, 지역농업 클러스터 발전방안, 한국농촌경제연구원, 2005.

95 Porter, M., Location, Competition, and Economic Development : Local Clusters in a Global Economy, Economic Development Quarterly, 14, 15, 2000, p. 17.

96 복득규 외, 산업클러스터 발전전략, 삼성경제연구소, 2002, p. 25.

97 김정호 외, 지역농업 클러스터 발전방안, 한국농촌경제연구원, 2005.

98 농림부, 지역농업 클러스터 활성화를 위한 본사업 추진방안 연구보고서, 지역농업네트워크, 2007.

99 지경배, 내발적 발전론에 의한 지역정책의 전개를 위한 소고, 한국정책과학학회회보 7(3), 2003, 12, pp. 301-322.

100 농림수산식품부 보도자료, 광역클러스터 신규사업단 12개소 확정, 2009. 4. 16.

101 이기홍, 혁신클러스터 정책의 이론적 검토와 OCSN모델의 제안, 혁신클러스터와 지역발전, 도서출판 소화, 2007, pp. 103-132.

102 이원빈, 혁신클러스터 시범단지의 경쟁력 분석, 산업연구원 산업경제분석, 2006. 4, pp. 61-72.

103 최상철(국가균형발전위원장), MB政府의 國家均衡發展 方向과 戰略, 균형위 홈페이지, 2008. 5, p. 17.

104 농림수산식품부, 국가식품 클러스터 조성 기본구상, 2008. 12. 26.

105 「산업입지및개발에관한법률」 제2조.

106 류지성, 정책학, 대영문화사, 2007.

107 이제봉, 한국의 국가적 특성과 교육, 울산대학교 사회과학논집 11(2), p. 140.

108 농림수산식품부, 식품산업종합대책, p. 21.

109 강현수 외, 클러스터 정책에 있어서 정부정책 개입의 방향, 2004, pp. 17-22.

110 Etzkowitz & Leydesdorff, The dynamics of innovation : from National Systems and "Mode 2" to a Triple Helix of university–industry–government relations, Research Policy 29(pp. 109–123), 2000, pp. 111–112.

111 Etzkowitz, Dzisah & Ranga, The triple helix model of innovation : University–industry–government interaction, Tech Monitor(pp. 14–23), 2007, p. 16.

112 Porter, M., On competition, 1997(김경묵 외 역, 경쟁론, 세종연구원, 2001, pp. 225–233).

113 Oxford Research AS, Cluster policy in Europe, Europe Innova Cluster Mapping Project, 2008, pp. 5–6.

114 Porter, M., On competition, 1997(김경묵 외 역, 경쟁론, 세종연구원, 2001, pp. 321–326).

115 이기훙, 혁신클러스터 정책의 이론적 검토와 OCSN모델의 제안, 혁신클러스터와 지역발전, 도서출판 소화, 2007, pp. 103–132.

116 정병순 · 박래현, 한국의 산업클러스터에 관한 실증연구, 2007.

117 송하율, 지역전략산업 지원 사업 성과제고 방안, p. 28.

118 정호상, 경쟁우위의 새로운 원천 : SCM, 삼성경제연구소 CEO Information(668), 2008, pp. 1–4.

119 김영수, 산업집적지의 네트워크 실태와 클러스터 활성화 방안, pp. 42–46.

120 전라북도, 국가식품 클러스터 조성방안, 한국산업연구원, 2008, p. 200.

121 농림수산식품부, 국가식품 클러스터 조성방안, 2008.

122 남궁근, 정책학, 법문사, 2008, p. 341.

123 장원석, 세계화 · 지방화 시대의 지역발전전략, 한국국제농업개발학회지 17(3), pp. 155–168.

124 강현수 외, 클러스터 정책에 있어서 정부정책 개입의 방향, p. 29.

125 김영수, 산업집적지의 네트워크 실태와 클러스터 활성화 방안, 산업연구원, 2007, p. 48.

126 김왕동, 선진혁신클러스터 구축을 위한 가상 클러스터 활용방안, 과학기술정책연구원, 2006.

127 김호 · 김태연 외, 사례연구를 통한 식품산업클러스터 조성방향, 농림부용역보고서, 2007, pp. 9–10.

128 Porter, M., On competition, 1997(김경묵 외 역, 경쟁론, 세종연구원, 2001, p. 300).

129 김호 · 김태연 외, 사례연구를 통한 식품산업클러스터 조성방향, 농림부용역보고서, 2007, pp. 124–134.

130 Oxford Research AS, Cluster policy in Europe–A brief summary of cluster policies in 31 European countries, Europe Innova Cluster Mapping Project, 2008, p. 25.
131 김호 · 김태연 외, 사례연구를 통한 식품산업클러스터 조성방향, 농림부연구용역보고서, 2007, p. 134.
132 Porter, M., Competitive Advantage of Nations, 1998(문휘창 옮김, 국가 경쟁론, 21세기북스, 2009, p. 943).
133 농협중앙회 홈페이지, 2009. 5. 20.
134 김해석, 농협 가공식품 활성화 방안, 농협경제연구소, 2008, pp. 27–35.
135 Porter, M., Competitive Advantage of Nations, 1998(문휘창 옮김, 국가 경쟁우위, 21세기북스, 2009, pp. 939–943).
136 정병순 · 박래현, 한국의 산업클러스터에 관한 실증연구, 한국경제지리학회지, 10(1), 2007.
137 전라북도, 국가식품 클러스터 조성방안, 한국산업연구원, 2008, p. 339.
138 최숙희, 정부정책 성공의 충분조건 : 소통, 삼성경제연구소 CEO Information(683), 2008, p. 14.
139 OECD, Competitive Regional Clusters : National Policy Approaches, Paris, 2007, p. 134.
140 허승욱, 농업부문 자원순환 네트워크 구축의 필요성과 방향, 한국국제농업개발학회지(20), 2008, pp. 138–144.
141 김왕동, 선진 혁신클러스터 구축을 위한 가상 클러스터 활용방안, 과학기술연구원, 2006, pp. 46–47.
142 Porter, M., On competition, 1997(김경묵 외 역, 경쟁론, 세종연구원, 2001, p. 276).
143 김왕동, 선진 혁신클러스터 구축을 위한 가상 클러스터 활용방안, 2006,
144 윤진효 · 함성득 외, 지역클러스터의 혁신 네트워크와 개방성 분석 연구, p. 28.
145 Porter, M., On competition, 1997(김경묵 외 역, 경쟁론, 세종연구원, 2001, pp. 242–245).
146 http://www.clusterobservatory.eu
147 OECD, Boosting Innovation : The Cluster Approach, Paris, 1999, pp. 61–90.
148 강현수 외, 클러스터 정책에 있어서 정부정책 개입의 방향, 2004, pp. 14–16.
149 김영수, 산업집적지의 네트워크 실태와 클러스터 활성화 방안, p. 51.
150 전라북도, 국가식품 클러스터 조성 기본 계획 수립 연구용역보고, 산업연구원, 2008.
151 이원빈, 혁신클러스터 시범단지의 경쟁력 분석, 산업연구원 산업경제분석, p. 62.

152 김영수, 산업집적지의 네트워크 실태와 클러스터 활성화 방안, p. 42.

153 강현수 외, 클러스터 정책에 있어서 정부정책 개입의 방향, 정책기획위원회, 2004, pp. 12–14.

154 박동, 혁신주도형 경제의 개념과 추진전략, 한국응용경제학회지(응용경제), 6(2), 2004. 6, pp. 229–263.

우리나라 식품산업정책과 클러스터

부록

식품산업발전 종합대책

2008. 11. 13(목)

농림수산식품부
Ministry for Food, Agriculture, Forestry and Fisheries

목 차

Ⅰ. 식품산업 진흥정책의 필요성

❑ 세계 식품시장의 규모는 약 4조 달러('04년 기준)로 추정[1]되고, 앞으로도 지속적으로 성장할 것으로 전망

❍ 세계 자동차시장(1.6조 달러), IT시장(2.8)보다 큰 규모로 선진국과 글로벌 기업들은 식품시장에서 많은 이윤을 창출

> ☞ 세계 2000대 기업('07년, Forbes誌 선정) 중 식품관련 기업이 104개 분포(의약 · 바이오 35, 화학 61, 반도체 32)
> ☞ 세계 가공식품의 수출액은 6,300억 불[2] 규모이며, 미국 · 네덜란드 · 프랑스 · 독일 · 벨기에 5개국이 36%를 차지

❍ 식품은 필수재라는 상품 특성상, 경기 침체의 영향이 작고, 향후 인구증가와 더불어 시장규모가 지속 확대될 전망

> ☞ 세계 인구는 '07년 67억 명에서 '50년 92억 명으로 증가할 전망
> ★ 인도 : ('07) 11.7억 명 → ('25) 13.9 → ('50) 15.9, 중국 : ('07) 13.3 → ('25) 14.4 → ('50) 13.9

❑ 국민 소득증가, LOHAS(Lifestyle Of Health And Sustainability)에 대한 관심 증대 등으로 식품에 대한 국민들의 요구 수준은 높아짐

❍ 특히, 멜라민 등 식품안전에 대한 관심이 집중되어 '농장에서 식탁까지(Farm to Table)' 안전한 식품제공 요구 증대

❑ 이명박 정부는 식품산업의 잠재력을 성장동력화함과 동시에 농어업의 성장을 견인해 나갈 수 있도록 정책지원을 집중

❍ 1차 산업 중심의 농어업을 2 · 3차 산업화하는 데 중점

> ☞ 농림수산식품부 발족('08.2월), 식품산업진흥법 시행('08.6) 등 기반 구축

---

1) 세계 식품시장 규모에 대한 공식적인 통계는 산출되지 않으며, 대표적인 리서치 기관인 Euromonitor 추정치 원용.

2) World Bank 추정('04년 기준).

II. 우리나라 식품산업의 위치와 대내외 여건

현 수준 평가

1 외형적으로 성장세를 나타내고 있으나, 산업구조가 취약하고 기술력·인력 등 핵심역량 부족
2 세계 식품시장에서 차지하는 비중이 미미하고, 향후 식품산업을 선도해 나갈 신시장 및 새로운 아이템 개척 미진
3 식품 원료의 해외조달 의존도가 높아 국제 곡물가 상승 등 여건 변화에 대한 대응에 한계
4 우리 식품에 대한 국민들의 신뢰도가 낮고, 식생활 패턴의 서구화에 따른 부작용 심화

1. 일반 현황

❑ 식품산업은 '80년대 이후 산업화가 진전되면서 경제성장, 소득향상과 더불어 지속적인 성장세 시현

○ '06년 기준 식품산업의 매출액(100조 원)은 '99년 대비 43.8% 증가하였고, 종사인력(163만 명)도 8.6% 증가

※ 동 기간 동안 농림어업의 생산액은 11.1% 증가에 그침('06년 42조 원)

식품산업의 매출액 및 고용규모

(단위 : 10억 원, 천 명)

	1999	2000	2002	2004	2006
식품산업 매출액	69,446	72,672	83,140	96,136	99,838
(음식료품제조업)	36,187	37,200	42,649	47,767	48,946
(외식업)	33,259	35,472	40,491	48,370	50,892
식품산업 종사자	1,507	1,608	1,769	1,742	1,636
(음식료품제조업)	174	178	183	186	185
(외식업)	1,333	1,430	1,586	1,556	1,450

자료 : 통계청 제조업통계조사, 도소매업통계조사.
주 : 음식료품제조업은 종사자 5인 이상 사업체 대상(1~4인 소규모 업체 제외).

❑ 식품산업은 산업구조의 영세성, 양극화 등으로 인해 향후 지속적으로 성장하는 데 한계

○ 식품제조 · 외식업체는 대부분이 자영업 중심의 영세업체이며, 대기업과 중소기업 간 양극화도 심화

- 8.5천여 개 식품제조업체(5인 이상) 중 종업원 50인 미만이 91.6%, 매출액 10억 원 미만이 55.8%

* 평균 매출액은 57.6억 원으로 제조업 전체 평균(76.3억 원)의 75% 수준

식품제조업체 현황

구분	사업체수(개)		평균고용인원(명)		매출액(백만 원)	
소기업	7,781	(91.6)	95,827	(51.7)	16,641,644	(34.0)
중기업	673	(7.9)	68,869	(37.1)	24,277,864	(49.6)
대기업	41	(0.5)	20,723	(11.2)	8,026,597	(16.4)
합계	8,495	(100.0)	185,419	(100.0)	48,946,105	(100.0)

자료 : 통계청, 광업제조업통계, 2006.
주 : 소기업(50인 미만), 중기업(50~300인 미만), 대기업(300인 이상) 구분은 중소기업기본법에 의한 분류 기준 적용.

- 547천여 개 외식업소 중 종업원 5인 미만이 90.4%, 매출액 1억 원 미만이 75.0%로 대부분 영세한 자영업 형태

* 점포당 매출액('06기준) : 한국 93백만 원, 일본 32백만 엔, 미국 541천 달러

❑ 산업 발전의 토대가 되는 인프라와 제도적 기반이 부족

○ R&D 투자가 미흡하여 식품 기술수준이 낮고, 통계 · 정보 인프라, 인력양성 시스템 등이 전반적으로 취약

- 식품 기술 수준은 분야별로 선진국의 40~60% 수준인 것으로 평가(국과위)

○ 그동안 식품산업 진흥을 위한 관련법령 및 추진체계 등이 미흡

- '08.2.29일 정부조직법 개정으로 농림수산식품부가 식품산업 진흥업무를 전담하게 되었고, 6.28일 '식품산업진흥법'이 시행

2. 세계화 수준

❑ 세계 식품시장(4조 달러) 대비 국내 매출액은 2.5% 수준

* 세계 식품시장은 식품 소비 기준으로 약 4조 달러로 추정(Euromonitor, '02)
☞ 식품소매점 판매액(2.3조 달러), 외식업 판매액(1.8조 달러)

○ 연 매출액 1조 원 이상의 식품기업이 '07년 말 기준 8개이나, 세계 수준과는 상당한 격차(대표적 기업 부재)

* CJ(2조 원), 농심(1.5), 삼양사 · 롯데제과 · 롯데칠성음료 · 오뚜기(1.1) 등
* Forbes誌 선정 세계 2,000대 기업 중 KT&G 1,238위, CJ 1,700위

❑ 우리나라 가공식품 수출액은 19억 불, 수입액은 88억 불로 세계 식품교역 대비 0.3%, 1.4% 수준

○ 가공식품 수출은 세계 40위, 수입은 14위(World Bank, '04기준)

* 세계 가공식품 교역액은 '04년 기준 약 6,300억 불 수준으로 '90년 대비 2배 증가(World Bank)
☞ 주요 수출국 : 미국(9.2%), 네덜란드(8.7), 프랑스(8.0), 독일(5.9), 벨기에(4.4)
☞ 주요 수입국 : 미국(9.6%), 일본(8.6), 독일(7.9), 영국(6.5), 프랑스(5.8)

○ 수출 품목 및 대상 국가가 제한적

* 수출품목 : 연초류(22%), 과자류(12), 주류(10), 면류(10), 커피류(9), 당류(8) 등
* 수출국가 : 일본(20%), 미국(13), 중국(12), 러시아(11), 아세안(9) 등

❑ 약 119개 식품기업이 해외(22개국)에 진출하고 있는 것으로 파악(KOTRA)

○ 국가별로는 중국이 가장 많은 비중(67.8%)을 차지하고 있으며, 일본(5.3), 미국(4.1), 베트남, 인도네시아, 러시아 순

○ 원료 수급 문제, 국내 생산비 상승 등으로 해외 투자를 늘려가는 추세

3. 원료 조달 현황

❑ 국내 농어업과 식품산업 간 연계가 약하여, 식량 자급률이 낮고, 식품 원료의 해외조달 의존도가 높음

○ 식량 자급률은 '07년 기준 27.2%로 OECD 국가 중 최하위 수준

* '03년 FAO 통계 기준으로 OECD 29개국 가운데 26위 기록
• 프랑스(329), 독일(147.8), 영국(125.3), 미국(125.0), 한국(25.3), 일본(22.4)

○ 주요 식재료의 국내 생산량이 식품업계 수요에 부족하고, 산지와 수요처 간 정보의 미스매칭 등도 주요인으로 작용

- 식품업계의 계약생산 참여와 산지 농어업경영체의 가공산업 진출이 이루어지고 있으나, 식품경제 전체로 시스템화되기에는 미흡

* 계약재배를 통한 농산물 직거래 비중은 '07년 기준 7% 수준이며, 산지가공업체(정부지원) 매출액은 68백억 원으로 식품제조업 전체 1.4% 수준

❑ 국제 곡물가 상승 등 해외 식품원료 조달의 위험요소는 증가하고 있으나, 민관 합동의 대응은 아직 미흡

○ 바이오 연료 사용 확대 등으로 국제 곡물가 상승 추세 지속

* 국제 곡물가 추이
☞ 밀 : ('06/'07) 181US$/톤 → ('07.12) 350 → ('08.3) 424 → ('08.9) 278
☞ 옥수수 : ('06/'07) 140US$/톤 → ('07.12) 170 → ('08.7) 253 → ('08.9) 213
☞ 대 두 : ('06/'07) 267US$/톤 → ('07.12) 423 → ('08.7) 553 → ('08.9) 438

○ 전 세계적인 GMO 작물 재배면적 증가로 Non-GMO 작물 공급은 줄어들고 있으나, GMO의 안전성에 대해서는 아직 국제적인 확신이 부족

* GMO 작물 재배면적 및 가격 국제 동향
☞ 재배면적 증가 : ('01) 52.6백만ha → ('07) 114.3 (2.2배 증가)
☞ Non-GMO 곡물은 GMO 대비 옥수수(131.3%), 콩(121.7%) 고가

○ 주요 곡물 수출국들은 수출제한조치 등을 확대하는 반면, 수입선 다변화, 해외곡물생산기지 확보 등의 구체적인 대응은 미흡한 수준

4. 식생활 수준

❑ 최근 경제성장 · 시장개방 확대 등으로 인해 식생활 패턴이 서구화

○ 곡물 소비는 감소하고 육류 소비가 증가

* 쌀(1인소비량) : ('98) 99.2kg → ('01) 88.9 → ('04) 82.0 → ('07) 76.9
* 육류 : ('98) 28.1kg → ('01) 32.3 → ('04) 31.3 → ('07) 35.4

○ 식이 요인으로 인한 비만 · 당뇨 등 생활습관병 발병률이 상승하여 사회 · 경제적 부담 증가

* 현재의 비만 인구 추세로는 2025년 국내 성인 2명당 1명은 비만환자(질병관리본부, 국민건강영양조사)
* 비만으로 인한 사회경제적 비용 1조 8천억 원 추정('05, 한국영양학회)

❑ 전통 식생활 문화의 보급 · 확산을 통해 국내산 농수산식품의 소비 촉진 및 지역 경제 활성화 등을 도모할 필요성 대두

○ 일본은 '식육기본법('05.7월 제정)'을 통해 자국의 농식품 소비 확대를 도모(地産地消운동 등 전개)

○ 우리의 경우 부처별로 식생활 관련 정책이 추진되고 있으며, 농어업 발전 및 전통 식생활 문화 계승을 위한 정책들의 일부 추진

* 복지부 'Health 2010', 교육부 '학교급식사업', 진흥청 '전통식문화 계승사업' 등 추진

❑ 잠재적 가치가 있는 전통 식문화를 국가 전략 상품화할 필요

○ 많은 국가들이 자국 음식 세계화를 통해 외화수입 · 고용창출 효과 거양

* 김치의 세계 5대 건강식품 선정 등 영양학적으로 균형잡힌 우리 식생활에 대한 관심 증가

5. 식품 트렌드 변화와 주요국 동향

❑ 식품 소비 트렌드는 건강지향, 고급화, 다양화, 간편화되는 추세

○ 첨단 과학기술과의 접목, 산업 간 경계 영역의 파괴 등으로 다양한 형태의 식품시장이 창출·확산

* 유기식품, 다이어트, LOHAS, Slow Food, Ethnic Food, HMR, 신선편이식품, 소포장 식품, 택배·배달상품 증가

○ 최근에는 식품의 영양공급기능 이외에 치료·미용 기능까지 영역이 확장되는 추세(기능성·미용식품 시장 확대)

❑ 세계 각국은 식품분야에서 새로운 가치를 창출하려고 노력

○ (일본) 농림수산성을 중심으로 농정개혁 5개년 계획('05년)을 토대로 식품산업의 국제 경쟁력 강화 과제 추진

○ (북유럽) 네덜란드, 스웨덴, 덴마크는 식품클러스터 등을 통해 식품산업을 국가 기간산업으로 육성

* 스웨덴·덴마크 외래순 클러스터는 국가 전체 GDP의 11% 차지, 네덜란드 푸드밸리는 10년 만에 세계 최대의 식품클러스터로 성장(470억 유로 매출)

○ (미국) 푸드 스탬프, 학교급식지원 프로그램 등을 통해 국민건강 증진에 기여하는 한편, 자국산 농산물 소비 확대 도모

○ (영국) 지속가능한 국가식품시스템 구축을 비전으로 식품산업을 국가 기간산업으로 육성하는 범국가적 식품정책 추진

❑ 주요 글로벌 식품기업들도 과감한 R&D 투자, 유통 네트워크, 브랜드 파워 등을 앞세워 세계시장 공략

* 미래 식품시장을 선도하기 위한 R&D 분야 집중 투자 : Nestle(매출액의 1.6%인 9.6억 유로를 R&D 투자), Ajinomoto(2.6%), Unilever(2.4), Danisco(4.5) 등

〈 식품산업의 환경 분석(SWOT) 〉

		강점(S)	약점(W)
	※ SWOT 기법 : 강점(Strength), 약점(Weakness), 기회(Opportunities), 위협(Threats) 등 4가지 요인을 분석하여 향후 방향을 모색하는 경영기법	• 높은 잠재 가능성(다양한 발효식품, 우수한 식문화) • 외식업 중심의 식품산업 성장 추세 • 지역별 고유한 특산식품 발달 • 농어업의 생산 · 가공 · 유통 SOC 상당수준 확충 • 식품 전공자의 증가 및 우수한 인적자원	• 식품산업의 인프라 미비(R&D, 통계, 제도 등) • 식품업계의 글로벌 경쟁력 부족(세계수준과 격차) • 식품산업 구조의 취약성(영세성, 양극화) • 식품행정체계, 안전관리 수준이 선진국과 격차 • 농어업 · 식품산업 연계 약화 및 높은 식재료 해외의존도
기회(O)	• 식품산업 진흥 기틀 마련(농식품부 출범 및 관련법령 정비) • 한국 식문화에 대한 세계적 관심도 증가 • 식품에 대한 국민적 관심도 증대 • 건강중심 소비패턴 및 국산 식재료 관심 증가 • 해외시장 확대 및 해외진출 가속 • 중국산 식품의 안전문제 대두(멜라민)	**S－O 전략** ☞ 우리 식품 세계화 전략 적극 구사(한식 세계화) ☞ 전통 · 발효식품 개발 · 홍보 강화 ☞ 식재료 산업 적극 육성 ☞ 수출지향적 식품클러스터 조성(R&D 허브) ☞ 지역 중심 식품산업 발전 지원(지역특산식품클러스터)	**W－O 전략** ☞ 선진국 수준의 식품행정체계 구축(안전, 품질인증 등) ☞ 식품 R&D 투자 강화(유망분야) 및 민간투자 촉진 ☞ 통계 · 정보, 교육시스템 등 식품산업 인프라 강화 ☞ 농어업과 식품산업 연계 강화(융복합형 농식품기업, 농어가 가공사업 활성화)
위협(T)	• 대외시장개방 확대(외국계 브랜드 시장잠식 심화) • 곡물가 급등 · GMO 증가 등 해외 식재료 조달 환경 악화 • 식생활패턴 서구화 가속 • 식품안전에 대한 국민 신뢰도 저하 • 경기부진, 생산비 증가 등 업계 부담 가중	**S－T 전략** ☞ 식품분야 고용창출 효과 극대화 및 우수인력 유치 ☞ 산지와 수요처 간 정보교류의 확대(미스매칭 해소) ☞ 우리 농식품을 테마로 한 브랜드의 적극 개발 ☞ 전통 식생활 문화 정착 및 국산 식재료 사용 확대 유도	**W－T 전략** ☞ 식품에 대한 다양한 정보제공, 소통을 통한 국민 신뢰 회복 ☞ 해외 식재료 조달 원활화(해외 식량기지 구축) ☞ 식품 유통 구조의 합리화 · 효율화(불합리한 제도 개선) ☞ 식품업계 자율적 안전관리 능력 배양 제고

Ⅲ. 비전과 목표

비 전 녹색 성장을 견인하는 세계일류 식품산업

목 표 농어업과 식품산업의 연계 · 발전을 통해 미래 성장동력 창출

- ▸ 식품산업 매출 150조 원, 고용 178만 명('12)
- ▸ 농수산식품 수출 100억 불('12)
- ▸ 한식의 세계 5대 음식화

3대 전략 및 주요 정책과제

안전 농식품 공 급	식품산업 수출산업화	농어업 연계 · 발전
• 농수산식품 안전관리 강화 • 농수산식품 인증 · 표시 제도 개선 • 전통 식생활 문화 교육 · 홍보 강화	• 식품 R&D 확대 등 투자 활성화 • 식품 클러스터 조성 확대 • 전통식품 산업화 • 농식품 수출확대 및 한식 세계화	• 식재료 산업 활성화(산지 · 소비지 연결) • 생산자 참여형 농식품 기업 지원 • Local Food 운동

Ⅳ. 과제별 추진전략

《분야별 추진방향 및 주요과제》

분야	과제	추진방향 및 주요내용
안전 농식품 공급	농수산식품 안전관리 강화	▸ **선진 농수산식품안전관리 체계 구축 및 소비자 소통 강화** 농수산식품 선진안전관리 체계 구축, 농수산식품 안전관리에 소비자 참여 확대 등을 통한 소비자 신뢰 강화
	농수산식품 인증표시제 개선	▸ **농수산식품 품질 관련 투명성 제고 및 소비자 수요 충족** 농수산식품의 품질과 관련된 표시・인증제도를 개편・확대하여 소비자 편의 확대
	전통 식생활문화 교육・홍보	▸ **국산 식품 소비 유도를 위한 전통 식생활 문화 정착** 전통 식문화 교육・홍보, 전통 식생활 문화 체험 등을 활성화, 농수산식품 관련 정보 제공 강화
식품산업 수출산업화	식품 R&D 투자 강화	▸ **선진국 수준의 R&D 투자로 식품산업 선도** 식품 R&D 투자 확대 및 추진체계 개선, 유망분야 신기술 개발 촉진을 통해 민간투자 유도
	전략 분야 투자 지원 확대	▸ **식품시장의 새로운 시장 개척 및 가치 창출** 국가 식품클러스터 조성, 전통식품의 과학화・산업화, 한식 세계화, 식품산업 투자 유치 활성화 등 추진
	인프라 강화	▸ **선진 식품산업과 경쟁이 가능한 인프라 확충** 식품통계의 선진화, 정보화, 인력양성, 해외 농업개발, 규제완화 등 추진
농어업 연계・발전	국산 식재료 사용 촉진	▸ **원료수급 원활화 및 국산 식재료 사용 확대 동시 도모** 산지・수요처 간 교류 확대 및 국산 식재료 사용 확대를 위한 여건 조성
	농어업과 식품산업 융복합	▸ **농어업과 식품산업의 융복합으로 고부가가치화** 농어민 참여형 농식품 기업 육성 및 농어가의 식품 가공사업 참여 활성화 유도
	지역 농식품 산업 발전	▸ **지역 농어업과 식품산업의 연계발전으로 지역경제 활성화** 지역 식품클러스터 조성, Local Food 운동 전개 및 지리적 표시제와 지역 특산식품산업 발전 연계

전략 [1] : 국내외 소비자가 신뢰할 수 있도록 안전한 농수산식품 공급

◆ 먹을거리의 안전관리 강화 및 품질 제고를 통해 식품에 대한 소비자 신뢰 회복

ㅇ「농장에서 식탁까지」,「국경부터 가정까지」 선진국 수준의 농수산식품 안전관리 체계를 구축

※ 관계부처 합동 '식품안전관리종합대책('08.7)'에 의거 추진

◆ 국내 농수산식품 소비 촉진과 연계하여 전통 식생활 문화 정착을 위한 교육·홍보 지원 확대

추 진 과 제

1-1. 안전한 농수산식품 생산·공급 노력 강화

1-1-① 소비자 참여 및 소통·투명성 강화
1-1-② 농수산식품 위험정보관리·위기대응 강화
1-1-③ 사전 예방적 농수산물 안전관리 강화
1-1-④ 안전한 농수산식품 생산·공급기반 강화

1-2. 농수산식품 인증·표시제도 개선

1-2-① 농수산식품 인증·표시제도 확대·강화
1-2-② 농수산식품 인증제를 소비자 지향적으로 운영

1-3. 전통 식생활 문화 교육·홍보 강화

1-3-① 전통 식생활 문화 교육 확산
1-3-② 농수산식품 관련정보 제공 확대

1-1 안전한 농수산식품 생산 · 공급 노력 강화[3)]

1-1-① 소비자 참여 및 소통 · 투명성 강화

❑ 농수산식품 안전관련 생산자(기업) · 소비자 참여 확대 및 상호협력 강화

○ 농수산식품 안전정책 결정과정에 민간위원 참여 확대

- 소비자 단체가 참여하는 농식품안전정책자문단 운영

○ 농어업인 · 소비자 · 기업 · 언론인 · 학계 등이 함께 참여하는 농소정협의회의 운영을 확대

❑ 농수산식품 안전관련 정보공개의 확대 및 소비자 알권리 강화

○ 안전성 검사 결과 및 식품회수 정보를 실시간으로 공개

○ 원산지 표시제도를 개선하고, 축산물 도축장 표시제도 도입 등 농수산식품의 안전관련 표시 강화

❑ 소비자 교육 및 농수산식품 안전관련 서비스 강화

○ 학생 · 주부 등을 중심으로 소비자 대상 교육 강화

○ '(가칭)농식품안전통합상담센터'를 설립하여 식품안전서비스 향상

---

3) 정부의 식품안전관리 정책은 '08.7월 관계부처가 합동으로 마련하여 추진 중인 '식품안전종합대책'에 의거 추진.

1-1-② 농수산식품 위험정보관리 · 위기대응 강화

❑ 농수산식품 안전관련 정보분석을 강화하여 위기발생 상황 사전예측

○ 국내외 위해정보 수집 및 분석 · 위험예측 체계 강화

- 정보관리기관(농림수산정보센터 등)의 정보관리 역량 강화

○ 위험평가 역량강화 및 과학적 안전관리체계 구축

- 농수산식품 위험목록(Risk Profile) 작성, 유해물질관리 효율성 확보

❑ 위기대응체계 구축 및 추적조사 · 회수기반 확보

○ 상황별 위기대응매뉴얼, 비상계획 작성 및 경보발령 체계 구축

- 실험실 간 협력체계를 강화하고 긴급 검사기반 확보

❑ 농림수산식품부내 식품안전과 관련된 조직을 통합 · 전문화하고 관련제도를 통합

○ 농림수산식품부 안전관련 부서의 기능 · 역할을 재조정하여 정책기획 및 위기관리 기능을 강화

○ 농림수산식품부 내 국경검역 및 검사, 국내 안전관리를 담당하는 기관을 통합 · 전문화

- 동식물 질병, 식품안전성 연구 및 시험분석기관 간 유기적 연계 강화

○ '농산물품질관리법'과 '수산물품질관리법'의 통합 및 '축산물가공처리법'을 여건 변화에 맞게 개정

1-1-③ 사전 예방적 농수산물 안전관리 강화

❑ 농수산물 안전성 검사 강화 및 안전관리 프로그램 적용 확대

- ❍ 분석 전문가 육성, 실험 정밀도 향상 등 신뢰와 과학을 기반으로 하는 검사 체계 구축
  - 농식품부의 안전관련 소속기관을 중심으로 민 · 관 협력체계 구축
- ❍ GAP 농산물의 생산 · 유통 확대 및 사육 · 양식부터 소비까지 전 단계에 HACCP 적용을 확대

  * GAP 농산물 유통비중을 10%, 축산물 HACCP 적용 생산비중을 80%까지 확대('12)

❑ 이력추적관리의 강화로 생산부터 소비까지 안전성 일관관리

- ❍ 농수산물 이력추적제에 농어업인 · 유통 · 판매자 등 참여 확대
- ❍ 쇠고기 이력추적제('09.6월 도입)를 돼지고기 등 식육으로 확대

❑ 수입 농축수산물에 대한 안전관리를 강화

- ❍ 현지 위생점검 · 검사, 수입위생조건, 위생협정 · 약정 체결 등 수입 전 안전관리 강화
- ❍ 무작위 표본검사, 수입초기 현물검사 비율 확대 등 동식물 검역 · 안전성 조사를 강화
- ❍ 축산물 수입판매업 관리 강화, 수입쇠고기 유통이력제 도입(단계적으로 전 축산물로 확대) 등 수입 축산물 유통관리 강화

1-1-④ 안전한 농수산식품 생산 · 공급기반 강화

❑ 재배 · 사육 및 해양 양식 등의 환경관리 강화

❍ 농경지 · 농업용수 등 농업환경 조사를 확대하고, 적정 사육두수 유지 등 가축 사육환경을 개선

❍ 양식장 시설 개선 및 수산물 생산 해역을 등급화하여 관리

❑ 재배 · 생산 단계에서의 농약 · 동물용 의약품 · 사료 등의 관리 강화

❍ 농약 판매기록을 의무화하고, 농약안전사용기준을 개선하는 한편, 항생물질 사용 감축 방안을 마련

❍ 사료는 식품에 준하는 수준으로 안전관리를 강화

❑ 가공 · 유통시설의 위생수준을 제고하는 등 안전기반 강화

❍ 농산물 포장센터, 신선편이농산물가공시설 개선 및 도축장 HACCP 수준 평가

❍ 수산물공판장 노후시설 교체 등 수산물 유통시설의 위생수준 제고

❑ 인수공통전염병, 유해물질 관리수준 향상 등 연구기반 강화

❑ 식품업계의 자율적 안전관리 능력 배양 지원

❍ 식품업계 HACCP, ISO22000 등 시설개선 자금 지원

- 연구기관 · 대학 등이 보유한 안전검사 시설 · 장비의 식품업계 이용 확대

❍ 식품업계의 안전한 원료 확보 및 생산 등 자체 노력 강화 유도

- 식품산업진흥법에 의한 사업자단체 주관으로 자체 협의체 운영 유도

1-2 농수산식품 인증 · 표시제도 개선

1-2-① 농수산식품 인증 · 표시제도 확대 · 강화

❑ 음식점 원산지 표시제도 정착 및 대상품목 확대

○ 쇠고기 표시제의 조기 정착 및 적용 품목 단계적 확대

- 현실적 어려움이 있는 33m² 이하 영세업소의 미표시는 12.21까지 계도

○ 원산지 표시 대상 확대 예정인 품목에 대해 사전홍보 및 기준마련 등을 통해 차질없이 준비

* 쇠고기, 쌀에 이어 '08.12.22일부터 돼지고기, 닭고기 및 배추김치 적용 예정

❑ 유기가공식품 인증제를 활성화하여 소비자 수요 충족

○ 유기가공식품 인증기관 지정, 이해관계자 교육 · 홍보 등을 통하여 유기가공식품 인증제를 차질없이 시행

☞ 식품산업진흥법 시행('08.6.28)으로 유기가공식품 인증제 도입 기반 확충

○ 인증기준과 절차 등을 국제적 수준으로 개선해 나가는 한편, '09년부터 유기가공식품 이력관리 시스템 구축 추진

❑ 가공식품의 원료 원산지 표시 개선 추진

○ 현행 '수입산' 표시를 '국가명'으로 표시하는 방안을 외국사례, 기업 비용, 소비자 등을 감안하여 종합적으로 검토

☞ 현행 표시제도는 배합비율 50% 이상인 원료, 50% 미만 시 비율이 높은 2개 원료, 특정원료의 원산지를 표시하며, 1년 동안 3개국 이상 변경 시 '수입산'으로 표시

1-2-② 농수산식품 인증제를 소비자 지향적으로 운영

❑ 농수산식품 인증제도의 홍보 강화를 통해 소비자 인지도 제고 및 품질향상 유도

❍ 농수산식품 인증제도의 내용과 표시마크 등을 다양한 매체를 통한 홍보로 소비자 인지도 제고

- TV-CF 방영, 잡지 등을 통한 홍보 및 각종 박람회 시 인증식품 전문 홍보관 설치 등

❍ 인증받은 농수산식품의 체험 기회를 확대함으로써 소비자 인지도를 높이고 식품의 품질 향상 유도

- 단체급식 영양사 등 직접 식품 구매 담당자에게 인증공장 시찰 등의 기회 제공 및 소비자 대상 우수인증 식품 체험 · 홍보행사 개최

❑ 농수산식품 인증제도의 체계적 관리를 통해 소비자 편의 제공

❍ 다양한 품질인증 마크를 체계적으로 단순화하는 방안 검토

- 전통식품 품질인증(물레방아 마크), 가공식품 KS인증("KS"마크), 유기농산물 인증(친환경농업육성법에 의한 친환경인증마크)

❍ 여러 기관과 단체로 분산되어 있는 농수산식품 인증관리기관의 단일화 방안 검토

- 지리적 표시제(농관원 위탁), 가공식품 KS · 전통식품 품질인증(한식연)

1-3 전통 식생활 문화 교육 · 홍보 강화

1-3-① 전통 식생활 문화 교육 확산

❑ 교육과학기술부, 보건복지가족부 등 관계부처와 협조를 통해 국민 전통 식생활 문화 개선을 위한 교육 · 홍보 노력 강화

○ 식품산업진흥법에 의한 전통 식생활 문화 지침, 전통식품을 이용한 식단 · 조리법 개발 · 보급 등을 강화

> ☞ '08.6.28 시행된 '식품산업진흥법'은 농림수산식품부 장관이 전통 식생활 문화의 계승 · 발전을 위한 전통 식생활 지침, 식단, 조리법 등을 개발 · 보급토록 규정(제18조)
> – '09년부터 전통 식생활 보급사업을 정부예산(안)에 포함하여 체계적으로 추진

❑ 국내산 농수산식품 소비촉진과 연계하여 전통 식생활 문화 확산을 위한 교육 · 홍보활동을 강화

○ 농어촌 전통 식생활 문화 교육 · 체험 활동을 다각적으로 확대

* 농산어촌 체험마을, 어촌관광통합모델, 농업 · 농촌테마공원 등의 농어촌 체험행사에 전통 식생활 문화 체험 프로그램 확대 편성

○ 전통음식 요리교실 등 소비자를 대상으로 한 전통음식 조리 교육 기회를 확대하여 가정에서부터의 전통 식생활 문화 확산 유도

○ 학교 등과 연계하여 전통 향토음식의 계승 · 발전을 위한 교육 · 실습 활동을 강화

> ☞ 농촌진흥청은 학교급식 종사자 대상 한국형 전통 식생활 문화 교육을 추진 중('08년 10개소, 3천 명)
> – 학교급식개선 종합대책('07~'11)에 의거, 교육과학기술부와 협력하여 추진

❑ 민간 차원의 전통 식생활 문화 확산 운동을 적극적으로 지원

❍ 전통 식생활 · 식문화 확산 등을 위한 각종 세미나 · 워크숍 등을 관련협회 · 학회 등과 연계하여 다각적으로 추진

1-3-② 농수산식품 관련정보 제공 확대

❑ 농수산식품과 관련된 국내외 동향 등 식품과 관련된 다양한 정보를 객관적으로 소비자에게 제공

❍ 식품포털사이트 등 다양한 온 · 오프라인을 통해 정보 제공

☞ 웰빙 · 건강 등에 대한 관심 증가로 먹을거리에 대한 관심은 높아지고 있으나, 식품에 대한 막연한 불안감, 부정적 인식을 해소하기 위한 노력은 미흡

❍ 특히, 식품 관련 여론형성층인 언론 · 교사 등을 대상으로 E-mail, 소식지 등을 통해 주기적으로 정보 제공

❑ 식품성분과 관련된 기초연구 활동 및 정보 제공 강화

❍ '70년부터 농촌진흥청이 발간하고 있는 「국가 식품성분표」를 현대 식품소비패턴을 반영하여 보강

☞ 식품성분표란 일상생활에서 섭취하는 모든 식품에 함유되어 있는 각종 영양성분을 정리한 책자('70년 이후 5년 주기로 농촌진흥청이 「국가식품성분표」 발간)

※ FAO/INFOODS(국제식품데이터시스템)은 한국 내 식품성분 관련 담당기관으로 농촌진흥청을 지정('02.9)

❍ 식품성분표 내용을 웹 서비스를 통해 신속하게 제공

❑ 식품기업 · 학계 · 연구기관 등이 공동으로 식품에 대한 올바른 인식 형성을 유도

❍ 소비자 단체 중심의 '식품 바로 알기 캠페인' 등 지원

전략 [2] : 식품시장 글로벌화에 대응할 수 있도록 식품산업을 수출산업으로 육성

◆ 식품업계가 자체적으로 하기 어려운 대규모 R&D 투자 및 인력양성, 통계 · 정보화 등의 인프라 구축

◆ 국가 식품클러스터 조성, 한식 세계화 등을 통해 해외 신 시장을 적극적으로 창출(농수산식품 100억 불 수출)

○ 민간 및 외국 자본의 투자 유치 활성화 유도

추 진 과 제

2-1. 식품 R&D 투자지원 확대 및 효율화

2-1-① 식품 R&D 투자를 선진국 수준으로 확대
2-1-② 민 · 관 공동 식품 R&D 추진체계 구축

2-2. 전략분야 투자 지원 강화

2-2-① 국가 식품클러스터 조성
2-2-② 전통 · 발효식품 과학화 · 산업화
2-2-③ 한식 세계화 추진
2-2-④ 전통주 산업 육성
2-2-⑤ 농수산식품 수출 지원 강화
2-2-⑥ 식품산업 분야 투자 활성화

2-3. 식품산업 인프라 강화

2-3-① 농수산식품 통계 · 정보 시스템 선진화
2-3-② 산업발전을 저해하는 불합리한 제도개선
2-3-③ 해외 원료의 원활한 공급여건 조성
2-3-④ 식품산업 인력양성 및 고용창출 유도

2-1 식품 R&D 투자지원 확대 및 효율화

2-1-① 식품 R&D 투자를 선진국 수준으로 확대

❑ 우리나라 식품 R&D 투자는 전반적으로 낮은 수준(매출액 대비 0.34%)

> ☞ 식품 R&D 투자규모는 약 3.4천억 원(국가 전체 27조 원의 1.3%)으로 추정('06, 국과위)
> – Unilever(2.4%), Ajinomoto(2.65) 등 대부분 글로벌 식품기업은 매출액의 2% 이상을 R&D에 투자

❍ 식품업체가 대부분 영세하여 일부 대기업 외에는 자체적인 R&D 투자 여력 부족

> ☞ 매출액 대비 기업체의 R&D 투자 비율이 식품제조업체는 0.68% 수준(전체 산업은 2.12%, 제조업 전체는 2.58%) 〈'06, 통계청 기업활동실태조사〉

❑ 식품 분야의 R&D 투자규모를 타 산업과 유사한 수준으로 확대

❍ 매출액 대비 투자비중 : ('06) 0.34% → ('12) 1.2% → ('17) 2%

> ☞ 매출액 대비 R&D 투자 비율 : 산업 전체(2.5%), 제조업 전체(3.0) 〈국과위〉

❍ 농식품부(농림기술개발사업 개편), 농진청 등의 식품 R&D 투자 확대 및 새로운 수요 창출이 가능한 신기술 개발로 민간자본 투자 유도

❑ 미래 신규시장 창출이 가능한 유망분야의 신기술 개발에 집중 투자

❍ 기능성, 발효, 신소재, 포장 · 디자인, 안전 등 수요가 높은 분야에 중점

- 해외 의존도가 높은 향료 등의 식품첨가물, 설비 · 기계 등의 국산화율을 높이기 위한 기술개발에도 중점

2-1-② 민 · 관 공동 식품 R&D 추진체계 구축

❑ 국가 연구기관과 산업체 간 연구 네트워크를 강화하여 투자 효율성 증대

○ 국가기관 · 기업 · 학계 등으로 분산 · 추진되고 있는 식품 연구개발을 역할 분담을 통해 체계적으로 연계

- 국가 연구기관은 '원천기술' 연구를 담당하고, 산업체는 '실용화 · 상품화' 연구 등에 중점

○ 국가가 연구한 기술 공유를 통해 성과를 확산하는 한편, 기업체 기술 수요를 주기적으로 파악

- 특히, 자체 연구수행 여력이 부족한 영세업체들을 대상으로 연구가 필요한 과제를 중점 조사하여 R&D 과제에 반영

❑ 식품 클러스터를 중심으로 전국적인 R&D 네트워크를 형성

○ 전북도에 조성할 예정인 국가 식품클러스터와 농촌진흥청, 한국식품연구원 등과 네트워크를 통해 R&D 중심축 형성

* 공공기관 지방이전계획에 따라 농진청과 한식연은 '12년 전북도 이전 예정

○ 지역 단위 클러스터와 품목 · 분야 · 업종별로 다양한 연구교류를 활성화(연구교류협의체 구성 · 운영)

- 김치연구소, 장류연구소 등 특정 품목의 기술개발이 필요한 연구소를 지역 클러스터와 연계하여 설립 추진

2-2 전략분야 투자 지원 강화

2-2-① 국가 식품클러스터 조성

❑ 식품산업의 한계(영세성, 낮은 기술력)를 극복하고, 농어업과의 융복합 및 글로벌 식품산업을 선도할 획기적 계기 마련 필요

❍ 식품관련 핵심 역량의 집적을 통한 시너지 효과 도모

* 식품 선진국들은 식품 클러스터를 조성하여 자국 식품산업 경쟁력 강화를 추구

☞ 네덜란드 Food Valley 사례

- 와게닝헨 대학을 중심으로, 70여 개 글로벌 식품기업, 20여 개 식품연구소, 1,000여 개 연관업체 입주(세계적 식품클러스터)
- 첨단기술을 이용, 고부가가치를 실현하여, 연 470억 유로 매출

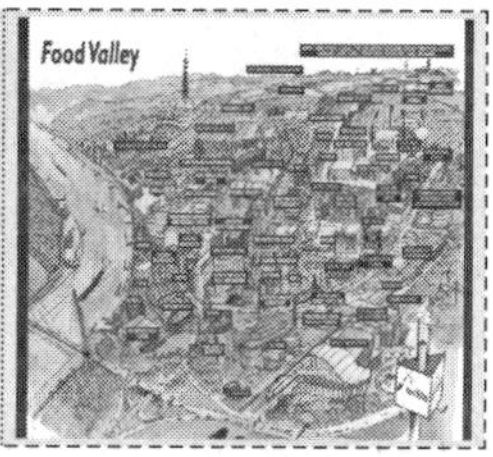

❑ 식품기업과 연구소, 연구기관 등이 집적된 국가 식품클러스터(R&D 중심형 식품전문연구생산단지)를 조성('12년 단지조성 계획)

❍ 연구개발부터 마케팅, 브랜딩, 수출 컨설팅, 품질·안전성 인증 등 일괄 지원 체계를 구축

- '08년 내 입지 선정 및 국가 식품클러스터 조성 기본계획 수립

❍ 새만금 지역과 연계하여 농수산식품 수출전문기지로 활용

- 새만금에 조성될 농업생산단지, 항만 등과 연계하여 수출기반 조성

❍ 동북아 시장을 타깃으로 국산 농수산물 원료를 사용한 틈새시장 공략 및 첨단 기술과 접목한 가공무역 확대

☞ 동북아 지역은 중국을 중심으로 한 거대한 식품시장으로 향후에도 지속 증가할 전망

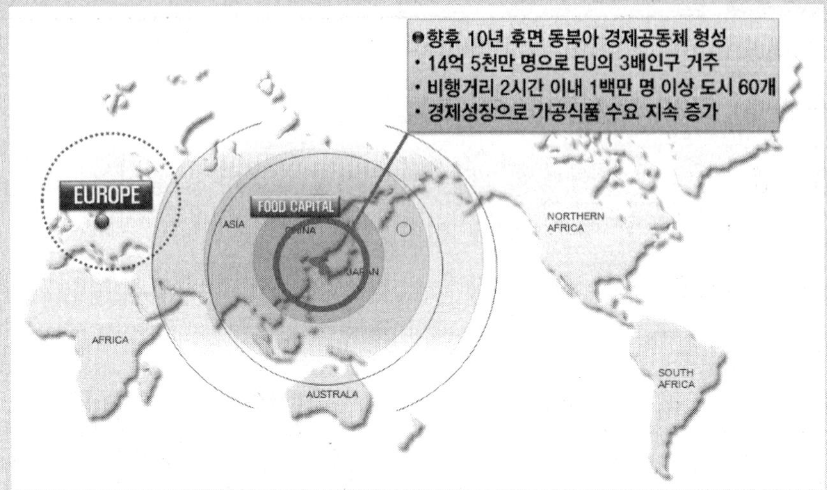

❑ 국내외 굴지의 식품기업 · 연구소 유치를 위한 인센티브 제공 및 홍보 · 유치활동 전개

○ 클러스터 입주 기업에 대한 임대료 · 조세 감면, R&D 자금 등 재정지원, 인 · 허가 One-stop 행정서비스 등의 인센티브 검토

- 우수 전문인력 유치를 위한 정주생활 · 복지공간 · 교육시설 등 확충

○ 투자 유치 대상 기업 · 연구소의 중장기 전략과 연계될 수 있도록 초기단계부터 홍보 · 설명을 적극 전개

- 식품 클러스터 조성 등과 관련된 세미나, 투자 설명회 등 개최

2-2-② 전통 · 발효식품 과학화 · 산업화

❑ 전통식품은 영양학적 우수성 등 가치에 비해 체계적인 산업화 미흡

☞ 전통식품 생산업체의 38%가 매출액 3억 원 미만이고, 김치 생산업체의 경우, 종사자 5인 미만이 전체의 50%를 차지하는 등 영세구조

❑ 전통 · 발효식품의 과학화를 통하여 새로운 수요를 적극 창출

○ 발효원리 · 효능 등을 과학적으로 분석, 다큐 · 학술지 등을 통해 홍보

○ 6대 전통 · 발효식품[4]을 중심으로 맛의 표준화 · 등급화 및 국제 규격화(CODEX 채택) 등을 통해 대내외 수요 개발

- 김치의 과학화 · 산업화를 위한 연구기능을 강화(김치연구소 설립 등)하여 세계 발효식품 시장 선점
- 고추장 매운맛 등급화 및 고추장 · 된장 · 인삼의 CODEX 채택 추진('11)
- 천일염의 생산기반 조성 및 마케팅 강화로 부가가치 제고 및 수출상품화

☞ 우리 천일염은 나트륨 함량이 낮고, 미네랄이 풍부하여 프랑스 게랑드 소금과 품질이 유사하나, 생산기반 · 마케팅 미흡 등으로 가격차 200배

❑ 산업화 및 생산 시스템 현대화를 통해 새로운 소득원으로 육성

○ 품질개선(균일화), 자동화, 낙후시설 · 제품포장 개선 등 지원

* '09년부터 전통 · 발효식품산업육성 지원(117억 원)

---

4) 6대 전통 · 발효식품은 김치, 고추장, 된장, 간장, 천일염, 젓갈류를 총칭.

❑ 전통식품에 대한 소비자 인식 제고 및 판로 확대 도모

○ 각종 행사 시 전통식품을 적극 홍보하고, 명절 전통식품 선물보내기 등 소비촉진 운동 전개

○ 전통식품 품질인증(물레방아 마크) 및 명인 생산제품 등 홍보 확대

2-2-③ 한식(韓食) 세계화 추진

❑ 우리 농식품의 대내외 새로운 시장 창출을 위해서는 문화와 접목된 홍보 · 마케팅 등 전략적 접근 필요

○ 우리 음식 · 식문화의 우수성에 대한 인식은 확산되고 있으나, 이를 전략적으로 상품화하려는 노력은 초기 단계

☞ 김치가 세계 5대 건강식품으로 선정('06, Health誌)되고, 오이소박이가 세계 10대 음식에 선정(LA Times)되는 등 한식의 우수성에 대한 인식 확산 추세
☞ 한식의 세계화 선포식('08.10.16)을 통하여 한식 세계화 비전 및 5대 전략 발표
– 비전 · 목표 : 세계인이 즐기는 우리 한식 / '17년까지 세계 5대 음식화 달성
– 5대 전략 : ① 세계화 인프라 구축, ② 한식 R&D 확대, ③ 전문인력 양성, ④ 기업지원 · 투자활성화, ⑤ 식문화 홍보

❑ 한식의 세계 5대 음식[5] 도약을 위한 세계화 인프라 구축

○ 전통 한식 발굴 · DB화, 주요 타깃 국가별 현지화 메뉴 · 조리법 및 한식당 운영 매뉴얼 등의 한식 컨텐츠 개발 · 보급

○ 국내외 한식당 실태조사를 통해 DB 구축 및 한식 포털 사이트를 개설, 우리 농식품과 한식당 소개 · 홍보의 장으로 활용

○ 민 · 관 공동 협력을 위한 추진체계 구성 및 재외공관, KOTRA, aT 등을 활용한 지원체계 구축

5) 세계 5대 음식은 프랑스, 이태리, 중국, 일본, 태국을 일컬으며, 한식은 ethnic food 중 20위권 수준인 것으로 조사(미국 NRA, 2002).

❑ 한식의 상품화, 투자 효율화를 위한 연구기능 강화

❍ 한식 소스, 간편식 메뉴, 한식 식기구 및 포장 · 유통 기술 등의 개발로 상품성 증대

❍ 한식에 대한 반응조사, 현지 식문화 등 투자환경을 분석하고 유형별 마케팅 전략 등 연구

❑ 한식 전문 교육기관을 육성하여 한식 전문 조리사 양성 및 해외 진출 확대 지원

❍ 한식 전문 교육기관을 지정하여 세계적인 조리 교육기관으로 육성

- 현장 실무와 한식문화 교육 등이 강화된 전문 조리교육과정 운영

☞ 프랑스 '르꼬르동 블루' 교육기관은 15개국에 26개 분교를 두고, 연 2만 명을 교육 · 배출하는 등 프랑스 음식의 세계화에 기여

❍ 한식 전문조리사 자격제도를 강화하여 자질 향상 도모

- 조리기술뿐 아니라 경영 · 식문화에 대한 전문 지식 배양

❍ 한식 조리사의 해외 공관 등 파견 지원 및 인력풀 관리

❑ 한식 전문 기업 지원 및 투자 활성화 유도

❍ 해외 진출 한식당 시설자금 지원, 한식당 고급화 지원 사업 등을 통해 한식당의 고급화를 유도

❍ 해외의 우수한 한식당을 정부가 인증하여 민간 투자 유치

- 인증 모델 및 인증기준 등을 개발하고, 인증된 한식당은 온 · 오프라인 등을 통해 홍보

❑ 문화가 가미된 홍보 · 마케팅을 통해 이미지 고급화 및 관심 유발

○ 문화 · 역사가 반영된 스토리 발굴 · 홍보, 오피니언 리더 중심 체험행사 등을 통해 이미지 고급화

○ 향토음식과 문화재 · 문화공연 등을 연계한 상품, 한식 체험 농장, 산사체험(temple stay) 등을 통해 한식과 식문화 확산

○ 다양한 한식 스토리 컨텐츠를 제작, 영상물 · 책자 · TV · 인터넷 등을 통해 보급하여 이해도 제고

2-2-④ 전통주 산업 육성

❑ 전체 주류시장에서 전통주가 차지하는 비중은 주세기준 0.4%, 출고량 기준 0.2% 수준으로 극히 미미

☞ 전통주의 산업화, 연구개발이 미흡하고, 생산기반도 취약한 상황이나, 최근 전통주 주세율 50% 인하('08.7월) 등 전통주 산업 활성화를 위한 제도적 기반 구축 중

☞ 전통주 주류제조면허 추천업체는 평균 매출액 6.8억 원, 순이익 1억 원 이내로 영세한 것으로 조사됨('07년 기준, 152개 업체 평균)

❑ 우리나라를 대표할 수 있는 명주 개발과 소비촉진 노력을 병행

○ 우수 전통주를 발굴하여 세계인이 선호하는 명주로 육성

- 명주화 가능성 조사, 품질개선 등 전통주 품질향상 및 상품화를 위한 R&D 확대 추진('09년 7억 원 투자)

○ 전통주 소비저변 확대 및 세계화를 위한 홍보 지원 강화

- 전통주와 전통음식의 만남('09), 전통주 품평회, 세미나 등을 통해 전통주에 대한 이미지 제고
- 전시 · 체험행사, 해외판촉전 등을 통해 소비저변 확대

❑ 전통주 산업 활성화를 위한 기반확대 및 관련 제도 개선

❍ 전통주 제조시설 현대화 및 포장용기 개선 지원 확대

❍ 우체국의 전통주 통신판매 수량한도를 확대

- 1회 판매수량 한도 : (현행) 20병 → ('09.1.1) 50

2-2-⑤ 농수산식품 해외 수출 지원 강화

❑ 농수산식품 수출액은 '07년 38억 불 수준으로 우리나라의 70년대 제조업 수출액과 유사한 수준

❍ 70년대 제조업 육성정책과 같이 정책 지원할 경우, 단기간 내 농수산식품 수출 100억 불 달성 가능(연 22% 성장 필요)

- '08.9월 말 현재 31억 불 수출(전년 동기대비 16.8% 증가세)

❍ 기존 농수산물 중심의 수출 정책을 식재료 · 가공식품 등으로 확대하고, 수출 주체의 조직화 및 수출 지원조직의 혁신 필요

❑ 수출 확대를 위한 국내 기반 조성을 강화

❍ 영세 소규모 수출구조 극복을 위해 조직화 유도

- 수출선도조직 육성, 품목별 수출협의회 구성 및 마케팅 보드 육성

* 수출선도조직을 '08년에 6개 조직(파프리카, 백합, 유자차, 배, 김치, 감귤)을 시범선정하고 '12년까지 30개 품목으로 확대(48개 조직)

❍ 대규모 농어업 회사가 수출에 주력할 수 있도록 해외 시장 정보 제공 확대 및 기존 수출 조직과 연계

❍ 생산부터 수출에 이르기까지 전 단계에 수출기업의 수요를 파악하여 R&D 지원 확대

❍ 수출전문농공단지를 조성하고, 주요 25개 품목별 대표조직의 수출 활동을 지원하는 등 고품질 · 안전 농수산물 생산기반 조성

❑ 식재료 · 가공식품을 비롯한 새로운 수출 성장동력 확충

○ 해외진출 기업 · 한식당 등과 연계한 식재료 · 가공식품 수출 확대

- 시설 · 마케팅 지원 및 수출 물류비를 신규 지급

☞ 해외진출 기업 종사자의 50%에 주 2회 국내산 식재료를 활용한 식단을 제공할 경우, 1.5억 불 수출 가능(약 7,311개 기업이 아시아 · 미주 · 유럽에 진출 : 종사자 150만 명)

○ 대표 수출 품목 및 신규 유망품목 발굴 · 육성

- 1억 불 이상 대표품목 15개 육성 : 김치, 인삼, 파프리카, 돼지고기, 배, 면류, 주류, 과자류, 참치, 오징어, 김 등

- 유망품목 30개(15억 불 수출) : 삼계탕, 버섯(새송이, 팽이), 유제품, 천일염, 전복, 넙치, 굴 등

○ 동남아시아 · 러시아 · 중동 · 몽골 등 신규 시장 개척 확대

❑ 수출 지원체계를 종합적으로 정비

○ aT를 품목 · 업체별 전담 관리 체계로 개편하고, 수출종합지원센터(aT경남지사)를 설치 · 운영

○ 정부 · 지자체 · 농협 · 유관기관 및 수출업체 등이 참여하는 수출촉진협의회를 매월 단위로 수출 현장을 중심으로 개최

○ 수출 물류비 지원 대상업체 · 품목을 식재료 · 가공식품 등으로 다양하게 개편

2-2-⑥ 식품산업 분야 투자 활성화

❑ 식품산업 분야의 민간 및 외국 자본 · 기술 투자 유치를 통해 식품산업 발전과의 선순환 구조를 유도

○ 국내의 높은 인건비 · 지대 등으로 국내 식품기업들이 값싼 노동력이 풍부한 중국 · 베트남 등지로 이전을 확대하는 추세

❑ 규제혁신 및 인센티브 제공을 통해 외국자본 · 기술 유치

○ 식품안전과 관련이 없으며, 기업 활동을 제약하는 규제는 적극 발굴하여 과감히 개선

○ 식품 R&D 투자확대 등을 통해 민간 · 외국자본을 적극 유치

- 새로운 식재료 상품, 신기술 개발 등이 신수요를 창출, 투자 유인
- 조세감면, 재정지원 등의 다양한 인센티브 제공 검토

○ 글로벌 기업의 브랜드 · 기술과 농수산자원의 결합을 통해 해외 시장 개척 등의 시너지 효과 도모

☞ 다농 : 전북 무주에 유가공 공장 투자(1.1천억 원, 기능성 요거트 생산계획)
- 원유 소비량 '09년 1.5만 톤 및 5년 내 10만 톤을 예상
☞ 돌 코리아 : 충북 괴산에 블루베리 농장 투자(11억 원, 10년간 생산 전량 매입)

❑ 국가 식품클러스터 내 외국 자본 투자 유치를 활성화

○ 국가 식품클러스터 내 외국인 투자 지역을 지정하고, 정부와 산업체간 R&D 매칭 펀드 조성 등을 중장기적으로 추진

2-3 식품산업 인프라 강화

2-3-① 농수산식품 통계 · 정보 시스템 선진화

❑ 원료 수급부터 식재료로의 가공 · 유통 · 외식 · 소비 등 푸드 시스템 전반에 대한 통계 · 정보의 조사 · 분석 · 제공기능 강화

○ 식품산업 현황 조사를 통해 식품제조 · 유통 · 외식 · 소비 부문의 원료조달 실태 등을 단계적으로 파악

○ 현황조사 결과 및 각종 식품관련 통계를 수집하여 체계적으로 제공하기 위한 온라인 DB 구축

❑ 농어업 산지와 수요처인 식품산업 간 상호 필요로 하는 정보를 교류할 수 있는 시스템 구축

○ 산지의 생산정보와 식품제조 · 외식업체 수요 정보를 DB화하여 상호 검색이 가능토록 시스템을 구축하여 제공

* 식재료 직거래 시스템 등과 연계하여 직거래 활성화 유도

2-3-② 산업발전을 제약하는 불합리한 제도 개선

❑ 식품표시 관련 제도의 개정시기를 일정하게 통일시켜 포장지 교체 비용 등을 절감하는 방안 검토

○ 관계부처 협의를 통해 일정시기로 운영하는 방안 검토

☞ 식품표시 제도는 8개 부처, 24개 법률에서 관리됨에 따라 잦은 제 · 개정, 시행시기 차이로 포장지 인쇄 등에 과도한 비용 지출(품목당 40만 원 수준)

❑ 식품에 관한 보다 풍부한 정보를 자율적으로 제공할 수 있는 여건을 중장기적으로 조성

○ 표시사항을 필수사항과 부수사항으로 구분, 포장지에는 필수사항만 표시하고, 부수사항은 전자적 방식에 의해 자율표시토록 개선방안 검토

☞ 현행 규제 중심의 표시제도로는 정보 전달 능력에 한계가 있으며, 바코드를 이용, 핸드폰이나 단말기를 통해 보다 많은 정보 제공 가능(RFID 방식)

2-3-③ 해외 원료의 원활한 공급여건 조성

❑ 해외 농업개발을 통해 해외 식품원료의 안정적 공급 도모

○ 민간 실수요자 중심으로 해외개발을 추진하되, 기술정보 제공, 전문가 양성, 연구개발, 국제협력 등을 총체적 지원

- 민 · 관 공동의 개발 협력단 구성, 양자간 협력, MOU 체결 등 다각적 지원방안 모색

○ 투자 리스크 경감 및 투자 활성화를 위해 초기 단계 재정지원 추진

* '09년부터 해외 농장개발 사업(510억 원 융자) 추진 계획

❑ 수입선 다변화 등을 위한 해외정보 제공 강화 및 수입과정에 소요되는 과도한 비용 절감을 위해 수입관리체계 개편 검토

○ 주요 수입국의 생산 · 교역동향 및 무역관련 제도 등에 관련된 정보를 주기적으로 식품업체에 제공(aT, KOTRA 등 연계)

○ 국내 생산과 경합되지 않는 품목을 중심으로 관세율 인하, TRQ 수입관리방식 개편을 검토

- 국내 생산 · 소비량 추이 및 자급률 등을 종합적으로 검토

2-3-④ 식품산업 인력양성 및 고용창출 유도

❑ 식품산업 종사인력의 전문성 제고를 위한 교육 시스템 확충

○ 다양한 교육 프로그램 개발 · 보급 등 대상별 맞춤형 교육 지원

- 창업 · 경영, CEO 육성, 정보화, 외국인 근로자 등 교육 프로그램 세분화

○ 대학 · 민간 교육기관 등을 식품 전문교육기관으로 지정하고 교육 관련 비용 일부 지원

- 전문 교육 이수자 등의 사후관리를 강화하여 다양한 분야 진출 유도

❑ 식품관련 직업의 이미지를 제고하여 우수인력 진출확대 유도

○ 식품명인제도의 활성화로 식품 기능인 사기진작 및 우수 기능인 발굴

> ☞ 기존 전통식품 분야에 국한되어 있던 명인제도(전통식품 명인)가 식품산업진흥법 제정 · 시행에 따라 식품 전반으로 확대

❑ 외식업소 등의 인력난 해소를 위한 외국인 고용제도 개선

○ 현행 내국인 피보험자수에 따라 제한하고 있는 외국인 고용인원 허용범위 확대 검토(노동부 협조)

❑ 식품산업 분야의 고용효과 홍보 및 실제 취업으로 이어질 수 있도록 각종 계기를 제공

○ 창업 · 취업 박람회([가칭] Food Job Korea), 채용설명회 등을 식품 관련 행사 등과 연계하여 개최

> ☞ 음식료품 제조업은 취업유발계수가 27.2명으로 전산업 평균(16.9명)을 상회

전략 [3] : 농어업 발전을 견인할 수 있도록 식재료 산업 등 푸드시스템 경쟁력 제고

◆ 식품산업의 농어업 수요처 기능을 지속적으로 확대해 나가는 한편, 농수산물의 가공을 통한 부가가치를 제고

○ 농어가와 식품기업의 융복합, 농어가의 식품가공 사업 활성화 등을 통한 6차 산업화 실현

◆ 지역 단위에서 농어업과 식품산업의 연결고리를 강화하여 지역 농어업 및 경제 활성화에 기여

추 진 과 제

3-1. 국산 식재료 사용 촉진

3-1-① 식재료 산업 활성화
3-1-② 국내산 식재료의 원활한 공급 여건 조성

3-2. 농어업과 식품산업의 융복합화

3-2-① 농어민 참여형 농식품 기업 육성
3-2-② 농어가 식품가공・판매사업 참여 활성화

3-3. 지역 농식품산업 발전

3-3-① 시・도, 시・군 단위 식품클러스터 조성
3-3-② 로컬푸드 운동 정착 지원
3-3-③ 지리적 표시 활성화

3-1 국산 식재료 사용 촉진

3-1-① 식재료 산업 활성화

❑ 식습관 패턴이 가공식 · 외식 중심으로 변화함에 따라 농수산물 원물보다 식재료로서의 수요가 증대

> ☞ 식료품 지출비 중 외식비 비중 추이(도시근로자가구 기준)
> – ('80) 4.1% → ('90) 21.5 → ('00) 41.8 → ('07) 49.5

❑ 식재료 가공시설의 확충을 통해 늘어나는 수요에 부합하는 한편, 국내산 농수산물의 식재료 사용 확대를 도모

○ 신선편이 가공시설, 중앙집중식조리시설[6] 설치 확대 지원

* '09년부터 3개소 시범설치(소요예산 72억 원)

❑ 품목별 식재료 가공 · 유통현황(Value Chain)을 분석, 농수산물을 이용한 다양한 고부가가치 식재료 상품 개발 확대

○ 품종개량, 재배단계부터 가공 · 유통 · 소비 등 Value Chain상 미흡한 부분을 중점 보완(국내산 토마토 가공용 식재료 개발 등)

> ☞ 토마토의 경우, 가공용 원료는 가격 · 품질 등의 차이로 전량 수입에 의존

○ 농어가 · 가공회사 · 외식업소 공동 식재료 개발 · 활용 유도(R&D 등 지원)

> ☞ 순창(동기농협)–오뚜기–씨즐러 연계, 순창산 매실피클 공동개발 · 납품

---

6) 중앙집중식조리시설(CK : Central Kitchen)은 외식업소 등에서 1차 가공된 식재료 또는 반찬 등을 반조리 또는 조리된 형태로 납품하는 시설을 의미(외식업소 내 전처리 · 조리에 소요되는 비용 절감 가능).

○ 첨단기술과 접목된 고급 식재료 수출 확대를 위한 해외시장 개척 강화

3-1-② 국내산 식재료의 원활한 공급 여건 조성

□ 생산자 · 수요자 간 교류 활성화를 통해 정보 미스매칭 해소

○ 식재료 관련 정보교환 · 교류 확대를 위한 품목 · 지역별 교류 협의회를 정기적으로 개최

- 공동 세미나, 현장방문 등을 통해 상호 이해증진 및 교류협력의 장으로 활용(우수사례 발굴 · 보급)

□ 국산 식재료가 안정적으로 공급될 수 있는 여건 조성

○ 외식 · 가공 · 즉석소비 등 수요 · 품목별 식재료 표준규격 설정 · 제공

- 식재료 크기, 품질 등의 규격을 마련하여 해외 의존도가 높은 식재료의 국산 대체를 촉진

○ 시세에 따른 계약재배 파기, 속박이 사례 등을 지도 · 계몽을 통해 개선하는 한편, 표준거래약관 제정 · 권고

□ 식재료 유통비용 절감을 위한 직거래, 전자상거래 등 지원

○ 식품 · 외식업체 국내산 식재료 직거래 매입자금 지원, 농수산물 사이버거래소(B2B) 운영(aT → 민영화), 직거래 알선 등 추진

□ 단체급식 시장에의 국내산 식재료 공급 확대 유도

○ 생산자 단체 · 급식업체 간 중개기능 강화, 국산 식재료를 활용한 식단 개발 · 보급 및 구매 담당자 대상 홍보 강화

3-2 농어업과 식품산업의 융복합

3-2-① 농어민 참여형 농식품 기업 육성

❑ 농어업인과 식품가공업체가 공동 투자한 농식품 기업 육성 지원

○ 농어업인 지분 참여하여 원물 계약재배 및 배당 소득 향유

- 푸드 시스템상의 원료생산 분야와 가공 · 유통단계의 결합으로 시스템 효율성 최적화 및 상호 이익 공유

○ 설립 · 정착단계 리스크 경감을 위해 초기단계 시설 · 운영자금 지원

* '09년 5개소 시범조성 추진(소요예산 100억 원)

☞ (국내사례) 전북 고창 일원의 농협 · 작목회 · 영농조합과 주류제조업체 (A사)가 공동 출자(생산자 지분 70%)한 새로운 전통주회사(B사) 설립
- '07.2월 설립하여 '07년 한 해 동안 35억원 매출, 3억 원 주주배당

☞ (해외사례) 네덜란드 Campina는 19C 네덜란드, 벨기에, 독일 지역 낙농가 조합으로 시작하여 연간 4조 원의 매출을 올리는 낙농식품기업으로 성장
- 8,000여 농가 참여, 세계 100개국 이상에서 낙농제품 판매(32개 공장)

❑ 농어업 생산자와 외식업계가 결합한 외식업을 활성화하여 신규 수요 창출 및 판매 이윤 공유

○ 농수산물 생산단체와 산지에서 생산된 농수산물을 재료로 사용하는 Fruits Cafe, 쌀떡볶이 체인 등을 활성화

☞ 최근 젊은 층을 중심으로 생과일 카페 등 과일주스 전문점이 확산

3-2-② 농어가 식품가공 · 판매사업 참여 활성화

❑ 농어가가 직접 식품가공을 하는 경우는 규모가 영세하고, 판로 개척이 어려우며, 시설기준을 충족할 수 있는 투자 여력이 미흡

○ 된장 · 즙 등 가내공업 생산에 치중(여성 농어업인 주축)

> ☞ 산지 가공업체(1,114개 업체 지원 중 관리대상 473개 업체 대상)의 평균매출 17억 원

❑ 산지 농어가의 식품가공 · 판매 사업 참여 활성화 촉진

○ 가공시설설치자금(농업종합자금), 시설현대화 자금 등 관련 시설 설치에 소요되는 자금 지원 확대

○ 가공기술 · 마케팅 등과 관련된 교육 · 컨설팅 지원 강화

- 농촌진흥청(농업기술센터)의 지도 · 보급사업 등과 연계

○ 판로 확보를 위해 재래시장 · 대형 유통업체와의 제휴 알선 및 홍보 · 판촉 지원

❑ 농어업인의 가공사업 참여 확대를 위해 시설관련 기준을 완화

○ 농어가 소규모 가공에 적합한 시설기준 마련(가이드라인 제시)

- 농어업인이 소규모로 식품가공을 하는 경우, 지자체장이 별도로 시설기준을 정하도록 한 식품위생법 규정 활용

> ☞ 식품위생법시행규칙 제20조 : 농업인 · 임업인 또는 어업인과 생산자 단체가 국내산 농수산물을 주된 원료로 식품을 직접 제조 · 가공하는 영업에 대하여는 시장 · 군수 또는 구청장이 그 시설기준을 따로 정할 수 있음

3-3 지역 농식품산업 발전

3-3-① 시 · 도, 시 · 군 단위 식품클러스터 조성

❑ 지역의 핵심 품목을 중심으로 기술과 경영이 조화롭게 융합된 지원 체계의 구축을 통한 농산업 혁신 및 시너지 효과 제고 필요

○ '05～'07년간 시범사업을 거쳐 지역농업클러스터 사업을 추진 중

> ☞ 지역농업 클러스터 20개 시범사업단 중 우수사례 : 안성맞춤 클러스터
> – 쌀과자 등 8개 신상품 개발, 매출액 증가('05년 472억 원 → '07년 632)

❑ 지역농업클러스터의 사업 범위를 식품을 중심으로 확대하여 지역 농식품 산업의 구심점인 지역별 식품 클러스터를 육성

○ 복수 시/군 또는 시/도 단위로 단계적으로 확대 · 조성

- 클러스터 확대 : ('05～'08) 42개소 → ('09) 10

* 지역특화사업과 차별화하여 복수 시군 및 시도를 사업 대상으로 선정

○ 생산 · 가공 · 판매 · 연구개발 등 일관 추진체계 구축 지원

- 산 · 학 · 연 · 관 혁신추진체계 구축, 시험생산 · 품질관리 시설 · 장비 및 자금 · 마케팅 · 컨설팅 등 종합 지원

❑ '08년 활성화 방안을 마련하고, '09년 신규 대상지 선정 추진

* '09년 10개소 이내 클러스터 신규 사업단을 선정 · 지원(50억 원)

3-3-② 로컬푸드 운동 정착 지원

❑ 민간 중심의 로컬푸드 운동 정착 지원

○ 산지-소비지 직거래 활성화를 통해 근거리 지역 내 먹을거리 소비를 촉진

○ 소비지로부터 일정한 거리 이내의 농수산식품을 전문적으로 판매하는 로컬푸드 장터의 활성화 유도

> ☞ 주요국의 로컬푸드 운동 사례
> - 일본 : 지산지소 운동, 신선한 제철 식품 구입, 전통 식문화 유지 · 계승 도모
> - 미국 : 급식업체 보나테티社 로컬푸드 식단 제공, 공공텃밭 장려 등
> - 영국 : 런던푸드 TF구성, 50km 이내 생산 먹을거리 전문 농민장터 개최 등

❑ '푸드 마일리지'업계 자율표시 캠페인을 시범적으로 전개

3-3-③ 지리적 표시 활성화

❑ 농수산물과 식품의 지리적 표시에 따른 부가가치 창출을 통해 지역 특산식품산업 발전과 연계

○ 지리적 표시제도의 손해배상청구권, 권리침해금지청구권을 신설(농산물품질관리법 개정)하여 민사적 권리보호 강화

○ 지리적 표시 등록 품목을 가공식품과 음식으로 다양하게 확대

> ☞ 지리적 표시 등록 품목(63개) 중 가공식품은 8건에 불과(EU는 가공식품이 57%)
> - 육가공품, 제과, 치즈, 올리브오일, 맥주, 음료 등 다양

V. 기대 효과

❑ 안전한 농식품산업 이미지 확립, 식품산업 매출액 및 고용 증대, 농수산식품 수출 확대 등 국가경제에 기여

❍ 농식품 안전성 제고로 국민 건강 증진 및 우리 식품 이미지 개선

❍ 식품산업 매출액 증가 : ('06) 100조 원 → ('12) 150[7](연 7% 성장)

* 약 13조 원의 純성장 효과 추정(5.3% 성장 지속 시 137조 원)

❍ 식품산업 종사자 증가 : ('06) 163만 명 → ('12) 178[8]

* 약 5만 명 純고용창출 효과 추정(5.3% 성장 지속시 173만 명)

❍ 농수산식품 수출 확대 : ('07) 38억 불 → ('12) 100(연 22% 성장)

❍ 국내 농어업 성장 유발 효과 : ('12) 농어업 추가생산액 10.2조 원[9]

7) '07년(105조 원)부터 '12년까지 5년간 연평균 7% 성장률 적용('07년 매출액은 '99~'06년간 연평균 성장률(5.3%)을 기초로 추정).

8) 2003 산업연관표(한국은행)의 부가가치 대비 고용계수 : 식품제조업(3.2명/10억 원), 외식업(12.9명/10억 원), 자연증가분 제외.

9) 2003 산업연관표(한국은행)의 생산유발계수 : 식품제조업의 농어업 생산유발효과 0.35, 외식업 0.13.

□ 성과 달성 체계도

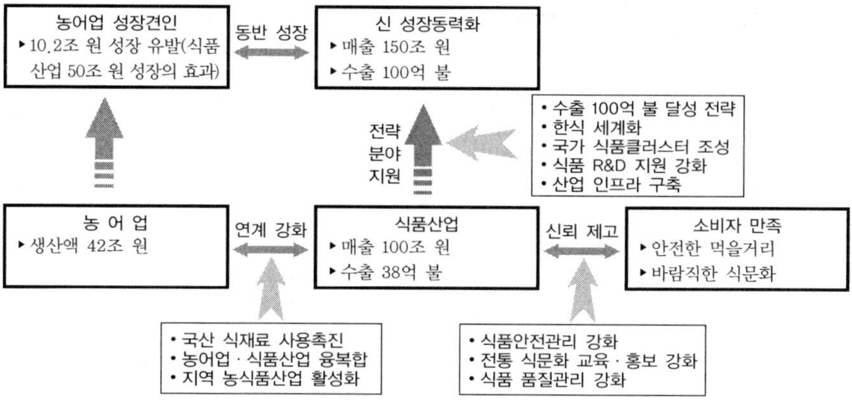

Ⅵ. 향후 추진계획

1. 추진체계 정비

□ 농림수산식품부 및 관련기관 조직 개편

○ 식품정책 기능 강화(안전관리, 검역 등의 기능을 통합하여 효율성 제고)

○ 식품 R&D와 관련된 농촌진흥청, 한국식품연구원의 역할 조정 · 분담

○ 농수산물유통공사의 식품산업 지원 기능 확대(명칭변경 등 검토)

❑ 관계법령 정비

○ 외식산업진흥법 제정 및 식품산업진흥법 개정 등

❑ 투 · 융자 계획

○ 식품안전강화 · 산업진흥 · 수출확대 등을 위한 예산을 연차적으로 확대

* 농식품부 식품분야(축산 · 수산식품, 안전 포함) 투 · 융자계획

▸ '09년 예산(정부안)은 9,158억 원으로 '08년(8,195억 원) 대비 16.1% 증가

▸ '08～'12년간 투융자규모(안) : 5.0조 원

○ 민간 투자는 증권시장, 펀드 등을 통한 유치를 유도하는 한편, 중장기적으로 식품클러스터와 연계, 식품 R&D 투자 펀드 조성

2. 향후 일정

❑ '식품산업발전종합대책' 확정 · 대외 발표(보도 · 브리핑)

❑ 과제별 세부 추진계획을 '08년 말까지 수립

○ 국가 식품클러스터 조성, 한식 세계화, 음식업 진작 대책, 농식품 100억 불 수출계획, 식품산업 R&D 추진방향, 전통식품산업 육성 대책 등

붙임 단계별 Action Plan

	'08년	1-Year Plan	10-Years Plan
안전 농식품 공급	• 음식점 원산지표시 도입 • 농수산식품 안전 종합 계획 수립 • GMO 표시제 홍보	• 안전성 관리제도 강화 • 표시 · 인증제도 개선 • 전통 식생활 문화 교육 · 홍보 강화	• 선진국 수준의 식품 안전관리 – 기업 · 소비자 · 정부 공동 식품안전 관리
식품산업 수출산업화	• 국가 식품 클러스터 입지선정 · 조성방안 마련 • 한식 세계화 추진 계획 수립 • 100억 불 수출 세부 계획 마련 • 음식업 진작 대책 수립	• 식품 클러스터 조성 추진 • 한식 세계화 추진 • 식품산업 인프라 구축 – 통계보완, 인력육성 등 • 전통식품 산업화	• 식품 클러스터 운영 활성화 – 국가/시도/시군 체계 구성 • 식문화 마케팅 확산 • 식품산업 연관산업 육성 추진 – 식품기계, 식문화 산업 등
농어업 연계 · 발전	• 품목별 식재료 Value Chain 분석 • 융복합 식품기업 사업화 – '09년 추진계획 수립(72억 원) • 농어가 산지가공 규제완화	• 식재료 가공시설 확충 – 식재료 규격화 • 융복합 식품기업 확산(10개) • 지역별 식품 클러스터 확산	• 산지 · 소비지 직거래 – 식재료 중개센터와 단체급식체계 연계 • 융복합 식품기업 정착(100개) • 클러스터 Hub&Spoke 완성(1 Hub, 100 Spoke)

'11년 국가식품산업클러스터 조성사업 추진계획(안)

2011. 1.

농림수산식품부
식품산업정책과

목 차

Ⅰ 추진배경 및 경과

1. 추진배경

❑ 국내 식품기업은 영세성*, R&D 투자 부족 등으로 국제 경쟁력이 약하고 세계 식품시장의 변화에 대한 대응 미흡

* 8,500개의 식품제조업체 중 고용인원 50인 미만 기업비율이 92% 차지

❑ 유럽 등 선진국은 세계식품 시장의 급성장 속에서 식품기업 · 연구소 · 대학이 집적화된 식품클러스터*를 조성, 세계시장 공략

* 네덜란드의 푸드밸리, 덴마크 외레순, 이탈리아 에밀리아 로마냐 등

○ 현재 약 4조 달러인 세계 식품시장은 '20년까지 6조 달러 규모로 성장하고, 그중 아시아 · 태평양 시장이 40% 차지할 것으로 전망

➡ 식품기업 · 연구기관 등을 집적, 농어업과 결합하여 식품산업-농어업의 동반성장과 경쟁력을 강화하기 위해 국가식품클러스터 조성

* 유리한 조건 : ① EU의 3배 인구(14.5억 명)가 동북아 거주 ② 비행거리 2시간 내 1백만 명 이상 도시가 60여 개 ③ 10년 후 동북아 경제공동체 형성 전망

2. 추진경과

❑ 국가식품클러스터 환경조성 단계('07.11~'09)

○ 식품클러스터 조성 방향 VIP 보고 및 사업지역(전북) 선정('07)

○ 식품클러스터 조성 기본계획 발표('08) 및 예비타당성 조사('09)

❑ 국가식품클러스터 기초정립 단계(2010)

○ 국가산업단지 조성(지위 결정) 및 예비 사업시행자(LH공사) 지정('10.1)

○ 국가식품클러스터 조성 지원 법적 근거 마련('10.1)

○ 기업 · 연구소 투자유치 활동 전개 및 지원센터 설립준비

II 그간의 추진성과

1. 사업 개요

○ 위치 : 전북 익산시 왕궁면 일원

○ 규모 : 1단계 240만m²(72만 평, 여의도 면적의 약 3/4)

* 2단계 160만m²(50만 평)

○ 사업기간 : '11~'16(6년)

* '11~'12(단지계획수립 · 승인), '13~'14(단지 조성공사), '15~'16(입주기업 건축)

○ 총사업비 : 5,535억 원(국고 1,616억 원, 지방비 634억 원, 민자 3,285억 원)

○ 식품산단 구성 : 식품기업 · 기관 140여 개, 지원센터 · 3대 R&D 등 지원 시설 6개, 인력양성 등 4개 S/W프로그램 운영

○ 기대효과 : 생산유발 4조 원, 고용창출 22천 명

2. 그간의 성과

❑ (단지조성) 산업단지 예비타당성조사('09.11) 이후 지자체의 문화재 지표조사 및 3대 영향평가(환경 · 재해 · 교통) 추진과 최근 LH공사의 산업단지계획 수립 용역 발주('10.12) 등 산업단지 조성 절차 진행

❍ 산업단지계획 용역이 마무리되는 대로 '11년 중 국가산업단지 지정 신청(LH공사 → 국토부) 예정

❑ (투자유치) 국내외 투자유치 설명회를 개최(14회), 투자 에이전시 · 해외자문관(14명) 운영 및 홍보를 통해 MOU 체결* 등의 성과

* MOU 체결 : 국내 29개 기업, 해외 6개 기관

❍ 유럽 · 북미 · 중국 · 일본 등 4개 권역에 3개의 투자에이전시 지정 · 운영(유럽-EUCCK, 북미 · 중국-KOTRA, 일본-이토츠 증권)

❑ (지원체계 구축) 지원센터 · 3대 R&D센터 기본계획 용역('10.12) 등 지원체계 구축을 위한 초기 기반조성에 주력

III '11년 사업추진 계획

1. '11년 예산 개요

❑ 국가식품클러스터의 성공적 조성을 위한 다양한 사업 추진

○ 산업단지 조성과 병행하여 국가식품클러스터 종합계획 수립 및 국내외 기업 투자유치 · 교류협력, 지원센터 운영 등 지원체계 구축

❑ (예산) 00억 원(지방비 포함시 00억 원)

(단위 : 백만 원)

구 분	'11년 예산액 (지방비 포함)	세부내역
▫ 세부 사업별		
◦투자유치 및 교류협력		◦투자유치 900백만 원(지방비 00) ◦교류협력 500백만 원(지방비 00)
◦클러스터 지원시설 설계		◦설계비 1,000백만 원(지방비 00)
◦클러스터 지원센터 운영		◦지원센터 운영비(인건비 · 운영비 · 여비 등) 300백만 원(지방비 300)
◦투자유치 에이전시 운영		◦국고 100%
◦추진단 운영		◦민간직원 6명 인건비 = 00만 원 ◦민간직원 6명 운영비 = 00만 원
▫ 비목별		
◦기타직 보수(110-02)		◦추진단 인건비
◦일반수용비(210-01)		◦추진단 운영비
◦민간경상보조(320-01)		◦투자유치 에이전시 운영
◦자치단체경상보조(330-01)		◦투자유치(00백만 원), 지원센터 운영(00)
◦자치단체자본보조(330-03)		◦지원시설 설계

❑ (추진주체) 농식품부, 전라북도, 민간(지원센터 등)

○ 추진단 인건비 · 운영비는 농식품부에서 직접 집행

○ 투자유치 · 교류협력 및 지원센터 운영비는 지자체 경상보조(50%), 지원시설 설계비는 자본보조(50%)로서 전라북도(익산시)에서 집행(직접 또는 위탁)

○ 투자유치 에이전시 운영 사업은 지원센터에 위탁집행, 투자유치 활동 강화

* 투자유치의 효율성을 위해 투자유치관련 예산은 가급적 지원센터를 통해 집행 예정

2. 중점 추진방향

◆ 국가식품클러스터의 마스터플랜 마련을 위한 종합계획수립

○ 비전과 목적, 단지이용 계획, 투자유치 및 지원체계 구축 방향 제시

◆ LH공사 발주 산업단지계획의 조기 수립

○ 국토부 · LH공사, 지자체 등과 협조체제 강화

◆ 국내외 앵커기업 중심의 투자유치 가시화

○ 지원센터를 투자유치 전담 기관화하여 효율적 투자유치 도모

◆ 지원센터 설립, 3대 R&D센터 등 지원시설 설계 및 기타 지원시설(임대형 공장, 범용 파일럿 플랜트) 운영방안 연구

* 6대 H/W시설 : 지원센터, 식품품질안전지원센터, 식품기능성평가센터, 식품패키징센터, Pilot Plant, 임대형 공장

---

3. 분야별 추진계획

가. 국가식품클러스터(푸드폴리스, FOODPOLIS) 종합계획 수립

❑ (목표) '08년의 기본계획('08.12)을 토대로 '11. 6월까지 종합계획(마스터 플랜) 수립

【주요내용】

- 식품전문산업단지의 비전, 조성방향 · 컨셉 제시 * 산단이용계획, 유치전략업종 등
- 투자유치 인센티브 제공
- 입주기업 지원방안 및 지원체계 구축
- 교통 · 정주여건 마련
- 국내외 네트워크 구축 및 국내 농업성장 견인전략 등 제시

❑ (추진계획) 종합계획 연구용역 및 관련기관 의견수렴을 통해 확정

○ 2~6월 종합계획 수립* 연구용역 실시 및 종합계획(안) 검토

* 클러스터 육성 방안, 인센티브, 단지이용구상도, 임대단지, 원형지개발 방안 등

○ '11.6월 공청회를 거쳐 지자체 및 관련기관 의견수렴 및 확정

나. LH공사 발주 산업단지계획 수립 추진

❑ (목표) 단지계획 수립 및 국가산업단지 지정 승인 신청

○ 금년 중 예비 사업시행자(LH공사)가 산업단지계획을 조기에 수립하고 국가산업단지 승인 신청을 할 수 있도록 협조 · 지원체계 강화

* 단지지정 절차 : 투자의향서 제출 → 단지계획 제출 · 승인신청 → (관계기관협의) → 단지승인심의회 및 승인결정 → (토지보상) → 착공

❑ (추진계획) 식품산업단지 성격에 맞는 조성방안 강구

○ 산업단지계획 수립추진 협의체 구성 · 운영('11.2~수립시)

- 농식품부 · 국토부 · LH공사 · 지자체 · 용역사 등 참여, 월 1회 회의

○ 교통 · 정주여건, 용수 · 오폐수, 분양가 등에 최상의 산단여건을 조성

- 최초의 식품전문단지임을 감안, 분양가 등에 유리한 여건이 조성되도록 준비

○ 입주희망기업을 위주로 맞춤형 단지조성을 위한 워크숍 개최

- 요구사항 파악 등을 위한 관련회의 개최 등

○ 선진국 수준의 산업단지 조성을 위한 컨셉 · 공간디자인 개발

- 실무자문단 회의 구성 · 운영 및 워크숍 개최 등

○ 타 부처에서 지원하는 관련사업과 연계한 산업단지 조성을 통해 원가를 최대한 줄이도록 노력

- 친환경시설사업, 산업환경 디자인 시범단지 지정 등

다. 투자유치 활동 본격화(투자유치 · 교류 · 홍보)

❑ (목표) '12년까지 해외 50대, 국내 30대 식품기업군을 중심으로 선도기업(앵커기업)에 대한 투자유치활동 본격 전개

○ 농식품부와 지원센터는 해외 글로벌 5개, 국내 5개 기업과 MOU 추진

○ 지자체(전북 · 익산)는 그 외 중견기업을 대상으로 해외기업 10개, 국내 30개 기업과 MOU 체결

❑ 추진전략

○ '11~'12년은 홍보 · 교류협력사업 등을 국내외 투자유치에 집중

○ 투자유치 일관성 · 책임성 강화를 위해 기업 규모별 전담기관을 나누고, 투자유치 집행을 국가식품클러스터지원센터로 일원화하여 효율성 극대화

- 농식품부 · 지원센터는 선도기업* 유치를 전담

* 해외 50대 식품기업, 국내 30대 식품기업을 대상

- 지자체(전담기관 지원)는 중견기업(선도기업 이외의 기업) 유치 전담

○ 투자유치 성과 제고를 위해 권역별 투자에이전시 기능을 강화하고 투자유치 실적 인센티브제 운영

○ 대상기업별 맞춤형 투자유치 활동 전개

- 투자대상 기업별 투자성향 분석 및 애로사항 파악 강화

❑ 추진체계

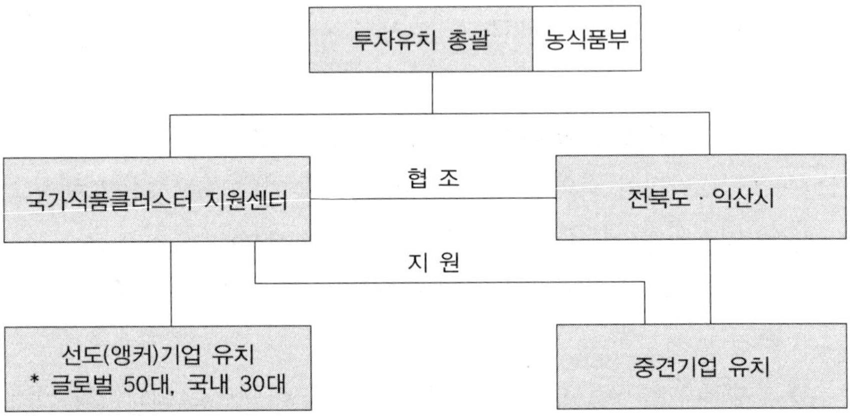

❑ 세부추진 계획

① 투자유치 활동

○ (투자 에이전시) 4개 권역별 4개 전담 투자에이전시*를 두고, 주요 선도 · 타깃기업(기관)별 '투자유치전담관'을 지정 · 운영

* 유럽권, 미국 · 호주권, 일본권, 중국 · 아시아권 등

- '10년에 3개 투자에이전시가 구축한 기업DB를 활용, 입주의사가 있거나 가능성이 있는 기업 · 기관을 대상으로 1 : 1 위주 유치활동 전개
- 특히, CEO급 기업인사와 상시 연락채널을 구축
- 지역별 투자유치 설명회(IR)와 연계하여 시너지 효과 제고
- 국내 선도기업 유치를 위해 국내 투자에이전시를 선정 · 운영
- MOU체결에 따른 인센티브를 별도 제공하여 성과 제고

❍ (투자유치 자문단) 기존의 해외 투자유치 자문단(14명)을 평가 · 보강, 투자유치 활동에 실제적인 도움이 될 수 있도록 내실화

- 해외 식품전문지 · 언론 등을 대상으로 한 기고 · 홍보활동을 강화하고 활동실적에 따른 활동비 · 인센티브 제공
- 해외 식품기업(기관)과 네트워크가 있는 국내 주요 인사를 발굴, 자문단으로 추가

❍ (투자 설명회) 권역별 · 국가별 맞춤형 투자유치 설명회(IR*)를 개최, 투자유치 성과 제고

* IR : Investor Relation

- 선도기업(앵커)이나 투자 가능성이 있는 기업을 중심으로 차별화된 소규모의 IR을 중점 추진하되 홍보차원의 대규모 IR도 병행
- 국내외 대규모 식품산업 박람회 참여*(홍보관 운영)와 IR을 병행 실시

* 박람회 참가 : 국내 3회, 해외 4~5회 / IR 개최 : 국내 2회, 해외 4회

❍ (네트워크 활용) 해외 식품기업 등과 네트워크가 있는 국내 식품협회 · 기업 · 대학 등을 투자유치에 적극 활용

- '국내 1기관 - 1기업 유치' 프로그램을 운영, 투자유치 활동비 및 실적 인센티브 등 제공

※ 10여 개 기업에 대해 매칭 추진

○ (투자 희망기업 초청 프로그램) 해외 식품기업 중 투자의향이 있는 앵커기업 등을 중심으로 투자희망기업을 초청, 투자 분위기 조성

- 필요시 국내기업과 합작투자 유도

※ 해외 앵커기업 등 10개사 목표

○ (투자 인센티브 발굴) 국내외 타 산업단지와 차별화된 인센티브 지속 발굴

- 정부 · 지자체 차원에서 세제 · 재정 · 금융 등 제도개선 지속 추진

② 교류 · 협력 사업

○ (심포지엄) 심포지엄 개최가 투자유치와 연계될 수 있도록 내실화

- 국제 심포지엄 위주로 개최, 투자유치 대상 기업 · 연구소, 식품 클러스터 운영기관 등 참여
- 해외 현지 개최도 시범 추진(주관 해외 대학 · 식품학회 등)

※ 국제 심포지엄 2회(국내 1, 해외 1), 국내 심포지엄 1회

○ (국제 컨퍼런스) 세계 주요 식품관련 분야 석학과 기업 · 연구기관 등이 참여하는 국제 컨퍼런스를 개최, 네트워크 강화 및 푸드폴리스 위상 제고

- 언론사를 주간사로 하여 노출 홍보 강화

○ (국제 공동 R&D) 국내외 주요 타깃기업 · 기관 등과 식품분야 공동 관심사에 대한 공동R&D를 실시, 국내외 R&D 네트워킹 구축

- 대형 연구과제 사전단계로 실시하여 앵커기업 등의 유치에 유리한 투자환경 조성 기회로 활용

❍ (네트워킹 구축) 입주의향이 있거나 MOU체결 기업 · 기관 등을 대상으로 식품기업 포럼을 개최, 최종 투자유치로 연결 유도

- 대 · 중소기업 등 유형별 · 분야별 포럼과 식품전문가 토론회를 개최, 푸드폴리스에 대한 지속적인 관심과 투자 유도

* 입주의향 식품기업 포럼 2회, 대 · 중소기업 포럼 5회, 전문가 토론회 3회

❍ (식품기업 서밋 포럼) 가칭 '식품기업 정상회의(F20)*'를 개최, 주요 식품기업 CEO와 정부 · 지자체장과의 스킨십을 강화하고 푸드폴리스에 대한 관심을 투자 결정권자 수준으로 확대

* 하반기 중 연 2회(해외기업 위주 1회, 국내기업위주 1회) 시범 개최

③ 홍보활동 강화

❍ 투자유치활동에 실질적으로 도움이 될 수 있는 홍보 추진

- 종합계획수립에 맞추어 '푸드폴리스'만의 차별화된 홍보 컨셉 정립

❍ 국내외 식품기업에 어필할 수 있는 홍보수단을 활용

- 국내외 식품매거진 · 신문, 협회 소식지나 회계 전문지 등 활용
- 온라인도 국내외 식품협회, 기업전문 언론 · 방송 등 활용
- 메일링을 이용한 지속적인 정보제공 및 홍보레터 발송

❍ 국내외 언론매체 · 방송 등 오피니언리더를 활용한 홍보

- 언론 · 특파원 · 기자단 초청 설명회 개최 3회(국내 1, 해외 2)

❍ 식품클러스터에 대한 대국민 · 식품기업의 인지도 · 호감도 향상을 위한 홍보

- 푸드폴리스 서포터즈, 홍보대사 운영 및 인기 식품 · 기업 드라마 협찬
- 홈페이지 개선, CI 등록, 트위터, 스마트폰 앱 개발, 옥외광고(고속도로) 등

- 식품산업단지 전용 통신사 선정 등을 통한 통신사와의 연합 홍보, 지원센터 설계 공모를 통한 간접홍보 등 적극 활용

라. 국가식품클러스터 지원체계 구축

❑ (목표) 국가식품클러스터 지원센터 설립(11.3) 및 지원센터 · 3대 R&D센터 등 지원시설 설계 등 지원체계 구축 강화

○ 국가식품클러스터 조성관련 식품산업진흥법 시행령 · 시행규칙 개정 추진

❑ (추진계획) '11.3월까지 지원센터 출범을 완료하고, R&D센터 등 지원시설에 대한 설계용역 및 임대형 공장 · 파일럿 플랜트시설 운영 방안 강구

○ 지원센터는 '11.1월까지 지원센터장 추천 및 2월까지 지원센터 설립 절차 마무리하고 3월에 공식 출범

○ 지원센터 · 3대 R&D센터 등 정부지원 시설에 대한 건설공사기본계획 수립 및 설계지침 마련을 위한 용역 실시

○ 임대형 공장, 파일럿 플랜트 시설 등 운영 방안 용역 실시

○ 국가식품클러스터 조성과 관련, 시행령 · 시행규칙 개정 추진

- 시행령(종합계획 변경시 관계기관 협의 생략 가능한 경미한 사항을 규정)
- 시행규칙(국가식품클러스터 지원센터 부설기관 규정)

Ⅳ 향후 추진 일정

❑ '11년 사업추진 계획 확정 및 지자체 통보 : '11.2 초순

❑ '11년 사업 세부추진 계획 보고(전북→농식품부) : '11.2월 중순

❑ '11년 사업 교부결정 및 자금 교부 : '11.2월 중순

❑ 국가식품클러스터 종합계획 수립

- ○ 종합계획 용역 추진('11.2~6) 및 종합계획 수립('11.3~6)

❑ LH공사 발주 산업단지계획 수립 추진

- ○ 산업단지계획 수립 추진 협의회 매월 개최('11.2~) 및 산업단지 입주대상 기업 Needs 파악 등('11.2~)

❑ 국내외 기업 투자유치 및 교류협력 추진

- ○ 투자 유치 및 홍보 · 교류협력 세부 계획 수립('11.1~2)
- ○ 투자 유치 및 교류협력 활동 본격 추진('11.2~)

❑ 지원센터 설립 및 3대 R&D센터 설계 등 지원체제 구축

- ○ 지원센터 설립 절차 마무리(2월) 및 3월 출범 추진
- ○ 지원센터 · 3대 R&D센터 설계지침 준비 및 임대형 공장 등 2대 지원시설 운영방안 연구('11.2~)
- ○ 국가식품클러스터 조성관련 법령 개정 등 보완 추진

〈참고〉

국가식품클러스터 조성 추진체계

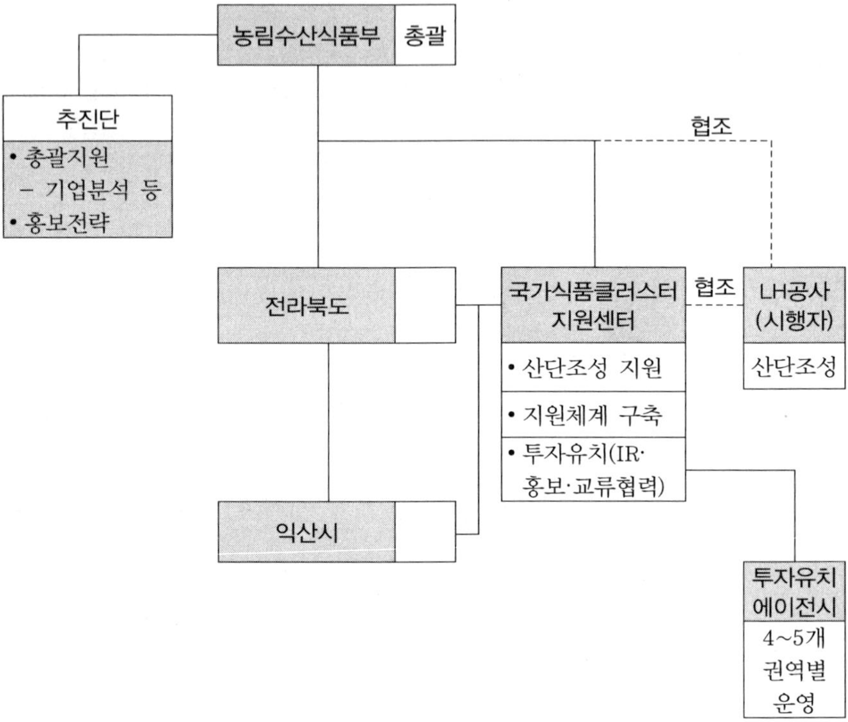

국가식품클러스터 조성 추진상황

2010. 3.

농림수산식품부

Ministry for Food, Agriculture, Forestry and Fisheries

목 차

I 필요성

❑ 세계 식품시장의 규모 및 동북아 식품시장의 급속한 성장을 고려할 때, 국내 식품산업의 국제경쟁력 확보 요구

○ 세계 식품시장은 자동차시장(1.6조 달러), IT시장(2.8)보다 규모가 큰 약 4조 달러('08년 기준) 규모

○ 아시아-태평양 지역은 2020년 세계 식품시장의 40%를 차지하는 거대시장으로 성장할 전망

❑ 미국, 유럽 등 선진국은 클러스터 조성을 통한 식품산업 육성, 글로벌 식품기업은 R&D 투자 등으로 세계시장 공략에 주력

＊ 미국(Napa Valley), 덴마크 · 스웨덴(Öresund Cluster), 일본(식료산업클러스터) 등

○ 네슬레, 유니레버 등 글로벌 기업들은 과감한 R&D 투자, 유통네트워크, 브랜드 파워 등을 앞세워 세계 시장 공략

❑ 국내 식품산업의 영세성 등 한계를 극복하여 글로벌 식품산업으로 선도할 획기적인 계기 마련을 위해 클러스터 조성 필요

○ 식품산업의 잠재력을 성장 동력화하여 농어업의 성장을 견인한다는 이명박 정부의 농어업 정책방향과 부합

＊ 국가식품클러스터 사업은 한미FTA체결에 따른 농업분야 국내보완대책에 포함

Ⅱ 국가식품클러스터 조성 방안

1. 비전, 목표 및 전략

비전	동북아시아 식품시장의 허브로 육성 (Foodpolis)		
목표	국내·외 우수 식품기업 유치	식품 R&D의 메카로 육성	국제적인 식품클러스터로 활성화
	- 국내·외 식품기업 145개, 민간연구소 10개 유치	- 농식품 수출 확대에 기여 - 농진청, 한식연과 연계	- 세계 유명 클러스터와 협력 - 한식세계화와 연계, 세계에 내놓을 식품으로 특성화

추진 전략

클러스터 기반조성	식품전문 국가산업단지 조성	클러스터 활성화
• 클러스터 전담조직 운영 - 클러스터 추진단 및 지원센터 설립 추진 • 적극적인 투자유치 활동 - 투자인센티브 방안 마련 • 해외 유명클러스터와 교류협력 - 클러스터 조성·운영 관련 노하우 전수	• 최적의 사업시행자 선정 - 익산에서 문화재지표 조사 등 협조 - '11년 착공, '13년 완공 • 클러스터 관리본부, R&D 센터 등 인프라 제공 - 식품기업을 위한 최적의 환경 제공 • 외국인투자지역 지정 - 일본, 중국, 유럽 등 해외식품기업 유치	• 전통식품, 기능성 식품 등을 중심으로 특화 - 국내 농산물과 연계방안 마련 • 수출 확대를 위한 지원 확대 - 국제적인 수준의 품질 인증 등 • 국내·외 네트워킹 활성화

핵심가치	식품 안전성 확보	국내 농어업과 연계	식품산업의 신성장 동력화

2. 단계별 추진 전략

❑ 클러스터의 중심적 역할을 수행할 식품전문 국가산단 우선 조성

○ 식품전문산업단지를 중심으로 전국적 네트워킹, 연구개발, 산업화 지원을 통해 세계적인 클러스터로 성장

안정 단계	**국내 식품산업의 글로벌화 선도(2020-2025)** ○ 우리나라 식품산업의 연구개발 및 산업화를 지원 ○ 세계시장 공략 및 해외진출 지원 등을 통해 식품산업의 글로벌화 선도
도약 단계	**강력한 네트워크 구축(2015-2019)** ○ 클러스터 S/W사업, 네트워킹 활동 지원, 수출지원
단지조성 단계	**단지조성 사업의 성공적 완료(2011-2015)** ○ 국가산단 조성 및 기업 입주·가동 ○ 정부 지원시설의 건축, 장비도입, 가동
기반구축 단계	**국가식품클러스터 운영방안 구체화(2010-2012)** ○ 식품기업, 민간 연구소 투자유치 활동 ○ 해외 식품클러스터, 해외 식품연구기관과 교류협력 ○ 농진청, 한식연과 협력 방안 마련

3. 국가식품클러스터 조성 방안

❑ (조성) 국내 최초의 식품을 전문으로 하는 국가산업단지로 조성

○ (규모) 예비타당성조사 결과를 반영, 2,390천m^2(724천 평)로 개발

* 2단계로 전체 3,967천m^2(1,200천 평) 조성 추진

❑ (입주업종) ① 고부가 기능성식품군, ② 한국형 전통발효식품군, ③ 유기가공식품군을 중점 유치(전체의 50%)하여, 한국형 고부가 식품 산업의 메카로 육성

○ 품목군별로 원료구입, 연구 · 개발, 가공 · 생산, 유통 · 판매 등 기업 간 유기적인 계열화가 가능한 산업환경 제공

○ 중점 유치업종 대상으로 R&D, 수출에 중점 지원하고, 전후방 연관산업인 용기 · 포장제조업, 운송 · 창고업, 산업디자인업 등도 유치

〈국가식품클러스터 내 산업별 연관관계도〉

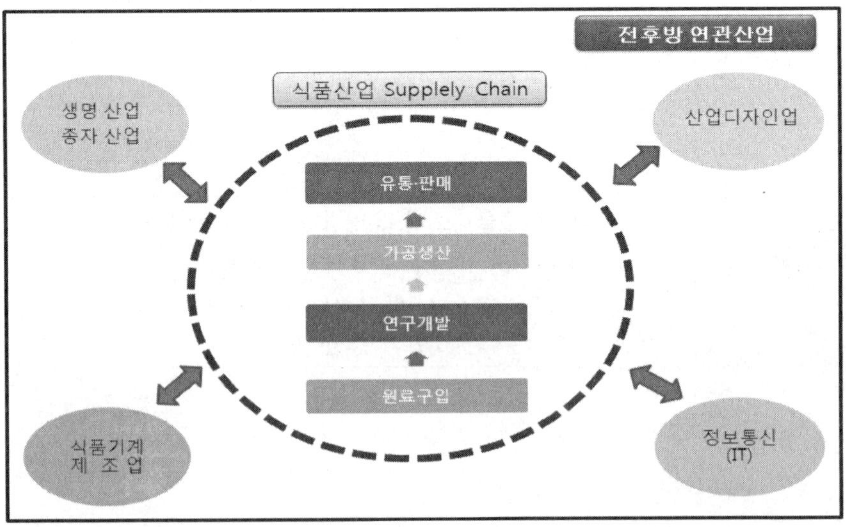

❍ 원료구입, 생산, 판매 등 분야별 강점 · 약점 기업 간 협력을 통해 동반상승(synergy) 효과 창출 및 강력하고 유기적인 생태계 형성

❍ 타 식품기업 입주를 유인할 선도적 앵커기업 5개 내외를 포함, 국내 · 외 145개 식품기업, 민간연구소 10개 이상 유치

❍ 향후 외투기업 15개 내외, 글로벌 수행능력을 가진 해외 민간연구소 3개 내외 유치하여 외국인투자지역으로 지정 추진

❑ (조성 전략) 고부가 식품산업 품목군을 중점 유치하고, 수출활성화 · 연구개발 중심으로 집중 지원

❍ 인근 새만금 내 식품전용항만, 농업생산시설과 연계하여 입주기업의 수출 활성화 촉진

- 네슬레와 같이 원료수입 · 가공을 통한 가공무역수출 확대

❍ (추진주체) 정부 주도의 추진체계를 단계적으로 민간으로 확대

- (정부) 농식품부의 국가식품클러스터 추진단을 중심으로 전북, 익산과 협력하여 조성 사업 추진

* 익산의 국가식품클러스터 추진지원단은 농식품부의 국가식품클러스터 추진을 지원하는 기구(실제 집행업무 추진)

- (공공기관) 정부 주도로 클러스터 지원센터(특수법인)를 설립하여, 정부가 반드시 추진할 사업을 제외하고는 단계적으로 위임

- (민간) 기업유치, 조성방안 마련 등을 위해 관련 협회 등 활용

* 기업유치를 위해 기업 정보를 보유한 협회, 투자에이전시 등 활용

〈국가식품클러스터 추진체계도〉

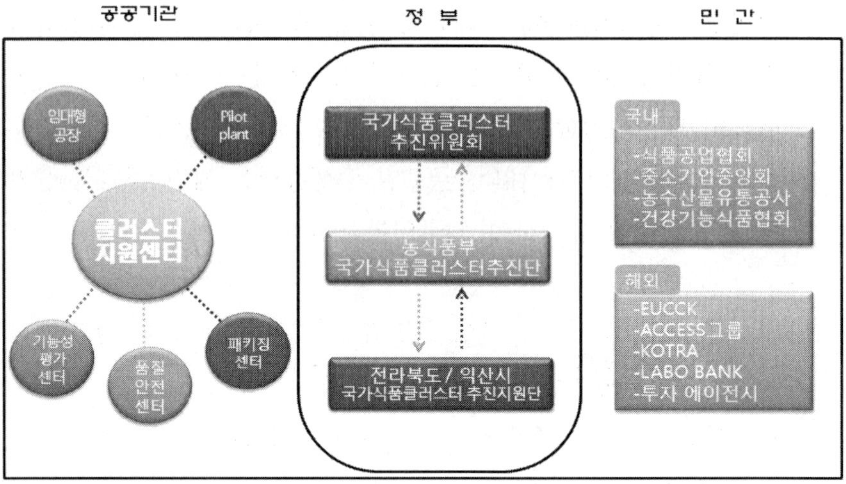

❑ (기업지원시설) 입주기업 지원을 담당할 6개 정부지원시설을 세계적인 수준으로 운영하여 기업 유치의 수단으로도 활용

○ 클러스터지원센터는 식품산업진흥법 개정('10.1.25 공포 · 시행)으로 법적 근거를 갖춰 '11년부터 설립, 활동 예정

- 식품전문가 1~2명을 네덜란드 WUR 등에 6~12개월 파견하여 선진 know-how를 국가식품클러스터에 접목
- 지원센터를 중심으로 지역단위 농식품클러스터와 연계

○ 품질안전센터는 세계적인 품질검사 기관(SGS 등)을 유치, 수출에 필요한 글로벌 수준의 품질 검사를 지원

* SGS는 농 · 수산물, 식품 등에 대한 세계적인 다국적 시험검사 기업
* SGS Korea는 국가식품클러스터 내 실험실 건립을 검토 중

- 품질안전센터가 직접 해외에서 인정받는 시설(미 FDA인증, ISO 인증 등)로 건립하여 품질 검사 수행

○ 기능성평가센터는 전임상(동물) 실험을 중심으로 지원하고, 인근의 임상실험실(전북대 의대), 해외 유명 임상시험기관과 연계되도록 운용

○ 패키징센터는 중소 식품기업의 공동 활용이 가능한 포장, 디자인을 중점 지원하고, 해외 유명 산업디자인 회사도 유치

○ 임대형 공장, 시험생산시설(pilot plant)은 입주 기업의 경쟁력 확보를 목적으로 활용

〈국가식품클러스터 개발 구상안〉

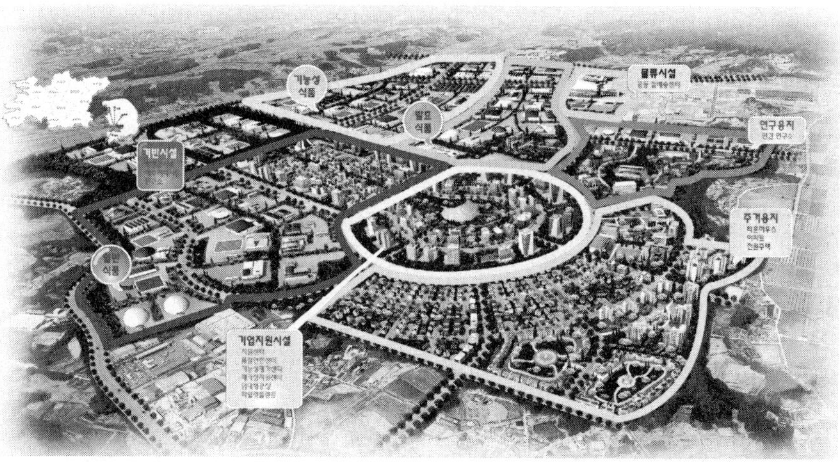

＊ 전체 3,967천m^2(120천 평) 기준으로 작성, 향후 한국토지주택공사(LH공사)의 단지개발계획 수립('10.11월) 과정에서 변경될 수 있음

4. 예산 및 기대효과

❑ 인건비, 운영비, S/W사업비를 포함한 총사업비는 5,533억 원

* 2단계(총 120만 평) 개발 포함 시 총사업비는 약 1조 원

○ 예비타당성조사를 통해 확정된 총사업비(건축 비용만 포함)는 전체 3,779억 원, 이 중 H/W 공사비는 662억 원

(단위 : 억 원)

구분		계	국비	지방비	민자
식품전문 산업단지 조성		3,119	–	–	3,119
H/W	건축비	662	331	331	–
	운영비	926	655.2	270.8	–
S/W		828.4	629.9	32.8	165.7
합계		5,533.4	1,616.1	634.6	3,282.7

❑ 클러스터의 구체적 효과는 생산유발과 고용유발효과로 나타남

○ 생산유발 4조 원, 고용유발 22천여 명 (산업단지 규모 : 239ha)

기대효과 구분		생산유발효과(억 원)	고용유발효과(명)
직접효과	혁신효과	12,449	5,383
	산업단지조성효과	17,349	7,424
간접효과		10,798	9,195
계		40,596	22,002

* 산업연구원 연구용역 결과

※ 일정한 전제(단지 규모, 단지 내 기업의 60% 생산활동, 사업기간 내 입주, 부지당 종사자 수 및 생산원가)에 따라 산출된 결과로, 전제 변화 시 기대효과 변동

Ⅲ 추진 상황

1. 국가산업단지 조성

❑ 국가식품클러스터를 국가산업단지로 조성하기로 하고 사업시행자로 LH공사 결정(국토해양부와 협의 완료)

○ LH공사 자체 내부절차(경영투자위원회 심의) 진행 중

* 국토부는 LH공사에 산업단지 개발계획 수립 착수하도록 조치('10.1.18)

❑ '10.11월까지 단지 개발계획 수립되도록 추진

○ 매월 전북, 익산, LH공사와 정책협의회 개최하여 신속한 산단조성 추진

* 단지개발계획 수립 후 '10년 내 국가산업단지 지정 신청, 승인절차(6개월 소요) 후 '11년 국토해양부장관의 국가산업단지 지정

○ 사업시행자는 국가산단 지정 신청 전 농지전용 절차 진행(농지과와 협의)

❑ 적정 수준의 분양가 산정을 위해 효율적인 산단조성 추진

○ LH공사는 분양가를 40～45만 원으로 전망(기반시설 국비 지원 시)

* 타 사례 : 오송생명과학단지('08) 50만 원, 군산 · 군장국가산단('07) 37만 원

○ 원형지 제공, 녹지비율의 적정화 등 분양가 인하 방안을 LH공사, 국토부, 해당 지자체 등과 공동으로 마련

* 원형지 공급 근거 마련을 위해 '산업입지및개발에관한법률' 개정 추진 중

○ 해당 지자체 차원의 인센티브 방안 마련 및 홍보를 통해 투자유치 활동과 연계

2. 기업 유치 활동

❑ (추진성과) '09년 국내 · 외 식품기업 유치 활동으로 익산시와 29개 기업 간 투자협약 체결(별첨 참고)

❍ 국내 · 외 대규모 투자유치 설명회, 지자체와 식품공업협회 간 MOU체결('09.5) 등을 통한 국가식품클러스터 홍보를 중점 추진

* 국내 투자유치 설명회 4회, 해외 설명회 3회(일본, 독일, 중국)
* 일본 아카후지그룹, Access 그룹(유통업체) 등 국가식품클러스터에 관심 표명

❍ 국가식품클러스터의 본격적인 홍보를 위해 Foodpolis(익산국가식품클러스터)로 명칭 확정하고, CI도 확정

* Food + polis(대표성 표현) ⇨ '식품산업을 대표하는 세계적 식품도시'

〈국가식품클러스터 CI〉

FOODPOLIS
익산국가식품클러스터

❍ (평가) 대규모 투자유치 설명회로 국내외 기업의 국가식품클러스터에 대한 관심도를 높인 점은 긍정적

❍ 다만, 기업의 투자확정을 이끌어내기 위해서는 유치기업군을 설정하고, 개별 기업별 투자유치 활동이 중요

❑ '10년부터는 160여 개 국내·외 유치 타깃기업을 1차로 선정하여 개별적인 기업유치 활동을 본격화

❍ (우선협상대상기업) 국내 103개 기업, 해외 59개 기업을 투자유치 타깃기업으로 1차 선정하고, 지속 확대

❍ (기업유치 기관) 유치조직 확대를 통해 유망 중소 식품기업, 기능성식품기업, 식품대기업의 유치를 중점 추진

〈기업 유치 활용기관 확대〉

현 행	개 선
○농식품부, 지자체, 식품공업협회	○동일
〈추가〉	○중소기업중앙회, 건강기능식품협회, 농수산물유통공사 ○민간전문가 9명 채용(외국어 능통자 4명 포함)

❍ (해외자문관 등) 특히, 해외 식품기업 유치를 위해 해외자문관을 위촉하고, 국가식품클러스터 에이전시를 운영

- 우선 일본에 해외자문관을 위촉하고, 유럽, 미국 등의 전문가로 확대

* 일본의 농식품 전·현직 교수 3명을 명예직인 해외자문관으로 위촉('10.1)

- 해외 식품기업 유치를 위해 국가식품클러스터 투자유치 에이전시 선정

* 지식경제부는 일본의 부품·소재 기업의 국내 투자유치를 위해 한국부품소재투자기관협의회(KITIA) 내에 노무라연구소와 공동으로 Japan desk 설치('04.2~)

❍ (홍보) 주요 투자유치 대상 국가의 식품협회 등 홈페이지에 국가식품클러스터 광고를 게재하는 등 국가식품클러스터 홍보 추진

- 국가식품클러스터 사이버 홍보관 구축('10.9)

3. 추진체계 확립

❑ 국가식품클러스터는 대규모 국가재정이 투입되는 사업인 만큼, 성공적 사업 추진을 위해 농식품부 내에 추진단 구성 · 운영(6월)

* 오송생명과학단지, 첨단의료복합단지, 새만금개발 등 대규모 재정사업 수행 시 별도 조직을 한시적으로 설치하여 관련업무 추진

○ 1단계로 기업유치, 홍보, H/W별 운영방안, S/W 지원방안, 산업단지 배치방안 마련 등을 위해 민간전문가 9명 채용(3월)

* '10.3월 활동을 목표로 현재 2차 면접 준비 중(9명 모집에 58명 응모)

○ 2단계로 행정안전부와 협의를 통해 국(과)장급 단장으로 정식 직제에 반영된 1단 2팀, 18명으로 추진단 구성 추진(6월)

* 현재까지 행정안전부는 농식품부 자체 인원 조정으로 추진하자는 입장

❑ 국가식품클러스터 운영 등 컨트롤 타워 역할을 담당할 클러스터 지원센터 설립

○ 식품산업진흥법 개정(조배숙 의원 대표발의)으로 법적 근거 마련

* 식품산업진흥법 국회 통과('09.12.29), 공포 · 시행('10.1.25)

○ 추진단과 별개로 S/W지원방안 마련, 투자유치 업무를 중점 추진

○ '11년 서울(과천)에 조직을 마련하고, 클러스터가 조성되는 시기('13년)에 맞춰 전북 익산으로 건물 신축 및 이전

Ⅳ 향후 추진계획

❑ 산업단지 조성 전 클러스터 운영방안 마련 등 준비작업 추진

○ 민간전문가 개인별로 6개 정부지원 H/W의 설립 및 운영방안을 전담하여 마련

* 클러스터지원센터, 기능성평가센터 등 주요 H/W시설은 연구용역 활용

○ '10년 단지개발계획 수립 및 세부적인 입주기업 지원방안 마련

❑ 산업단지는 '11년 착공, '13년 완공 목표로 추진

○ 사업시행자인 LH공사, 해당지자체와 협조 체계 유지

* 중앙부처 협의, 토지보상 절차 등을 위해 해당 지자체의 협조 요구

❑ 기업 분양은 '12년 상반기부터 실시

○ 단지 완공에 맞추어 공장 건축, 운영 가능하도록 진행

○ '15년까지 기업 입주 완료, 본격적인 기업지원 개시

❑ 정부지원 H/W시설은 '15년 정상 운영 목표로 추진

○ '12년 설계 · 부지매입, '13년 건축, '14년 완공

* 오송생명과학단지 등 타 사례를 볼 때 단지 완공 전 건축 가능

○ '14년 인력확보 및 장비도입을 통한 시범운영

【참고 1】

국가식품클러스터 추진경과

❑ 한 · 미 FTA체결에 따른 국내보완대책에 포함

○ 식품클러스터 추진을 위한 '08년 신규사업 예산 확보(국비 20억)

❑ 제1차 균형발전 정책 보고회에서 '식품클러스터 조성 방향' VIP 보고('07.11.27)

○ 공모 결과에 따라 전북도를 사업대상지로 선정('07.12.17)

❑ 이명박 정부 100대 국정과제에 포함

❑ 국가균형위원회의 초광역개발권 중장기 프로젝트 검토 과제('08.12.15)

❑ 국가식품클러스터 조성 기본계획 발표('08.12.26)

○ 식품전문 산업단지 입지를 전북 익산으로 최종 선정

❑ 신성장 동력 과제(고부가 식품산업)에 포함('09.1.13)

❑ 국가경쟁력강화위원회의 농업경쟁력 강화방안 대통령 보고('09.1.29)

◈ 국가식품클러스터(전북 익산)를 외자유치의 거점으로 육성
◈ R&D 중심의 식품전문 국가산업단지로 특성화 추진, 동북아 식품시장의 허브로 육성

❑ 기획재정부의 예비타당성 조사 완료('09.11)

❑ 국토해양부에서 국가산업단지로 조성하기로 결정('10.1.18)

【참고 2】

산입법 및 특례법에 의한 산업단지 지정절차

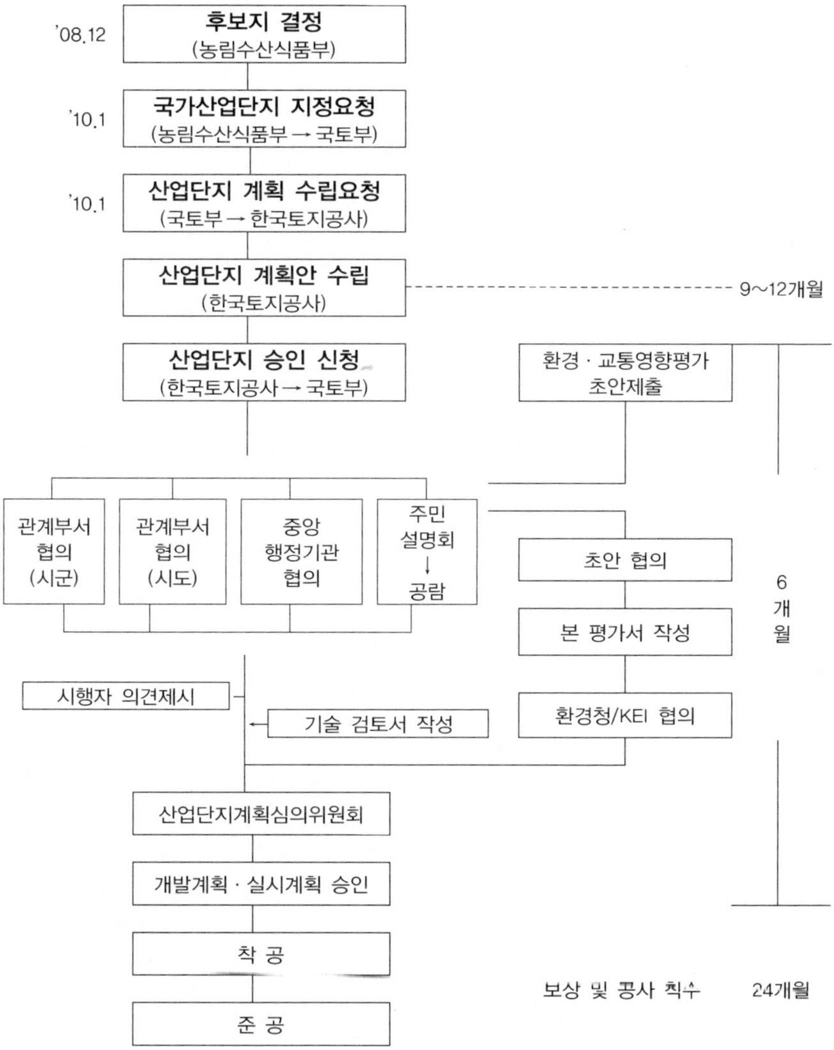

저자약력

김성민

고려대학교 농업경제학과
브리티시컬럼비아대학교 농업경제학 석사
단국대학교 경제학 박사
행정고등고시 제28회 합격(1984)
농림부 농업정책과장, 농촌정책과장, 국제협력과장, 유통정책과장,
외교부 유럽연합대표부 농무참사관 역임
농림수산식품부 기획재정담당관, 초대 식품산업정책단장(고위공무원) 역임
우송대학교 외식조리학과, 글로벌 한식조리학과 부교수, 조리경영전문대학원 (CMBA) 주임교수, 식품산업경영연구소장, 한식특성화사업단장, 국가식품 클러스터추진위원, 익산시 클러스터 정책자문관, 한식재단 이사, 한국유통학회 학술이사, 농업정책학회 이사 역임
현) (주)제너시스 사장

【논문 및 연구】

우리나라 식품 클러스터 정책과 발전방안에 관한 연구(단국대 박사학위논문)
우리나라 전통식품산업현황 및 정책연구
한식조리학과 인식조사(공동연구) 외

우리나라 식품산업정책과 클러스터

2011년 10월 20일 초판 1쇄 인쇄
2011년 12월 20일 초판 2쇄 발행

저 자 김 성 민
발행인 (寅製) 진 욱 상
발행처 백산출판사
서울시 성북구 정릉3동 653-40
등록 : 1974. 1. 9. 제 1-72호
전화 : 914-1621, 917-6240
FAX : 912-4438
http://www.ibaeksan.kr
editbsp@naver.com

저자와의 합의하에 인지첩부 생략

값 15,000원
ISBN 978-89-6183-523-7